수학 과학 영재학습
종합서

i&i 아이앤아이

영재교육원 대비

꾸러미

영재성 검사 / 창의적 문제해결력 /심층 면접
(학문적성검사)

고학년용

초등 4,5

□ 기출문제 위주 구성
□ 영재교육원에 대한 자세한 소개
□ 영재성 판별 간단 테스트
□ 영재성 검사 대비 문제 및 모의고사
□ 창의적 문제해결력 대비 문제
□ 심층 면접 대비 문제
□ 학생들 예시 답안 및 평가표 제시

무한상상

i&i 아이앤아이

영재교육원 대비

꾸러미

고학년용

초등 4,5

무한상상

창의적 사고를 위한 대표적인 요소

새로운 시대의 인재상은 해당 분야의 전문성과 함께 창의·인성을 갖춘 인재입니다. 이들은 창의적으로 도전을 즐깁니다. 이중 창의력은 유익하고 새로운 것을 생각해내는 능력으로 창의력과 영재성은 같은 의미로 사용됩니다.

창의력의 요소로는 유창성, 융통성, 독창성, 정교성 등이 있습니다.

독창성

다른 사람하고 다른 자기만의 해결책을 내는 능력

유창성

특정 문제에 대해 제한된 시간 내에 다양한 해결책을 생각해내는 능력

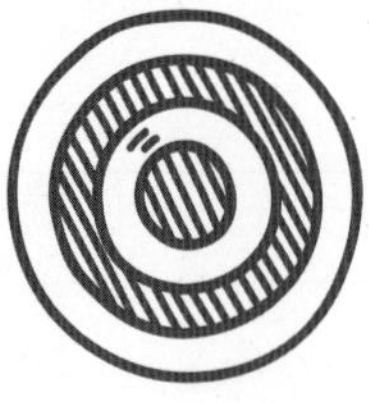

정교성

처음에 생각해낸 아이디어를 다듬어 발전시켜 표현하는 능력

융통성

한 문제에 대해 여러 가지 해결책을 제시하는 능력

자녀가 다음과 같은 특성을 보이면 '창의력'을 발휘하고 있는 아이입니다!

- 이야기 만드는 것을 좋아한다.
- 주변을 자신에 맞게 꾸미고 물건을 배치하는 것을 좋아한다.
- 어려운 일에도 도전하는데 주저함이 없다.
- 평범한 물건으로 착안하기 어려운 것을 만들어낸다.
- 자신이 계획한 일에 실패하더라도 좌절하지 않고 여러 가지 다른 방법을 찾는다.
- 현재 배우는 것과 다른 분야 사이의 유사점을 발견하고 연결시키려 한다.
- 자연 현상 또는 인간 관계 등에 '왜?' '어떻게?' 와 같은 호기심이 강하고 끊임없이 질문한다.

실험에서의 탐구 과정 요소

과학에서 빼놓을 수 없는 것이 과학적인 탐구 능력입니다.

탐구 능력이란 자연 현상과 학습자의 인지 구조 사이의 상호작용으로 문제를 인식하고 해결하는 능력으로 과학 관련 문제를 해결하기 위한 단계에서 필요한 요소를 탐구 과정 요소라고 합니다.

<무한이의 일기>

오늘 가족들과 제주도를 여행하였다. 바닷가에서는 구멍이 뚫린 돌, 표면이 매끄러운 돌, 색깔이 다양한 돌이 많이 있었다. 돌마다 색깔도 다양하고, 모양, 크기도 다양하다는 것을 알게 되었다.

제주도는 화산 활동에 의해 만들어졌으니 돌들은 모두 화산 활동에 의해 만들어진 것일까 궁금하였다.

집으로 찾아와 백과사전을 통해 암석은 생성 과정에 따라 화성암, 퇴적암, 변성암으로 구분되는 것을 알게 되었다. 여행을 통해 새로운 사실을 알게 되어 좋았다.

· 다양한 돌들을 살펴보고 색깔, 모양, 크기 등이 다름을 알게 된 것은 '관찰' 이다.
· 암석을 생성 과정에 따라 구분지은 것은 '분류'이다.

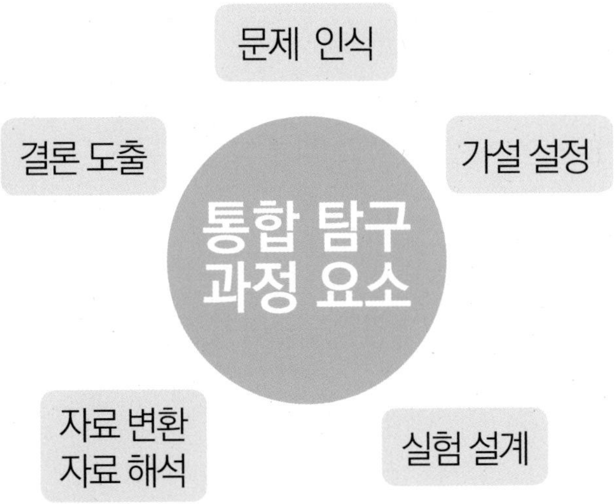

<에이크만이 각기병 치료 물질을 찾아낸 과정>

① 문제 인식 : 병원에서 기르던 각기병에 걸린 닭이 어느날 각기병 증상이 사라진 것을 알게 되었다.

'어떻게 닭이 각기병에서 나았을까?'

② 가설 설정 : 주변 환경을 조사하였더니 닭의 모이가 백미에서 현미로 바뀐 것을 확인하였다.

'현미에는 각기병을 낫게 하는 물질이 들어 있을 것이다.'

③ 실험 설계 : 집단 A에는 백미를 모이로 주고, 집단 B에는 현미를 모이로 주면서 각기병 증상이 나타나는지 관찰하였다.

④ 자료 변환 및 해석 : 실험 결과 백미를 모이로 준 집단 A의 닭들에게 각기병 증상이 나타났고, 현미를 모이로 준 집단 B의 닭들은 건강하였다.

'현미를 모이로 준 닭들이 건강하였다.'

⑤ 결론 도출 : 현미에는 각기병을 치료하는 물질이 들어 있다.

· 처음에 세웠던 가설과 일치하였다. 후에 다른 과학자들이 현미에 들어 있는 각기병 치료 물질이 바이타민 B임을 알아내었다.

영재교육원

대비를 위한...

영재란, 재능이 뛰어난 사람으로서 타고난 잠재력을 개발하기 위해 특별한 교육이 필요한 사람이고, 영재교육이란, 영재를 발굴하여 타고난 잠재력을 개발할 수 있도록 도와주는 것이다.

영재교육에 대한 관심이 해가 갈수록 커지고 있지만, 자녀를 영재교육원에 보내는 방법을 정확하게 알려주는 교재는 많지 않다. 또한, 영재교육원에서도 정확한 기준없이 문제를 출제하기 때문에 영재교육원을 충분하게 대비하는 것은 쉽지 않다. 영재교육원 선발 시험 문제는 30%에서 절반 정도의 문제가 경험해 본 문제로 구성된다. 그런데, 어디서 쉽게 볼 수 있는 문제는 아니므로 기출 문제를 꼭 공부할 필요가 있다. 기출 문제가 시험 대비의 정답은 아니지만, 유사한 문제들을 많이 접해보면서 새로운 문제를 보았을 때, 당황하지 않고 문제의 실마리를 찾아서 응용하는 연습을 하는 것이다. 창의력 문제들을 해결하기 위해서는 본 교재를 통한 충분한 연습이 필요할 것이다.

꾸러미는 영재교육원 영재성 검사, 새롭고 참신한 창의적 문제해결력 평가, 심층 면접 평가, 모의고사 등으로 구성되어 있어 다양한 문제 해결 연습이 가능하다. 또한, 실제 생활에서 나타날 수 있는 다양한 현상과 이론을 이 교재에 실린 실전 문제와 연계해 여러 방향으로 해결할 수 있어 영재교육원 모든 선발 단계를 대비할 수 있도록 하였다.

혼자서 해결할 수 없는 문제는 해설을 통하여 생각의 부족한 부분을 채우고, 다른 방법을 유추하여 해결이 가능하도록 도와준다.

꾸러미가 영재교육원을 대비하는 아이들과 부모님에게 새로운 희망과 열정이 솟는 시작점이 되길 바라며, 내재된 잠재력이 분출되길 기대해 본다.

무한상상

영재교육원에서 영재학교까지

01 영재교육원 대비

영재교육원 대비 교재는 영재교육원 대비 꾸러미 1·2·3학년, 4·5학년, 6학년, 중학생용과 학년별 초등 아이앤아이(3·4·5·6학년), 중등 아이앤아이(물·화·생·지) 등이 있다.

대상	교재		추가 교재
초등영재 (초등대상 영재교육원 지원자)	꾸러미 1·2·3학년	+	과학도서
	꾸러미 4·5학년 꾸러미 6학년	+	학년별 초등 아이앤아이 과학도서
중등영재 (중등대상 영재교육원 지원자)	꾸러미 중등 꾸러미 중등	+	초등 아이앤아이 6학년 중등 아이앤아이 과학도서

02 영재학교/과학고/특목고 대비

영재학교/과학고/특목고 대비 교재는 세페이드 1F(물·화), 2F (물·화·생·지), 3F (물·화·생·지), 4F (물·화·생·지), 5F(마무리), 중등 아이앤아이(물·화·생·지) 등이 있다.

	세페이드 1F	세페이드 2F	세페이드 3F	세페이드 4F	세페이드 5F		
현재 5·6학년	주 1~2회 6~9개월 과정	주 2회 9개월 과정	주 3회 8~10개월 과정	주 3회 6개월 과정	주 4회 2~3개월 과정	+ 중등 아이앤아이 (물·화·생·지)	총 소요시간 31~36개월
현재 중 1학년		주 3회 6개월 과정	주 3회 8개월 과정	주 3회 6개월 과정	주 3~4회 3개월 과정	+ 중등 아이앤아이 (물·화·생·지)	총 소요시간 약 24개월
현재 중 2학년		3개월 과정	4개월 과정	4개월 과정	2개월 과정	+ 중등 아이앤아이 (물·화·생·지)	총 소요시간 약 13개월

이 책의 구성과 특징

영재교육원 꾸러미는 영재교육원 선발 방식, 영재성 검사, 창의적 문제해결력(학문적성검사), 심층 면접의 각 단계를 담고 있어 자기주도적인 통합 학습이 가능합니다.

PART I

영재교육원 파헤치기

교육청, 대학교에서 운영하고 있는 영재교육원에 대한 소개와 각 기관별 선발 과정의 특성을 한눈에 볼 수 있습니다.

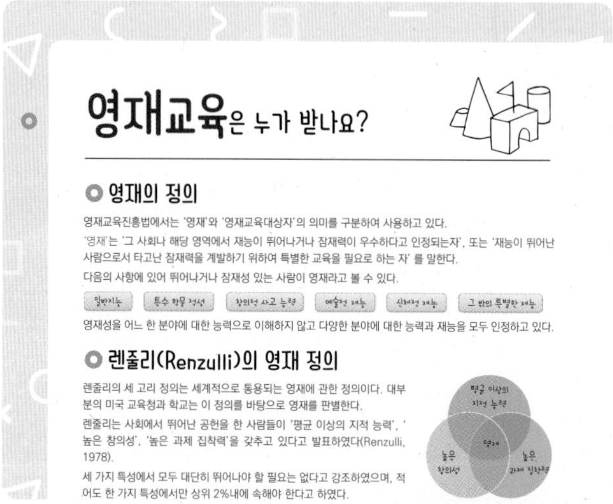

영재교육은 누가 받나요?

영재의 정의

영재교육진흥법에서는 '영재'와 '영재교육대상자'의 의미를 구분하여 사용하고 있다.

'영재'는 '그 사회나 해당 영역에서 재능이 뛰어나거나 잠재력이 우수하다고 인정되는자', 또는 '재능이 뛰어난 사람으로서 타고난 잠재력을 계발하기 위하여 특별한 교육을 필요로 하는 자'를 말한다.

다음의 사항에 있어 뛰어나거나 잠재성 있는 사람이 영재라고 볼 수 있다.

영재성을 어느 한 분야에 대한 능력으로 이해하지 않고 다양한 분야에 대한 능력과 재능을 모두 인정하고 있다.

렌줄리(Renzulli)의 영재 정의

렌줄리의 세 고리 정의는 세계적으로 통용되는 영재에 관한 정의이다. 대부분의 미국 교육청과 학교는 이 정의를 바탕으로 영재를 판별한다.

렌줄리는 사회에서 뛰어난 공헌을 한 사람들이 '평균 이상의 지적 능력', '높은 창의성', '높은 과제 집착력'을 갖추고 있다고 발표하였다(Renzulli, 1978).

세 가지 특성에서 모두 대단히 뛰어나야 할 필요는 없다고 강조하였으며, 적어도 한 가지 특성에서만 상위 2%내에 속해야 한다고 하였다.

PART II

영재성 검사

각 기관에서 선발 시험에 출제되었던 기출 문제를 통해 학생의 영재성을 평가하고 자기 수준을 또래 친구들과 비교해 볼 수 있습니다.

II 영재성 검사

1 일반 창의성

[각 문제 배점 : 5점]

교육청 영재교육원 기출

01 다음의 내용이 잘 전달되도록 표지판을 각각 한 가지씩 그려보시오.

PART III

창의적 문제해결력

각 선발 시험의 기출 문제를 기반으로 하여 다양한 문제를 구성하여 수학·과학 창의적 문제해결력 향상에 도움을 줄 수 있도록 하였습니다.

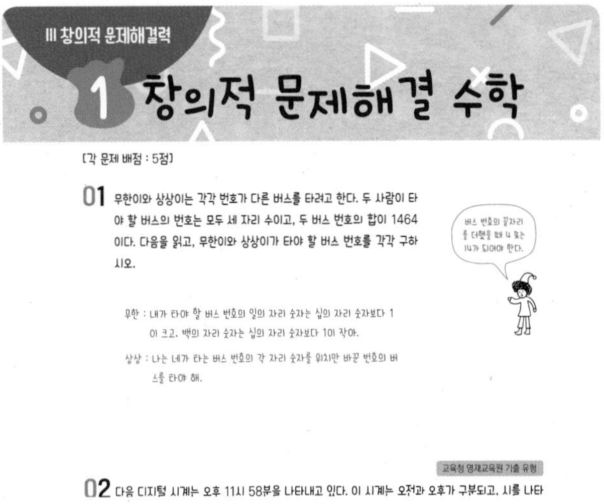
III 창의적 문제해결력

1 창의적 문제해결 수학

[각 문제 배점 : 5점]

01 무한이와 상상이는 각각 번호가 다른 버스를 타려고 한다. 두 사람이 타야 할 버스의 번호는 모두 세 자리 수이고, 두 버스 번호의 합이 1464이다. 다음을 읽고, 무한이와 상상이가 타야 할 버스 번호를 각각 구하시오.

무한 : 내가 타야 할 버스 번호의 일의 자리 숫자는 십의 자리 숫자보다 1이 크고, 백의 자리 숫자는 십의 자리 숫자보다 1이 작아.

상상 : 나는 네가 타는 버스 번호의 각 자리 숫자를 위치만 바꾼 번호의 버스를 타야 해.

교육청 영재교육원 기출 유형

02 다음 디지털 시계는 오후 11시 58분을 나타내고 있다. 이 시계는 오전과 오후가 구분되고, 시를 나타

PART IV

심층 면접

영재교육원의 면접 방식에 따른 기출 문제로 면접 유형을 익히고 연습할 수 있도록 하였습니다.

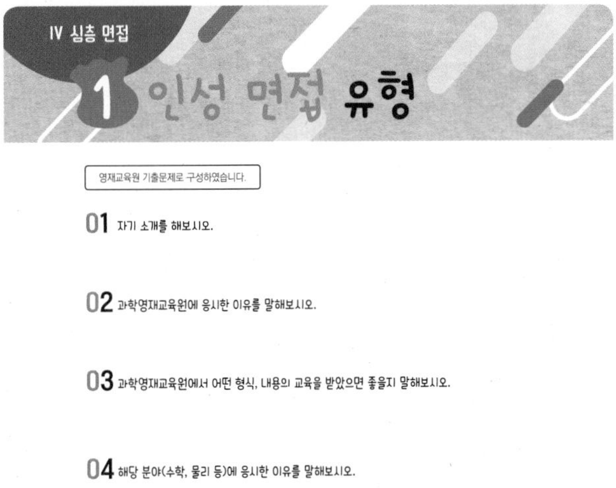
IV 심층 면접

1 인성 면접 유형

영재교육원 기출문제로 구성하였습니다.

01 자기 소개를 해보시오.

02 과학영재교육원에 응시한 이유를 말해보시오.

03 과학영재교육원에서 어떤 형식, 내용의 교육을 받았으면 좋을지 말해보시오.

04 해당 분야(수학, 물리 등)에 응시한 이유를 말해보시오.

PART V (별책)

정답 및 해설 / 예시 답안

또래 친구들의 다양한 예시 답안과 비교하여 스스로가 푼 문제를 평가하고 또 다른 창의력의 가능성을 발견하고 개발할 수 있도록 합니다.

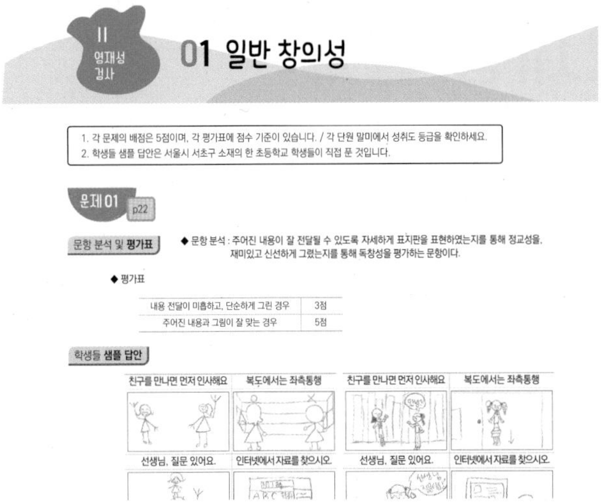
II 영재성 검사

01 일반 창의성

1. 각 문제의 배점은 5점이며, 각 평가표에 점수 기준이 있습니다. / 각 단원 말미에서 성취도 등급을 확인하세요.
2. 학생들 샘플 답안은 서울시 서초구 소재의 한 초등학교 학생들이 직접 푼 것입니다.

문제 01 p22

문항 분석 및 평가표

◆ 문항 분석 : 주어진 내용이 잘 전달될 수 있도록 자세하게 표지판을 표현하였는지를 통해 정교성을, 재미있고 신선하게 그렸는지를 통해 독창성을 평가하는 문항이다.

◆ 평가표

내용 전달이 미흡하고, 단순하게 그린 경우	3점
주어진 내용과 그림이 잘 맞는 경우	5점

학생들 샘플 답안

차례 CONTENTS

※ 창의력 과학 아이앤아이 초등 3, 4, 5, 6과 같이 하면 훨씬 다양한 문제를 만나실 수 있습니다.

PART I
영재교육원 파헤치기

PART II
영재성 검사

PART III
창의적 문제해결력

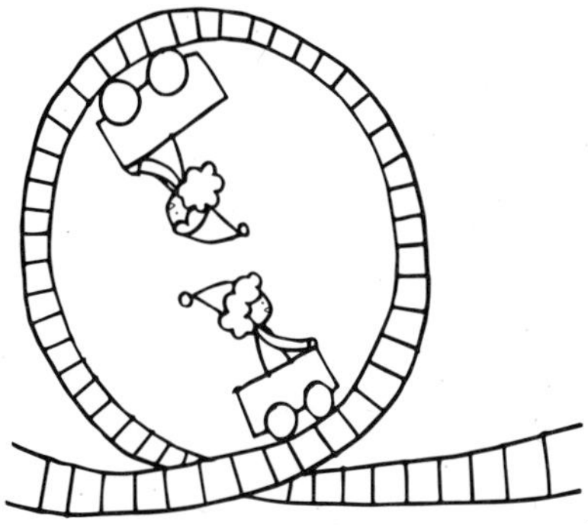

PART IV
심층 면접

PART V (별책)
정답 및 해설 / 예시 답안

- 문항 분석 및 평가표
- 정답 및 해설
- 출제자 예시 답안
- 학생들 샘플 답안

PART I

영재교육원 파헤치기

영재교육원에 가려면
어떻게 대비할까?

단원 살짝 엿보기

01 영재교육 및 영재교육원 소개

영재교육원은 누가 받을까?
영재교육원은 어떤 곳일까?

02 영재교육원 선발 과정

GED(Gifted Education Database)이란 무엇일까?
영재교육원은 대상자를 어떻게 뽑을까?

03 영재교육원 선발 단계 준비 방법

교사관찰추천제, 영재성 검사, 창의적 문제해결력,
심층 면접이란 무엇일까?

04 영재성 판별 진단 test

간편하게 영재성을 판별할 수 있는 체크리스트를
통해 셀프 영재성을 판별해 보자.

영재교육은 누가 받나요?

영재의 정의

영재교육진흥법에서는 '영재'와 '영재교육대상자'의 의미를 구분하여 사용하고 있다.

'영재'는 '그 사회나 해당 영역에서 재능이 뛰어나거나 잠재력이 우수하다고 인정되는자', 또는 '재능이 뛰어난 사람으로서 타고난 잠재력을 개발하기 위하여 특별한 교육을 필요로 하는 자' 를 말한다.

다음의 사항에 있어 뛰어나거나 잠재성 있는 사람이 영재라고 볼 수 있다.

일반지능 | 특수 학문 적성 | 창의적 사고 능력 | 예술적 재능 | 신체적 재능 | 그 밖의 특별한 재능

영재성을 어느 한 분야에 대한 능력으로 이해하지 않고 다양한 분야에 대한 능력과 재능을 모두 인정하고 있다.

렌줄리(Renzulli)의 영재 정의

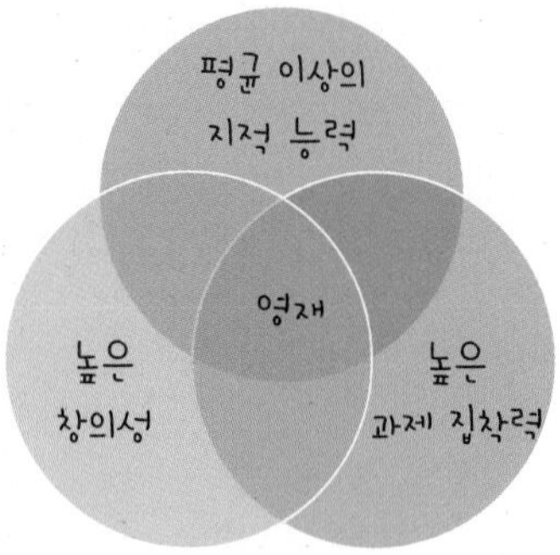

렌줄리의 세 고리 정의는 세계적으로 통용되는 영재에 관한 정의이다. 대부분의 미국 교육청과 학교는 이 정의를 바탕으로 영재를 판별한다.

렌줄리는 사회에서 뛰어난 공헌을 한 사람들이 '평균 이상의 지적 능력', '높은 창의성', '높은 과제 집착력'을 갖추고 있다고 발표하였다(Renzulli, 1978).

세 가지 특성에서 모두 대단히 뛰어나야 할 필요는 없다고 강조하였으며, 적어도 한 가지 특성에서만 상위 2%내에 속해야 한다고 하였다.

영재에 대한 잘못된 오해

- 영재는 상위 3 ~ 5%에 속하고, 높은 IQ를 가져야 한다?

⇨ 인구 대비 정해진 백분율은 시대와 장소에 따라 변할 수 있으며, 영재성은 단지 IQ로만 볼 수 없다.

- 영재들은 자신의 일을 알아서 잘 하기 때문에 특별한 도움이 필요 없다?

⇨ 국가대표 선수가 훌륭한 코치가 필요하듯이 영재들도 자신의 능력을 개발할 수 있도록 도움이 필요하다.

- 학교 성적이 좋지 않은 학생은 영재가 아니다?

⇨ 영재들은 학교 교과 과정의 지루함으로 학교 생활에 흥미를 잃고 나쁜 학습 습관을 가지게 될 수 있으므로 적절한 도움이 있다면 능력을 발휘할 수 있다.

영재교육

영재 학생들에겐 개인차 수준·특성에 맞는 개별화 교육이 필요하다.

우리나라에서는 다양한 영재교육기관에서 영재교육을 담당하고 있다.

전국 초중등생 수는 약 600만명으로 이중 약 1.7%에 해당하는 10만명의 학생이 현재 영재교육기관에서 수학과 과학 위주의 영재 교육을 받고 있다.

영재교육원은 어떤 곳인가요?

영재학급

초·중·고 각급 학교에서 대상자들을 선발하여 1개 학급 정도로 운영하는 영재반이다.

특별활동, 재량활동, 방과후, 주말 또는 방학을 이용한 형태로 운영되고 있으며, 각 학교 내에서 독자적으로 운영하거나 인근의 여러 학교가 공동으로 참여하여 운영하는 형태도 있다.

영재교육원

영재교육원은 크게 각 지역 교육청(교육지원청)에서 운영하는 경우와 대학 부설로 운영하는 경우가 있으며, 그 외에 과학고 부설로 운영하는 경우, 과학 전시관에서 운영하는 경우, 기타 단체 소속인 경우도 있다.

주로 방과후, 주말 또는 방학을 이용한 형태로 운영하고 있다.

영재 교육 기관 구분	선발 방법		선발 시기
	방법	GED 적용	
교육지원청 영재교육원	교사관찰·추천	GED 적용	9월 ~ 12월
과학전시관 영재교육원			
단위 학교 영재 교육원(예술 분야 제외)			
단위 학교 영재 학급(예술 분야)		GED 미적용	3월 ~ 4월
단위 학교 영재 학급			
대학부설 및 유관기관 영재교육원			9월 ~ 이듬해 5월

	영재교육원		영재학급	계
	교육청	대학부설		
기관수	252	85	2,114	2,451
영재교육을 받고 있는 학생 수	33,640	10,272	58,472	102,384
영재교육을 받고 있는 학생 비율	30.8%	9.4%	53.5%	93.7%

▲ 영재교육 기관 현황

영재교육 대상자 선발

영재 선발 방법은 어느 수준의 영재를 교육 대상으로 설정하느냐가 모두 다르기 때문에 영재 교육 기관(영재학교, 영재학급, 영재교육원)에 따라 선발 방법이 조금씩 다르다.

교육청 영재교육원에서만 한국교육개발원에서 개발한 영재행동특성 체크리스트(영재성 검사)를 이용하고, 다른 기관에서는 영재성 검사 도구를 자체 개발하여 선발에 사용한다.

영재교육원의 선발은 어떻게 진행되나요?

GED(Gifted Education Database) 시스템

홈페이지 주소 : http://ged.kedi.re.kr

GED란 국가차원에서 영재의 선발·추천 및 영재 교육에 관련된 자료를 관리하기 위한 데이터 베이스이다.
GED 사이트를 통해서 학생들은 영재교육 기관에 지원하고, 교사들은 학생을 추천하며, 영재교육기관에서는 이들을 선발한다.

GED를 활용한 선발 과정(표준선발안)

단계	세부 내용	담당	기관
지원	지원서 작성 : 학생이 GED 시스템에서 온라인 지원 ① GED 회원 가입 후 영재교육기관 선택 ② 지원서 작성 및 자기체크리스트 작성	학생/ 학부모	학생/ 학부모
추천	- 담임 교사가 GED 시스템에서 담당 학생의 체크리스트 작성 - 학교추천위원회에서 명단 확인 및 추천	담임/ 추천 위원회	소속 학교
창의적 문제 해결력 평가	각 영재교육기관에서 진행하는 창의적 문제 해결력 평가 ① 대상 : GED를 통한 학교추천위원회 추천자 전원 ② 미술, 음악, 체육, 문예 분야는 실기 평가 포함	평가위원	영재교육기관
면접 평가	각 영재교육기관에서 진행하는 심층 면접 평가	평가위원	영재교육기관

★ 대학부설 영재교육원은 GED를 이용하여 학생을 선발하지 않고 별도의 선발 과정을 거친다.

GED 시스템 선발 흐름도

학생
- 온라인 지원서 작성(GED)
- 창의인성 체크리스트 작성 (GED)
- 지원서 출력 후 담임께 제출

→

교원
- 담임반 학생 지원서 취합 (GED)
- GED 명단 확인
- 영재행동특성 체크 리스트 작성 (GED)
- 학생 추천 (GED)

→

학교추천 위원회
- 학교 추천자 명단 확인 (GED)
- 담임 교사의 체크 리스트 확인 (GED)
- 학생 추천 여부 심의 및 추천 (GED)

→

영재교육기관
- 학생 추천 자료 검토 (GED)
- 창의적 문제해결력 평가 실시
- 심층 면접 평가 실시
- 자료를 종합하여 최종 선발

선발 방식의 이해

1단계는 교사 추천, 2단계는 영재성 검사에 의한 선별, 3단계에서는 창의적 문제해결력 평가(영역별 학문적성검사) 실시, 최종 단계에서는 심층 면접을 통해서 선발하고 있다.

단계	특징
관찰 추천	교사용 영재행동특성 체크리스트, 각종 산출물, 학부모 및 자기소개서, 교사 추천서등을 활용하여 평가하는 단계
창의적 문제 해결력 평가	창의성, 언어, 수리, 공간 지각에 대한 지적 능력을 평가하는 단계로 정규 교육 과정상의 내용에 기반을 두면서 사고능력과 창의성을 측정하는 것을 기본 방향으로 한다.
심층 면접	이전 단계에서 수집된 정보로 확인된 학생의 특성을 재검증하고, 심층적으로 파악하는 단계로 예술 분야는 실기를 하거나 수학이나 과학에 대한 실험 평가를 할 수도 있다.

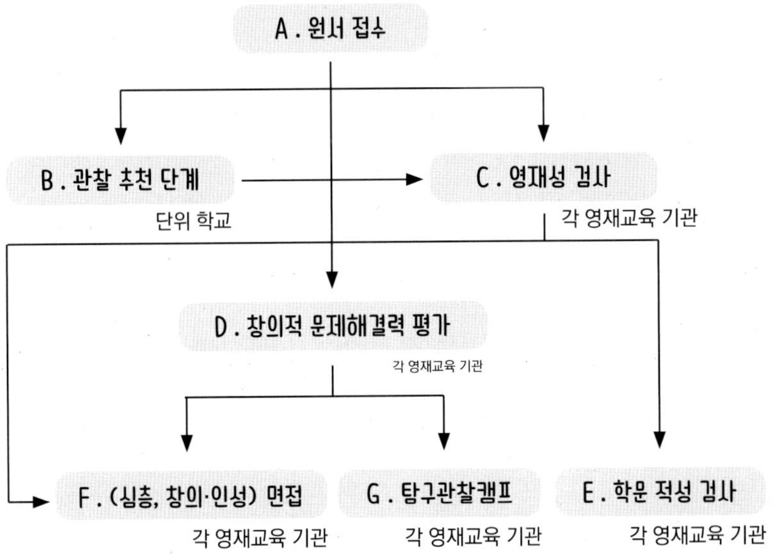

소재 지역	선발 과정
서울, 경기	A → B → D → F
충남	A → B → C
전남	A → D → F
목포	A → D → G
경남	A → C → D → F
경북	A → B → C → D → F
세종, 부산	A → B → C →
강원도, 광주, 전북, 충북	A → C → F

▲ 각 소재 지역별 영재교육원 선발 과정

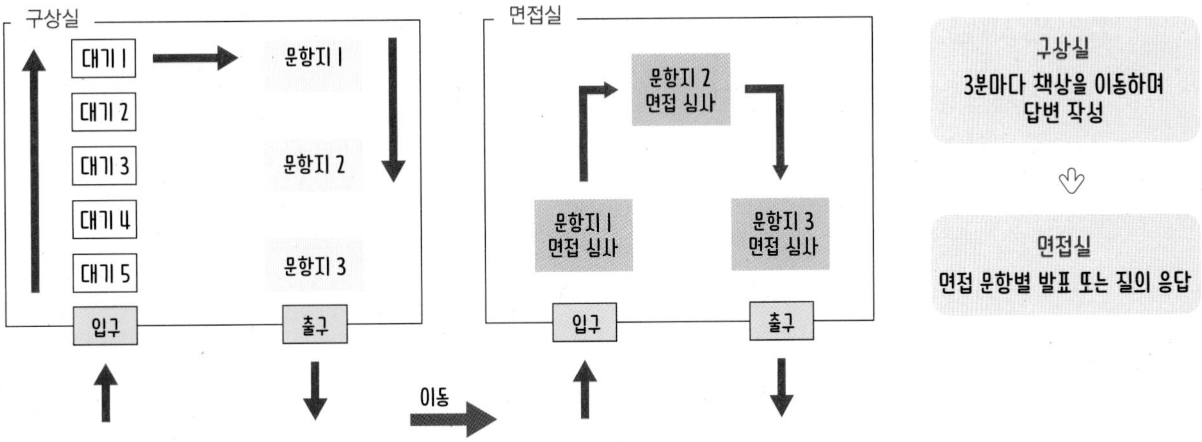

▲ 심층 면접 과정의 예

★ 각 지역별로 선발 과정이 다르므로 반드시 해당 영재교육원 모집 공고를 확인해야 한다.

★ 동일 교육청 소속 영재 교육원은 중복 지원할 수 없으며, 대학부설 영재교육원 합격자는 교육청 소속의 영재교육원에 중복 지원할 수 없다.

각 선발 단계를 준비하는 방법

01 교사 추천

교사는 평소 학교생활이나 수업시간에 학생의 심리적인 특성과 행동을 관찰하여 학생의 영재성을 진단하고 평가한다. 특히, 창의성, 호기심, 리더십, 자기주도성, 의사소통 능력, 과제집착력 등을 평가한다. 따라서 교사 추천을 받기 위한 기본적인 내신 관리를 해야 한다. 평소 수업태도, 학업성취도가 우수하여야 한다.

교과 내용의 전체 내용을 이해하고 문제를 통해 개념을 정리한다. 이때 개념을 오래 고민하고, 깊이 있게 이해하여 스스로 문제를 해결하는 능력을 키운다.

수업시간에는 주도적이고, 능동적으로 수업에 참여하고, 과제는 정해진 방법 외에도 여러 가지 다양하고 새로운 방법을 생각한다. 수업 외에도 흥미를 느끼는 주제나 탐구를 직접 연구해 보고, 그 결과물을 작성해 놓는다.

02 영재성 검사

잠재된 영재성에 대한 검사로, 영재성을 이루는 요소인 창의성과 언어, 수리, 공간 지각 등에 대한 보통 이상의 지적 능력을 측정하는 문항들을 검사지에 포함시켜 학생들의 능력을 측정한다.

평소 꾸준한 독서를 통해 기본 정보와 새로운 정보를 얻어 응용하는 연습으로 내공을 쌓고, 서술형 및 개방형 문제들을 많이 접해 보고 논리적으로 답안을 표현하는 연습을 한다. 꾸러미에는 기출 문제와 다양한 영재성 검사에 적합한 문제를 담고 있으므로 풀어보면서 적응하는 연습을 하는 것이 좋다.

다양한 교구놀이나 퍼즐, 조립활동 등은 공간지각력을 키우는 데 도움이 되고, 단순 계산 연습보다는 수 퍼즐이나 목표수 만들기와 같은 놀이로 수감각을 키우는 학습도 필요하다.

03 창의적 문제해결력(학문적성 검사)

창의적 문제해결력 검사는 수학, 과학, 발명, 정보 과학으로 구성되어 있으며, 사고 능력과 창의성을 측정하는 것을 기본 방향을 하고 지식, 개념의 창의적 문제해결력을 측정한다. 따라서 학생의 해당 학년의 교육과정 범위 내에서 각 과목의 개념과 원리를 얼마나 잘 이해하고 있는지 측정하는 검사이다.

심화 학습과 사고력 학습을 통해 생각의 깊이와 폭을 확장시키고, 생활 속에서 일어나는 일들을 학습한 개념과 연관시켜 생각해 보는 것이 중요하다.

꾸러미는 교육과정 내용과 심화 학습, 창의력 문제를 통해 기본 개념은 물론, 창의성을 넓게 기를 수 있도록 도와주고 있다.

04 심층 면접

심층 면접을 통해 영재 교육 대상자를 최종 선정한다. 심층 면접은 영재 행동특성 검사, 포트폴리오 평가, 수행평가, 창의인성검사 등에서 제공하지 못하는 학생들의 특성을 역동적으로 파악할 수 있는 방법이고, 기존에 수집된 정보로 확인된 학생의 특성을 재검증하고, 학생의 특성을 심층적으로 파악하는 과정이다. 이 단계에서 예술 분야는 실기를 실시할 수도 있으며, 수학이나 과학에 대한 실험을 평가하는 등 각 기관 및 시도교육청에 따라 형태가 달라질 수 있다.

면접에서는 평소 관심 있는 분야나 자기 소개서, 창의적 문제해결력 문제의 해결 과정에 대해 질문할 가능성이 높다. 따라서 평소 자신의 생각을 논리적으로 표현하는 연습이 필요하다. 단답형으로 짧게 대답하기 보다는 자신의 주도성과 진정성이 드러나도록 자신있게 이야기하는 것이 중요하다. 자신이 좋아하는 분야에 대한 관심과 열정이 드러나도록 이야기할 수 있어야 하며, 평소 육하원칙에 따라 말하는 연습을 하는 것이 좋다.

무한상상

영재성 판별 진단 test

간단하게 스스로나 자녀의 영재성을 체크하고 점수를 알아봅시다.
*학생의 평소 행동 특성을 가장 잘 나타낸다고 생각되는 곳에 체크해 주세요.

<영재성 판별 체크 리스트>

영역	행동 특성	자주 그렇다 (3점)	보통이다 (2점)	전혀 아니다 (1점)
언어영역	1. 어느 장소에 가더라도 책을 찾아서 읽는다.			
	2. 학교에서 배운 역사적인 사실 등을 잘 기억하여 친구들과 이야기한다.			
논리-수학영역	3. 틀린 문제의 답을 찾기 위해 두세번 이상 시도한다.			
	4. 시계 바늘이 움직이는 원리에 대해 질문한다.			
	5. 블록을 높고 안정감있게 쌓을 수 있다.			
공간영역	6. 길을 잘 찾고 방향감각이 뛰어나다.			
	7. 퍼즐이나 장난감들을 조립하거나 분해하고 다시 끼워 맞추기를 좋아한다.			
신체-운동영역	8. 연극에서 대사를 만들고 연습하는 것을 좋아한다.			
	9. 찰흙 놀이, 가위질하기 등을 즐긴다.			
음악영역	10. 혼자서 노래를 만들어 부르거나 물건으로 리듬 있게 소리내기를 즐긴다.			
	11. 음악이 나오면 즐거워하고 멜로디, 리듬 등을 노래나 악기로 쉽게 재현해 낸다.			
대인관계 영역	12. 친구들이 많다.			
	13. 친구들 간에 의견 충돌이 있을 때 중재하는 역할을 한다.			
개인적 통찰영역	14. 혼자서 하는 놀이나 취미가 많다.			
	15. 자신의 장점과 단점을 많이 이야기한다.			

소계			
총합	점		

<영재성 판별 결과>

총 00명의 학생들에게 조사하여 점수 비율을 선정하였으므로, 이를 통해 또래 친구들 사이에서의 학생의 영재성 수준을 파악할 수 있습니다.

점수	24점 이하	25점 이상 ~ 29점 이하	30점 이상 ~ 34점 이하	35점 이상 ~ 39점 이하	40점 이상
평가	어떤 부분에 우수한지 정밀 검사요망	영재성을 길러주면 발전될 가능성 있음	영재성 교육을 하면 잠재능력 발휘함	영재성이 있고 우수하며, 전문가와 상담요망	대단히 우수하며, 영재 교육 절대 필요함
	보통이하	보통	우수	매우 우수	최상

<과학적 태도 검사 체크 리스트>

과학적 태도는 과학적 창의성과 연계되는 것이므로, 학생의 과학적 태도를 점검하고 더욱 발전시킬 수 있습니다.
*학생의 평소 행동 특성을 가장 잘 나타낸다고 생각되는 곳에 체크해 주세요.

행동 특성	자주 그렇다 (5점)	가끔 그렇다 (4점)	보통이다 (3점)	약간 아니다 (2점)	전혀 아니다 (1점)
1. 물체의 부피를 구해본 경험이 있다.					
2. 나뭇잎이나 꽃을 수집하거나 곤충 채집을 해 본 경험이 있다.					
3. 전기와 전선을 이용하여 자석을 만들어 본 경험이 있다.					
4. 잡지나 신문에서 과학 기사를 찾아 읽거나 TV에서 과학 프로를 시청하는 것을 즐긴다.					
5. 과학과 과학자에 대한 책을 읽고 친구와 이야기하는 걸 좋아한다.					
6. 과학 수업 시간을 편안하게 느끼고, 새로운 사실을 배우는 것을 재미있어한다.					
7. 과학 수업시 배우는 많은 내용이 일상 생활에 유용하다고 생각한다.					
8. 과학 분야에서 일을 하는 것에 관심이 있고, 가치 있는 일이라 생각한다.					
9. 불필요한 전등을 끄거나 수도꼭지를 잘 잠궜는지 확인하는 등 자원 절약에 관심이 있다.					
10. 내 생각이 잘못 되었다는 것을 알았을 때에 쉽게 수긍하고 사실을 받아들일 수 있다.					
11. 과학 수업을 좋아하거나 과학 관련 동아리에서 활동하며, 과학에 관련된 직업이 장래희망이다.					
12. 새로운 것을 발견하는 것을 중요하게 생각하며, 과학의 발전이 해로운 점보다 이로운 점이 많다고 생각한다.					

소계					
총합	점				

<과학적 태도 검사 결과>

총 00명의 학생들에게 조사하여 점수 비율을 선정하였으므로, 이를 통해 또래 친구들 사이에서의 학생의 과학적 태도 수준을 파악할 수 있습니다.

점수	29점 이하	30점 이상 ~ 39점 이하	40점 이상 ~ 44점 이하	45점 이상 ~ 49점 이하	50점 이상 ~ 54점 이하	55점 이상
평가	과학에 대한 이해를 확충할 필요가 있음	어떤 부분에 우수한지 정밀 검사요망	영재성을 길러주면 발전될 가능성 있음	영재성 교육을 하면 잠재능력 발휘함	영재성이 있고 우수하며, 전문가와 상담 요망	대단히 우수하며, 영재교육 절대 필요함
	보통 이하	보통	양호	우수	매우 우수	최상

PART II

영재성 검사

나에게는 잠재된 영재성이
있을까?

단원 살짝 엿보기

01 일반 창의성

생활 소재를 사용한 문제를 통해 유창성, 융통성, 독창성, 정교성을 통한 창의성 평가

02 언어 / 추리 / 논리

언어적 이해를 통해 표현력 평가

03 수리논리

수와 연산에 대한 감각을 통한 창의성 평가

04 공간 / 도형 / 퍼즐

공간, 도형, 퍼즐을 통해 논리적 사고력, 추리력 평가

05 과학 창의성

과학적 문제에 대한 창의성 평가

- **1회 모의고사**
- **2회 모의고사**

1 일반 창의성

[각 문제 배점 : 5점]

교육청 영재교육원 기출

01 다음의 내용이 잘 전달되도록 표지판을 각각 한 가지씩 그려보시오.

- ○ 유창성
- ○ 융통성
- ✔ 독창성
- ✔ 정교성

친구를 만나면 먼저 인사해요	복도에서는 좌측통행
선생님, 질문 있어요.	인터넷에서 자료를 찾으시오.

부천시 교육청 기출 유형

02 다음 그림을 보고 두 그림의 가운데 들어갈 상황과 마지막 그림의 말풍선에 들어갈 내용을 쓰시오.

- ○ 유창성
- ○ 융통성
- ✔ 독창성
- ○ 정교성

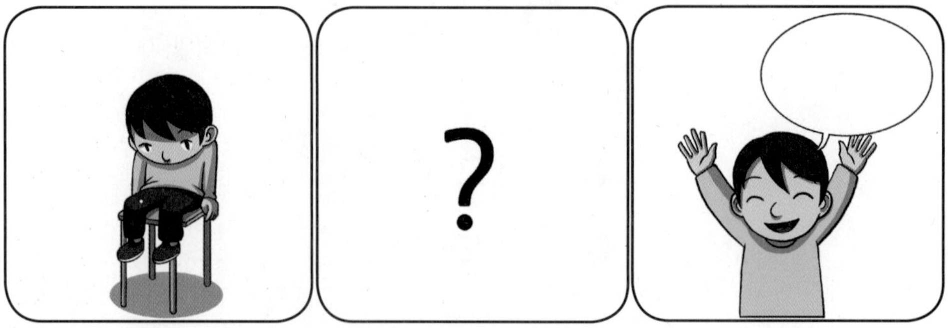

예시 답안 / 평가표 p.2

교육청 영재교육원 기출 유형

03 다음 <보기>와 같이 동그라미를 3개 이상 사용하여 우리 주변의 모습을 6가지 그려보고, 각각의 이름을 쓰시오. (단, 동그라미만 사용해야 하고, 동그라미끼리 겹쳐도 된다.)

- ○ 유창성
- ✔ 융통성
- ✔ 독창성
- ○ 정교성

보기

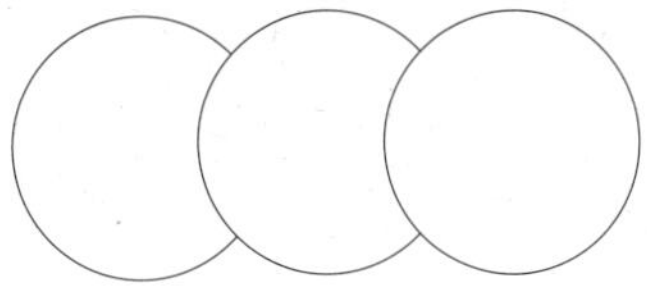

애벌레

교육청 영재교육원 기출 유형

04 휴가철이 지나면 쓰레기가 아무렇게나 버려진 해변을 쉽게 볼 수 있다. 깨끗한 해변을 만들기 위해 나라에서 할 수 있는 방법을 5가지 쓰시오.

- ☑ 유창성
- ☑ 융통성
- ○ 독창성
- ○ 정교성

05 무한이는 주말에 집에서 쉬고 싶지만 윗집과 옆집에서 들리는 소음때문에 쉴 수가 없었다. 소음을 줄일 수 있는 방법을 다양하게 써 보시오.

- ○ 유창성
- ☑ 융통성
- ☑ 독창성
- ○ 정교성

교육청 영재교육원 기출

06 답이 달걀이 될 수 있도록 한 문장의 퀴즈를 다양하게 만들어 보시오.

- ○ 유창성
- ✔ 융통성
- ✔ 독창성
- ○ 정교성

교육청 영재교육원 기출 유형

07 아프리카에 가난으로 고통받는 어린 아이들이 많다. 아프리카에 사는 내 또래 친구들을 위해서 내가 할 수 있는 일이 무엇일지 3가지 이상 써 보시오.

- ✔ 유창성
- ○ 융통성
- ○ 독창성
- ○ 정교성

교육청 영재교육원 기출

08 다음 두 물건의 공통점을 3가지씩 찾아 쓰시오.

- ○ 유창성
- ✔ 융통성
- ○ 독창성
- ○ 정교성

칫솔과 전구	크레파스와 건전지
 	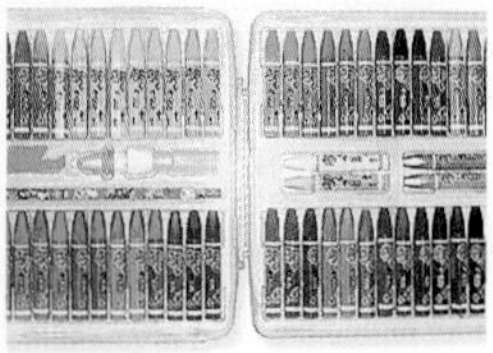 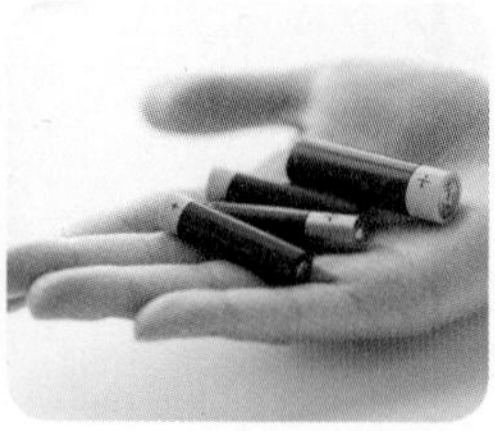
· · ·	· · ·

서울시 교육청 기출 유형

09 자물쇠는 비밀번호가 있어야 열 수 있다. 이런 자물쇠와 같은 공통점을 가진 물건을 최대한 많이 쓰시오.

- ✔ 유창성
- ○ 융통성
- ○ 독창성
- ○ 정교성

10 스케이트와 바퀴를 결합하여 만든 인라인 스케이트는 인기가 좋다. 이와 같이 관계가 없었던 두 가지 물건을 결합하여 만들 수 있는 발명품의 이름을 붙이고, 발명한 이유를 다음과 같은 형태로 쓰시오.

○ 유창성
○ 융통성
✓ 독창성
✓ 정교성

발명품의 이름	결합한 물품	발명한 이유
	세탁기 + 체중계	일정 무게 이상 빨래가 모이면 저절로 세탁기가 돌아간다. 빨래가 많이 쌓이지 않도록 하기 위해 발명하였다.
	자전거 + 리모콘	
	운동화 + 비닐	
	가방 + 아이스팩	

교육청 영재교육원 기출 유형

11 우리나라의 음식 중 세계화 된 음식인 김치, 불고기, 비빔밥을 제외하고 세계화가 될 수 있는 음식을 쓰고, 그 음식을 세계에 알릴 수 있는 방법을 한 가지 쓰시오.

○ 유창성
✓ 융통성
✓ 독창성
○ 정교성

· 음식 이름 :

· 세계에 알릴 수 있는 방법 :

12 요리를 하다가 냄비를 태웠다. 냄비는 버리고 냄비 뚜껑만 남았을 때, 냄비 뚜껑을 이용해 할 수 있는 것을 장소에 따라 다양하게 써 보시오.

- ○ 유창성
- ✔ 융통성
- ✔ 독창성
- ○ 정교성

내 방에서	부엌에서

거실에서	교실에서

운동장에서	바다에서

교육청 영재교육원 기출 유형

13 **다음은 무한이와 상상이의 각자 자전거 중 어떤 자전거의 성능이 좋은지 알아보기 위한 실험이다. 이 실험 방법에서 문제점과 해결 방안을 써 보시오.**

- ○ 유창성
- ✓ 융통성
- ○ 독창성
- ✓ 정교성

1. 무한이와 상상이는 결승선에 선을 그어 놓고 출발선에서 자전거를 출발시킨다.
2. 각각 페달을 5번씩 밟아서 앞으로 간 후 멈춘다.
3. 멈출 때까지 앞으로 나간 거리를 재면 멀리 나간 자전거의 성능이 더 좋은 것이다.

· 문제점 :

· 해결 방안 :

교육청 영재교육원 기출 유형

14 자석이 생활에 사용되는 예를 10가지 이상 쓰시오.

- ☑ 유창성
- ○ 융통성
- ○ 독창성
- ○ 정교성

①

②

③

④

⑤

⑥

⑦

⑧

⑨

⑩

15 다음 그림을 보고 무엇이 연상되는지 5가지 쓰시오.

- ○ 유창성
- ☑ 융통성
- ☑ 독창성
- ○ 정교성

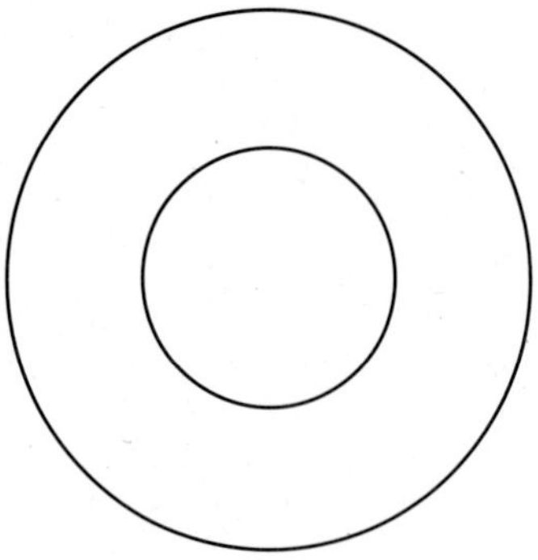

16 주어진 S선을 가지고 생각나는 그림을 그리고, 그림의 이름을 적으시오. (단, S선은 회전이 가능하다.)

- ◯ 유창성
- ✓ 융통성
- ◯ 독창성
- ✓ 정교성

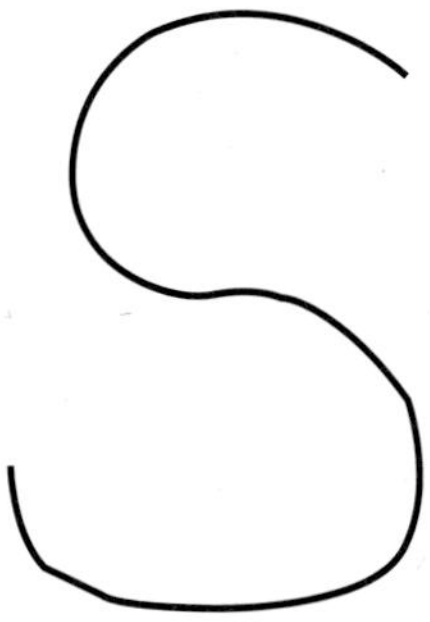

교육청 영재교육원 기출 유형

17 다음 16개의 칸이 있다. 16개 중 일부를 채워서 자신이 좋아하는 모양을 그리고, 이름을 쓰시오.

- ◯ 유창성
- ◯ 융통성
- ✓ 독창성
- ✓ 정교성

18 다음 <예시>는 주어진 식을 사용하여 생활에 적용시켜 문장으로 나타낸 것이다. <예시>를 보고 주어진 <보기>에 해당하는 식을 생활에 적용시켜 문장으로 만들어 보시오.

○ 유창성
✓ 융통성
✓ 독창성
○ 정교성

3 + 5 = 8

'사과 3개가 담긴 박스에 엄마께서 사과 5개를 더 넣어주셔서 박스 안에 사과가 8개가 되었다.'

○ + △

'동그랗게 밥을 뭉치고 세모난 김을 붙여 주먹밥을 만들었다.'

보기

① ○ + □	② 6 + 3 = 9
③ 5 × 4 = 20	④ △ + D

교육청 영재교육원 기출 유형

19 숫자 1부터 9까지를 모두 사용하여 생활 속의 모습을 그리고, 어떤 상황인지 설명하시오. (단, 한 숫자를 여러 번 사용할 수 있다.)

- ◯ 유창성
- ☑ 융통성
- ☑ 독창성
- ◯ 정교성

20 다음 <보기>와 같이 두 그림의 관계에 대한 글을 완성해 보시오.

- ◯ 유창성
- ☑ 융통성
- ☑ 독창성
- ◯ 정교성

보기

 이 초승달이라면  은 망원경이다.

· 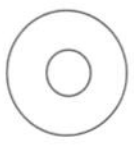 이 자동차 핸들이라면  은 ____________________

·  이 알이라면  은 ____________________

·  이 책이라면 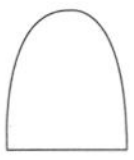 은 ____________________

교육청 영재교육원 기출

21 다음 주어진 미완성 그림을 완성하고 제목을 쓰시오.

- ◯ 유창성
- ✔ 융통성
- ✔ 독창성
- ◯ 정교성

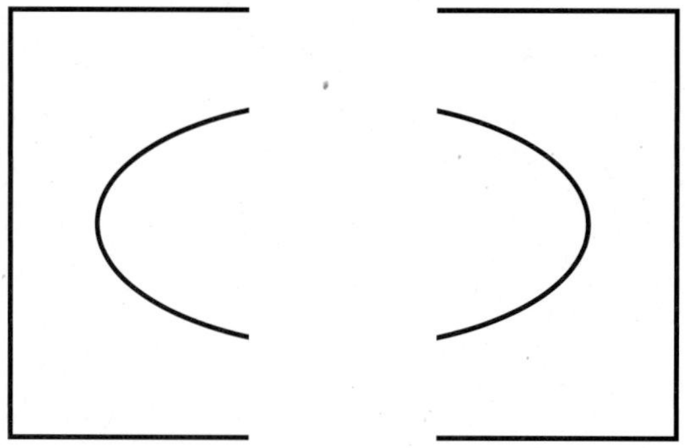

교육청 영재교육원 기출

22 다음과 같이 B가 증가할수록 A는 증가하다가 일정해지는 그래프가 있다. 생활 속에서 A와 B에 해당될 수 있는 것이 무엇일지 써 보시오.

- ◯ 유창성
- ✔ 융통성
- ✔ 독창성
- ◯ 정교성

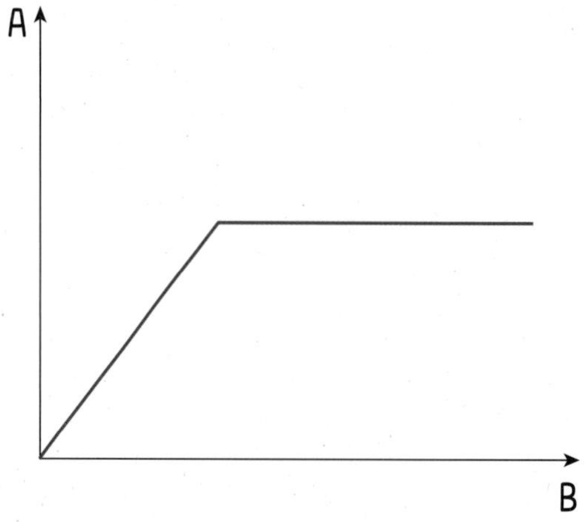

23 다음 3개의 막대기 중 가장 길이가 긴 막대기를 빨리 찾을 수 있는 방법을 다양하게 써 보시오.

- ○ 유창성
- ✓ 융통성
- ✓ 독창성
- ○ 정교성

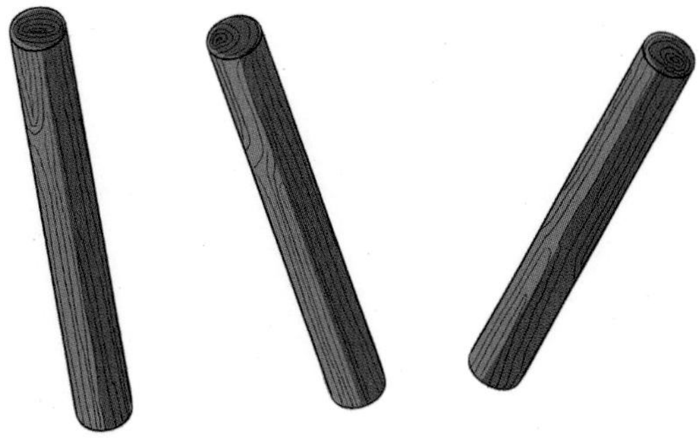

24 부모님이 다녔던 학교와 지금 학교의 모습은 많이 다르다. 30년 후 자녀가 다닐 학교는 어떤 모습일지, 어떤 것들이 변해 있을지 상상하여 가능한 많이 적어 보시오.

- ○ 유창성
- ✓ 융통성
- ✓ 독창성
- ○ 정교성

▲ 옛날 교실

▲ 현재 교실

?

▲ 미래 교실

25 우리 학교 학생 수가 점점 줄어들고 있다. 만약 내가 일일 교장선생님이 된다면, 학생 수를 늘리기 위해 어떤 일을 할 것인지 구체적으로 쓰시오.

- ○ 유창성
- ○ 융통성
- ✔ 독창성
- ✔ 정교성

부천시 교육청 기출 유형

26 운동장에서 한 아이는 앉아서 울고 있고, 한 아이는 서서 웃고 있었다. 각각 어떤 일이 있었는지 비교해서 구체적으로 쓰시오.

- ○ 유창성
- ○ 융통성
- ✔ 독창성
- ✔ 정교성

예시 답안 / 평가표
p.16

부천시 교육청 기출 유형

27 개가 닭장 앞에 있는데 굶주린 늑대가 나타났다. 겁쟁이 개는 늑대를 보고 살고 싶어서 닭장을 열어 닭을 주려고 하는데, 주인이 설치해 둔 덫에 걸려 버렸다. 그 모습을 늑대가 보고 겁쟁이 개에게 어떤 얘기를 했는데, 그 얘기가 무엇일지 상상해서 써 보시오.

- ○ 유창성
- ✓ 융통성
- ✓ 독창성
- ○ 정교성

교육청 영재교육원 기출

28 의식주 중 주가 갑자기 없어졌다면 사람은 하루를 어떻게 보내게 될 지 일기 형식으로 쓰시오.

- ○ 유창성
- ✓ 융통성
- ✓ 독창성
- ○ 정교성

교육청 영재교육원 기출 유형

29 외계에 살고 있는 생명체에게 지구를 알리기 위한 물건을 우주를 통해 보낸다면 우리가 쉽게 구할 수 있는 물건 중 어떤 물건을 보내고 싶은지 쓰고, 그 이유를 쓰시오.

- ○ 유창성
- ○ 융통성
- ✓ 독창성
- ✓ 정교성

30 오래 전에 계획되었던 가을 소풍이 갑자기 하루 전에 2주 연기되었다고 통보되었다. 2주 후 소풍을 가게 되었을 때 나에게 생길 변화에 대해서 쓰시오.

- ○ 유창성
- ○ 융통성
- ✓ 독창성
- ○ 정교성

교육청 영재교육원 기출

31 다음 그림에서 지나가는 사람이 들을 수 있는 소리를 5가지 이상 소리나는대로 글로 표현하시오.

- ○ 유창성
- ✔ 융통성
- ✔ 독창성
- ○ 정교성

교육청 영재교육원 기출 유형

32 복도에 우리 반 담임 선생님이 지나가고 있었다. 교실 안에 있는 무한이가 창문 밖으로 선생님을 보고 선생님의 키를 알 수 있는 방법을 쓰시오.

- ○ 유창성
- ✔ 융통성
- ✔ 독창성
- ○ 정교성

33 무한이네 가족은 할머니, 할아버지, 어머니, 아버지, 누나, 무한이, 남동생이 있다. 가족여행을 가기 위해 자동차에 탔는데 차가 밀려서 가족들이 모두 지루해하고 있다. 할머니께서 조용한 것을 좋아하시기 때문에 큰 소리로 떠들거나 노래를 틀 수 없다. 가족 모두가 지루하지 않게 여행지까지 도착할 수 있는 방법을 써 보시오.

- ○ 유창성
- ○ 융통성
- ✓ 독창성
- ○ 정교성

교육청 영재교육원 기출 유형

34 자유 시간에 반 친구들 중 하나가 혼자서 화단의 흙을 정리하며 물을 주고 있었고, 나머지 친구들은 운동장에서 피구를 하고 있었다. 혼자 있는 친구가 왜 혼자 있는지 생각해 보고, 그 친구에게 내가 할 수 있는 일이 무엇인지 쓰시오.

- ○ 유창성
- ✓ 융통성
- ✓ 독창성
- ○ 정교성

35 무한이는 저 멀리 우주에서 온 외계인을 만났다. 지구에 대해 알지 못하는 외계인은 펄펄 끓는 용광로를 보고 아름답다며 손으로 만지려 했다. 이때 말이 통하지 않는 외계인에게 용광로를 만지면 뜨겁고 위험하다고 알려주고 싶다면 어떤 방법이 있는지 쓰시오.

- ○ 유창성
- ✔ 융통성
- ✔ 독창성
- ○ 정교성

36 다음 그림 중 3개를 골라서 자유롭게 나열한 다음, 왜 그런 표정 변화가 있는지 한 문장으로 써 보시오.

- ○ 유창성
- ○ 융통성
- ✔ 독창성
- ✔ 정교성

37 상상이는 보이지 않는 박스 안에 손을 집어 넣어 들어 있는 물건을 만져보고 촉감과 느낌을 알아보았다. 말랑말랑하고, 따뜻하며, 미끈미끈했다. 이에 해당하는 것이 무엇일지 다양하게 써 보시오.

- ☑ 유창성
- ☑ 융통성
- ☑ 독창성
- ○ 정교성

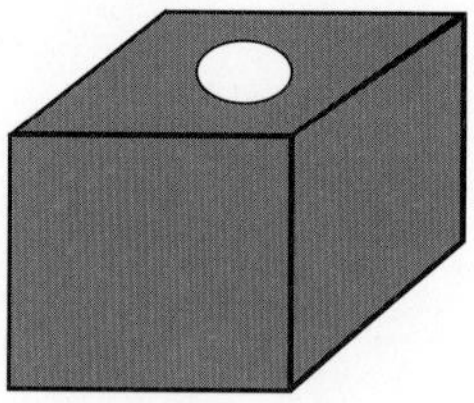

교육청 영재교육원 기출

38 다음은 무한이가 그린 마을 지도이다. 무한이네 마을에 살고 있는 주민들의 직업은 무엇일지 다양하게 쓰시오.

- ☑ 유창성
- ☑ 융통성
- ○ 독창성
- ○ 정교성

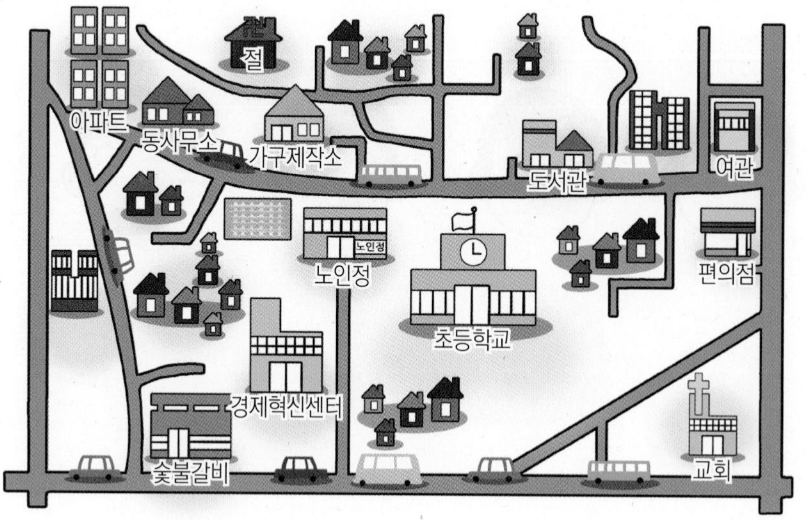

39 다음은 상상이가 언니와 나눈 대화를 만화로 그린 것이다. ③번 그림에 상상이가 언니에게 한 말이 무엇일지 써 보시오.

- ○ 유창성
- ✔ 융통성
- ✔ 독창성
- ○ 정교성

40 무한이는 사탕이 일렬로 들어 있는 투명 고무호스를 가지고 있다. 양쪽으로 사탕을 뺄 수 있는데, 바닥에 사탕을 흘리지 않고, 한가운데에 있는 별사탕을 꺼내 먹고 싶다면 어떻게 해야 할지 쓰시오.

- ○ 유창성
- ○ 융통성
- ✔ 독창성
- ○ 정교성

2 언어/추리/논리

[각 문제 배점 : 5점]

01 다음과 같은 순서로 자음을 가지는 낱말을 모두 찾아 쓰시오.

ㄱ ㅇ

02 다음 주어진 자음과 모음을 모두 사용하여 낱말을 만든다면 그 낱말이 <보기> 중 어디에 해당할지 고르시오.

ㅈ ㅋ ㅁ ㅗ ㄹ ㅇ ㅅ ㅏ ㅣ

보기

① 동물 ② 나라 ③ 별자리 ④ 운동

교육청 영재교육원 기출 유형

03 다음 <보기>와 같이 [   ] 안에 단어를 넣어 공통으로 연결되도록 빈칸에 알맞은 말을 쓰시오.

보기

비누 - [방울] - 토마토

(1) 백합 - [   ] - 가루 - [   ] - 방울 - [   ] - 껍질

(2) 충치 - [   ] - 주사 - [   ] - 국 - [   ] - 맛

(3) 자동 - [   ] - 유리 - [   ] - 작품 - [   ] - 회

교육청 영재교육원 기출 유형

04 주어진 단어의 변화를 보고, 같은 규칙을 갖도록 빈 칸을 채워 보시오.

· 나침반 - 자 - 방향 - 길이 - 표지판 - 키

· 예술 - 명절 - 영화 - 추석 - 배우 - 송편

책 - 신발 - ______ - ______ - ______ - ______

05 다음 <보기>와 같이 가운데 있는 단어로 연상되는 낱말을 모두 쓰시오.

보기

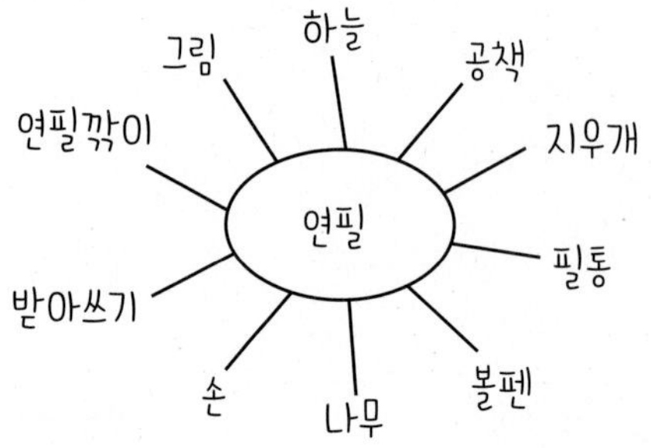

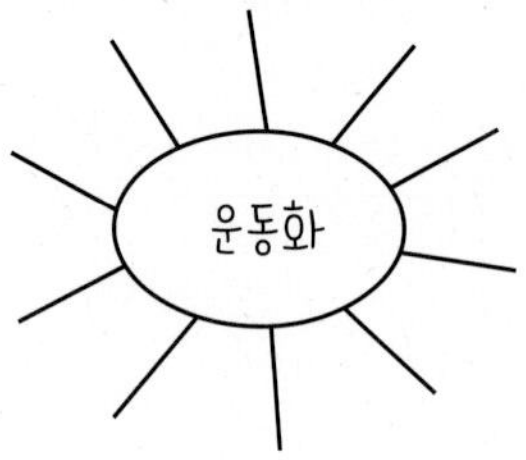

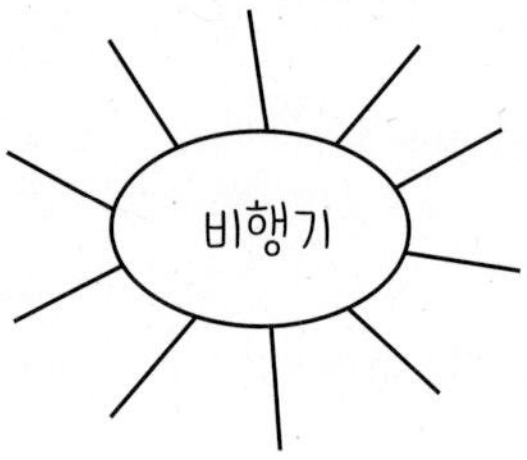

06 다음 주어진 글자카드를 한 번만 사용하여 2 ~ 3자의 단어를 다양하게 만들어 보시오. (단, 한 번 사용한 카드는 다시 사용할 수 없다.)

나	달	배	당	울	기
구	바	사	토	고	학
력	니	마	지	소	러

교육청 영재교육원 기출

07 제시된 글자의 변화를 보고, 규칙을 찾아 빈칸에 알맞은 글자를 쓰시오.

퍽	-	퍼벅	-	퍼버벅
샵	-	샤샵	-	샤사샵
뿡	-	뿌붕	-	뿌부붕
① ______	-	차잠	-	② ______
③ ______	-	④ ______	-	짜자잠
⑤ ______	-	⑥ ______	-	⑦ ______
⑧ ______	-	⑨ ______	-	⑩ ______

교육청 영재교육원 기출 유형

08 다음 <보기>는 달콤하고도 쓴 것에 해당되는 것이다. <보기>와 같은 형태로 작고도 큰 것, 느리고도 빠른 것을 써 보시오.

보기

<달콤하고도 쓴 것>

초콜릿 : 처음 입에 넣었을 때는 달달하지만 끝맛은 쓰다.

복권 : 추첨날이 다가올 때는 달콤한 기대를 하다가 결과를 보면 쓴 실망감으로 바뀐다.

(1) 작고도 큰 것

(2) 느리고도 빠른 것

예시 답안 / 평가표
p.26

교육청 영재교육원 기출 유형

09 다음 <보기>처럼 비유할 수 있는 물질/물건을 쓰고, 그 이유를 서술하시오.

보기

친구는 [케이크] 와 같다.

왜냐하면 생일과 같은 기쁜 날에 항상 함께하기 때문이다.

(1) 선생님은 [   ] 와/과 같다.

왜냐하면 ______________________________

(2) 연예인은 [   ] 와/과 같다.

왜냐하면 ______________________________

10 다음 글자카드가 뒤죽박죽 섞여 있다. 글자카드를 배치하여 맞는 문장으로 만들어 보시오.

11 다음 <보기>는 두 가지 이상의 의미를 가진 단어로 만든 문장이다. 주어진 단어로 다른 의미를 가진 문장을 두 개 이상 만들어 보시오.

보기

- 엄마한테 혼난 동생은 풀이 죽어 있다.
- 풀이 없어서 종이를 붙일 수 없다.

- 수상

- 배

- 눈

- 가지

교육청 영재교육원 기출 유형

12 다음 <보기>에 제시된 7개의 단어를 모두 사용하여 시를 지어 쓰시오.

보기

구름 우유 시계 섬 햇살 자전거 친구

교육청 영재교육원 기출

13 다음 (가), (나), (다), (라)에 알맞은 낱말을 쓰시오.

(가)는 (나)이고,

(다)는 (나)이고,

(라)는 (다)이고,

(다)는 (가)가 아니다.

교육청 영재교육원 기출 유형

14 삼단논법은 두 개의 전제와 하나의 결론으로 된 연결된 형식의 논증이다. 삼단이라는 이름은 두 개의 전제에서 세 번째의 결론이 도출된다는 데에서 붙여졌다. 다음 (1), (2)에서는 결론인 문장을 골라 ○표 하고, 아래에 본인이 삼단논법에 맞는 문장을 직접 만들어 보시오.

(1) 떡볶이는 맵습니다. (　)

무한이는 떡볶이를 먹지 않습니다. (　)

무한이는 매운 음식을 먹지 않습니다. (　)

(2) 핸드폰은 눈에 좋지 않습니다. (　)

전자파는 눈에 좋지 않습니다. (　)

핸드폰에서는 전자파가 나옵니다. (　)

교육청 영재교육원 기출 유형

15 무한이와 상상이는 보물을 찾으러 떠났다. 길을 가던 중 5개의 갈림길이 나타났는데, 갈림길에는 표지판이 각각 있었다. 보물은 한 곳에만 있고, 2개의 표지판만 진실일 때 무한이와 상상이는 어디로 가야할지 쓰시오.

16 무한이와 상상이는 <보기>에 주어진 단어를 사용하여 끝말잇기 놀이를 하였다. 주어진 내용을 보고 물음에 답하시오.

보기

무한에게 주어진 단어 : □독, 도시, 기술, 주□, 화장, 험담, 교실, 각□, 요지

상상에게 주어진 단어 : 막대기, 술잔, 장난감, □험, 실내화, 인도, □요, 지각, 독주

· 무한이와 상상이가 사용한 모든 단어는 첫 자가 서로 다르다.

· 주어진 단어에서 사용하지 않은 것은 없고, 모두 한 번씩 사용되었다.

· 무한이가 '교실'이라는 단어로 먼저 시작하였다.

· 무한이는 자신의 단어 중 '도시'라는 단어를 자신에게 주어진 단어 중 다섯 번째에 사용하였다.

(1) 각 □에 들어갈 말을 왼쪽부터 순서대로 쓰시오.

무한에게 주어진 단어 :

상상에게 주어진 단어 :

(2) 상상이가 가장 마지막에 사용한 단어는 무엇일지 쓰시오.

교육청 영재교육원 기출

17 다음은 올림픽에서 100m 달리기를 할 때, 여러 나라 선수들이 결승점을 통과한 내용이다. 여러 나라 선수들의 100m 달리기 순위를 쓰시오.

① 일본 선수는 독일 선수 바로 뒤에 결승선을 통과했다.

② 멕시코 선수는 미국 선수와 대한민국 선수 사이에 들어왔다.

③ 대한민국 선수는 일본 선수보다 먼저 들어왔다.

④ 미국 선수는 자메이카 선수보다 늦게 들어왔다.

⑤ 미국 선수는 대한민국 선수보다 먼저 들어왔다.

1등 :	4등 :
2등 :	5등 :
3등 :	6등 :

교육청 영재교육원 기출

18 다음 글을 읽고, 이야기를 순서대로 나열해 보시오.

가. 다음날 아침 9시에 초인종이 울렸을 때, 잡상인인 줄 알고 문을 열어 주지 않았다. 초인종이 다시 울려 문을 열어 보니 작은 아이가 "우유예요."라며 우유를 건내주었다.

나. 아침 10시에 대문을 열어 보니 우유가 와 있지 않았다.

다. 착한 마음을 가진 아이를 보고 우유 배달을 취소하려고 했던 것을 후회했다.

라. 오후 쯤에 우유 회사에서 배달하는 아저씨가 사고가 나서 2 ~ 3주 정도 배달을 못할 것 같다는 전화를 받았다.

19 다음 글을 읽고, 왕이 처음에 가지고 있던 금화는 총 몇 개인지 쓰시오.

어느 나라 왕이 3명의 딸에게 금화를 주었다. 첫째 딸에게 왕이 가지고 있는 금화의 절반과 한 개를 더 주었고, 둘째 딸에게는 나머지 금화의 절반과 한 개를 더 주었으며, 마지막 셋째 딸에게도 나머지 금화의 절반과 한 개를 더 주었더니 남은 금화가 없었다.

20 다음 글을 읽고, 남자가 신에게 말한 소원은 무엇일지 써 보시오.

사랑하는 아내와 눈이 먼 어머니와 살고 있는 남자에게 어느 날 신이 나타나 소원 한 가지를 들어주겠다고 했다. 남자는 어떤 소원을 말해야 할지 몰라서 아내와 어머니에게 물어보았더니 어머니는 눈을 뜨게 해달라고 했고, 아내는 딸을 낳고 싶다고 했다. 소원은 하나 뿐이라 고민하던 남자는 결국 아내와 어머니 둘 다 만족시킬 수 있는 소원을 말했다.

교육청 영재교육원 기출

21 어느 5층 아파트의 각 층에서 1월부터 5월까지 한 달에 한 명씩 아이가 태어났다고 한다. 아이들의 이름은 지후, 유연, 은우, 준서, 수빈일 때, 다음을 보고 태어난 달에 따른 아이 이름과 사는 층을 바르게 쓰시오.

① 1층에 사는 아이는 지후보다 나중에 태어났고, 이 둘은 모두 은우보다 늦게 태어났다.

② 준서는 지후보다 먼저 태어났지만 가장 먼저 태어나지도, 가장 나중에 태어나지도 않았다.

③ 5층, 2층, 4층에 사는 아이들은 순서대로 연이어서 태어났다.

④ 3층에 살고 있는 수빈이와 3월에 태어난 아이는 한 층 차이이다.

⑤ 4월에 태어난 유연이는 1층에 산다.

태어난 달	아이의 이름	아이가 사는 층
1월		
2월		
3월		
4월		
5월		

22 다음 <조건>을 사용하여 물음에 답하시오.

위치	동물
<위>	돼지
	양
	강아지
	닭
	쥐
	코끼리
	사자
<아래>	호랑이

<조건>

- a ☆ b 는 a와 b 사이에 있는 동물을 말한다.
- a △ b 는 a의 2칸 아래에 있는 동물을 말한다.
- a □ b 는 b의 3칸 위에 있는 동물을 말한다.

(1) '(강아지 ☆ (가)) △ 호랑이 = 코끼리' 에서 (가)를 구하시오.

(2) '(돼지 □ 닭) △ 호랑이 ☆ 쥐 = (나)' 에서 (나)를 구하시오.

교육청 영재교육원 기출

23 다음 세 친구들은 3마디씩 대화를 했다. 그 중 2명은 3마디 중 한 마디가 거짓말이고, 나머지 1명은 거짓말을 하지 않았다. 대화를 읽고, 물음에 답하시오.

무한 : 나는 영재보다 가벼워.
영재의 몸무게는 38kg 이래.
상상이는 영재보다 3kg 더 가볍대.

상상 : 무한이의 몸무게는 31kg 이래.
무한이와 내 몸무게는 2kg 차이가 나.
나는 두 번째로 무거워.

영재 : 나는 상상이보다 3kg 더 무거워.
나는 무한이보다 4kg 더 가벼워.
내 몸무게는 36kg 이야.

(1) 거짓말을 하지 않은 사람은 누구인지 쓰시오.

(2) 세 사람의 몸무게를 각각 쓰시오.

교육청 영재교육원 기출 유형

24 다음은 사람들이 책을 어떻게 읽는지 알아보기 위해 만든 설문지이다. 다음 물음에 답하시오.

1. 성명 : 남 / 여

2. 나이 : 만 ____ 세

3. 하루 평균 책을 읽는 시간은 얼마나 되나요?

① 30분 미만　② 30분 이상 - 1시간 미만

③ 1시간 이상 - 2시간 미만　④ 2시간 이상 - 3시간 미만

4. 주로 책을 읽는 시간은 언제인가요?

① 0 - 6시　② 6 - 12시　③ 12 - 18시　④ 18 - 24시

5. 독서를 통한 만족도는 어느 정도인가요?

① 매우 만족　② 대체로 만족　③ 보통　④ 대체로 불만족　⑤ 매우 불만족

(1) 이 설문 결과로 10대 여성이 저녁에 책을 얼마나 읽는지 조사하려 한다. 필요한 설문 번호를 모두 쓰시오.

(2) 이 설문 결과로 책을 많이 읽는 사람들이 언제 주로 책을 읽는지를 조사하려 한다. 필요한 설문 번호를 모두 쓰시오.

교육청 영재교육원 기출 유형

25 다음 문장의 내용과 자연스럽게 이어지도록 이야기를 지어내고, 그 이야기의 제목을 쓰시오.

할머니께서는 매일 상상이에게 천원씩 용돈을 주셨다. 그런데 어느 날 할머니께서 갑자기 만 원을 주셨다.

· 이야기 :

· 제목 :

교육청 영재교육원 기출 유형

26 '사자와 소' 이야기를 보면 사자와 소가 결혼한 후에 소는 사자에게 풀만 주고, 사자는 소에게 고기만 주었다. 처음에는 서로 참았지만 결국 둘은 헤어지고 만다. 이 이야기에서 얻을 수 있는 교훈이 무엇일지 쓰시오.

27 다음 <보기>를 읽고, <보기>의 문장이 의미하는 바를 ① ~ ④ 중 고르시오.

보기

요즘에는 학교가 새롭게 정의되고 있다. 하지만 학생들에게 필요한 기본적인 학교의 역할은 필수적이라고 생각한다.

① 새롭게 정의되는 것을 금지해야 한다.

② 학교의 역할이 가치가 없다.

③ 학교의 역할이 바뀌지 말아야 한다.

④ 학교의 역할이 바뀌어야 한다.

28 다음 문장에서 밑줄 친 부분의 의미를 쓰고, 같은 의미의 문장을 만들어 써 보시오.

사촌 오빠는 아빠한테 일 년에 전화로 한 번씩 인사드리러 온다고 얼렁뚱땅 너스레를 떠는 게 고작이지 한 번도 찾아 온 적은 없다.

교육청 영재교육원 기출 유형

29 다음 무한이와 상상이의 대화를 보고 물음에 답하시오.

무한이와 상상이의 선생님은 목요일까지 책을 한 권 읽고 독후감을 써 오는 숙제를 내주셨습니다. 무한이는 수요일이 될 때까지 책을 거의 읽지 않고 하소연만 하였습니다.

"책 한 권을 어떻게 하루 만에 다 읽어? 말도 안돼..."

상상이는 무한이에게 이렇게 말했습니다.

"무한아! 우리 ______________________________"

(1) 상상이가 무한이에게 한 말을 자유롭게 써 보시오.

(2) (1)에서 쓴 말을 포함하여 이 내용에 맞는 속담을 쓰시오.

교육청 영재교육원 기출

30 다음 세 가지 이야기를 읽고 물음에 답하시오.

[1] 어느 날 닭이 먹이를 찾아 땅바닥을 쪼다가 우연히 진주를 발견했다. "이게 뭐야! 옥수수인줄 알았잖아!"

[2] 어느 날 사냥개가 산 속에서 주인이 쏘아 맞힌 사냥감을 찾다가 금가루가 들어 있는 자루를 발견했다. "에잇! 겨우 찾은 줄 알았는데."

[3] 어느 날 청소부 아저씨가 창고를 청소하다가 아주 중요한 옛날 책을 발견했다. 하지만 이 아저씨는 그 책이 무엇인지 알려고 하지도 않고, 쓰레기통에 그 책을 버렸다.

(1) 글쓴이가 말하고자 하는 공통적인 의미를 한 문장으로 쓰시오. (단, 속담이나 비유적인 표현은 사용하지 않는다.)

(2) 위와 같은 이야기를 만들어 보시오.

31 무한이는 올해 11살이고, 무한이의 아버지는 38살이다. 무한이가 "27년 후에는 나와 아버지의 나이가 서로 같아져!" 라고 말했다. 무한이의 말이 옳은지 쓰고, 옳지 않다면 옳게 바꾸시오.

교육청 영재교육원 기출 유형

32 세 학생이 여행을 갔는데 숙소비가 3만원이라 만원씩 걷어서 일하는 직원에게 주었다. 세 학생이 어린 학생들인 것을 안 주인이 5천원을 깎아 주면서 직원에게 거슬러 주라고 하였다. 그런데 5천원을 세 명이서 똑같이 나누어 가질 수 없다고 생각한 직원이 2천원을 슬쩍 가지고, 남은 3천원을 돌려주었다. 결국 세 학생은 만원씩 냈다가 천원씩 거슬러 받았으니 9천원씩 낸 것이다. 그럼 세 명이 낸 돈은 9000 × 3 = 27000원이다. 여기에 직원이 슬쩍 가지고 간 2천원을 더하면 29000원이 된다. 남은 천원은 어디로 갔을지 쓰시오.

교육청 영재교육원 기출

33 **다음 글을 읽고, 양복쟁이와 당나귀 주인의 성격을 나타내는 문장을 각각 2가지씩 찾고, 그 문장에 해당하는 두 사람의 성격을 쓰시오.**

양복쟁이가 개울을 건너려고 망설이다가 건너편에 당나귀를 끌고 가는 사람을 보고, "이봐. 그 나귀를 가지고 와서 개울을 좀 건너게 해주게." 하고 소리쳤다. 당나귀 주인은 처음 보는 사람이 반말을 하는 것에 기가 찼다. 괘씸하고 분하였지만 어떤 사람인지 보자는 생각에 "네에~"하고 양복쟁이 앞으로 갔다.

양복쟁이는 "나는 이 마을 군청에 계신 관리일세, 나 알지?" 하자, 당나귀 주인은 한 번 따끔하게 버릇을 고쳐야겠다는 생각을 하며, "네, 알다뿐입니까."라고 했다.

양복쟁이 : "관리란, 모두 백성을 위해 일하는 분들이지 않은가? 그러기에 백성이 관리 어른을 위해 수고하는 것은 당연한 일이지! 안그런가?"

당나귀 주인 : "그럼요."

양복쟁이 : "그런데 당나귀가 사납지 않은가?"

당나귀 주인 : "좀 사납지만 무슨 일 있겠습니까."

양복쟁이 : "그야 그렇지. 당나귀도 관리 어른을 알아볼테니...허허허"

당나귀 주인이 당나귀에 양복쟁이를 태우고 개울을 건너가다가 당나귀의 엉덩이를 뾰족한 나무막대로 찔러 당나귀가 앞다리를 들게하는 순간, 양복쟁이는 개울물에 빠지고 말았다. 그러자 당나귀 주인은 "이 당나귀는 돌당나귀라서 관리 어른을 알아보지 못했나 봅니다." 라고 했다.

· 양복쟁이

· 당나귀 주인

교육청 영재교육원 기출 유형

34 주어진 자료를 가지고 우리나라에서 가장 살기 좋은 지역이 어디일지 친구들 앞에서 발표하려고 한다. 자료에서 중요시 생각하는 부분 2가지를 고르고, 가장 설득력 있는 발표문을 300자 이내로 작성해 보시오.

지역	서울	부산	대구	인천	광주	대전	울산	경기	강원	충북	충남	전북	전남	경북	경남	제주
실업률(%)	5.5	5.3	5.7	5.0	5.0	4.4	4.5	4.0	2.7	3.0	4.0	3.4	4.5	5.4	3.8	2.0
버스비용	1200	1200	1100	1250	1100	1250	1250	1250	1106	1200	1277	1168	1166	1147	1175	1150
초등학교 수	599	306	221	243	153	146	119	1213	351	260	405	415	426	476	498	112
인구율(%)	18.98	6.68	4.77	5.70	2.82	2.89	2.24	24.99	2.98	3.08	4.09	3.57	3.65	5.18	6.52	1.28
범죄 건수	3753	4117	3771	3723	4107	3413	2526	4113	4177	3880	3542	3346	3960	3562	4246	5829

II 영재성 검사

III 창의적 문제해결력

IV 심층 면접

교육청 영재교육원 기출 유형

35 다음 글을 읽고 물음에 답하시오.

무한 : 상상아, 우리 문화 유산에 대해 알아볼까?

상상 : 난 게임이 더 재미있는데...

무한 : 내일 사회 시간에 발표할 자료를 찾아야 하는데, 너는 숙제했니?

상상 : 아니. 그건 그렇고, 나랑 게임 할래?

무한 : 아휴, 너랑은 말이 안통한다.

(1) 무한이와 상상이의 대화가 자연스럽지 않은 이유가 무엇인지 쓰시오.

(2) 무한이와 상상이의 대화가 자연스럽게 이어질 수 있도록 빈칸을 채우시오.

무한 : 상상아, 우리 문화 유산에 대해 알아볼까?

상상 : (   )

무한 : 내일 사회 시간에 발표할 자료를 찾아야 하는데, 너는 숙제했니?

상상 : (   )

무한 : 역시, 너랑 이야기하길 잘 했어.

교육청 영재교육원 기출 유형

36 **다음 글을 읽고 상상이의 행동이 옳았는지 쓰고, 상상이가 지은이를 도와줄 수 있는 다른 방법을 다양하게 써 보시오.**

지은이는 소녀 가장입니다. 초등학교 3학년 때 사고로 부모님을 잃고 7살짜리 남동생과 둘이 살고 있습니다. 할머니가 보호자로 되어 있지만, 지은이와 동생을 돌봐 주시거나 신경을 써 주시기에는 연세가 많으십니다.

지은이에게 가장 친한 친구는 상상이입니다. 상상이는 지은이네 집에 쌀은 커녕 라면마저 떨어져 이틀 동안 굶고 있다는 것을 알게 되었습니다. 상상이는 지은이를 돕고 싶었습니다.

어느 날 상상이는 어머니의 지갑이 열려 있는 것을 보았습니다. 지갑 안에는 오만 원이 들어 있었습니다. '이 돈이면 지은이가 당분간 버틸 수 있을 텐데...'라는 생각이 들었습니다.

상상이는 그 돈을 몰래 꺼내 자기가 용돈을 아껴 모은 것이라며 거짓말을 하고 지은이에게 주었습니다.

II 영재성 검사
III 창의적 문제해결력
IV 심층 면접

교육청 영재교육원 기출 유형

37 다음 글을 읽고 느낀 점을 200자 이내로 쓰고, 이에 해당되는 속담을 쓰시오.

어느 마을에 금화 부자가 금화를 몽땅 잃어버렸습니다.

부자는 잃어버린 금화를 찾는 사람에게는 금화 1개를 주겠다고 했습니다. 어느 농부가 부자의 금화를 찾아주었는데, 욕심이 많은 부자는 농부에게 금화를 주지 않으려고 금화 1개 부족하다고 사또에게 고하였습니다.

사또는 부자와 농부의 이야기를 듣고, "금화가 1개 모자란다면 이것은 부자의 금화가 아니라 다른 사람의 금화일 것이다."라고 말하였습니다.

결국 부자는 금화를 모두 잃게 되었습니다.

38 다음 글을 읽고, 물음에 답하시오.

옛날에 제주 상인과 한양 상인이 있었는데 제주 상인이 한양 상인에게 500냥을 빌리고, 다음 해 여름에 다시 한양에 올 때 돈을 갚겠다는 각서를 썼습니다. 1년 후, 여름이 끝나가는 데도 제주 상인이 돈을 갚지 않아 한양 상인은 각서를 찾아보았지만 각서를 찾지 못했습니다. 한양 상인이 어쩔 줄 몰라하자 그 모습을 본 한양 상인의 딸은 한 가지 방법을 알려주었습니다. 한양 상인은 제주 상인에게 다음과 같이 편지를 써 보냈습니다.

' 작년에 빌린 5000냥을 언제 갚으려는지...'

(1) 한양 상인이 금액이 다른 편지를 보낸 의도를 쓰시오.

(2) 한양 상인의 의도대로 답장을 받았을 때, 그 내용은 어떤 내용일지 써 보시오.

교육청 영재교육원 기출 유형

39 다음 글을 읽고, 물음에 답하시오.

여우는 황새를 저녁 식사에 초대하였습니다. 여우는 황새에게 수프를 납작한 접시에 담아 대접하고, 스스로는 수프를 맛있게 먹었습니다. 접시의 음식을 모두 핥아 먹기까지 했습니다. 그러나 황새는 부리가 길어서 납작한 그릇에 담겨 있는 수프를 먹을 수 없었습니다. 황새는 여우의 교활한 마음을 알아채고 화가 났으나 정중히 인사를 하고 나왔습니다.

"저녁 식사에 초대해 주셔서 고마웠습니다."

얼마 후 이번에는 황새가 여우를 초대하여 길쭉하고 주둥이가 좁은 항아리에 음식을 담아 내 놓았습니다. 황새는 기다란 부리를 항아리 속에 꽂아 넣고는 맛있게 음식을 먹었습니다. 여우도 배가 고파 음식을 먹고 싶었습니다. 그러나 항아리 주둥이가 좁고 길쭉해서 여우는 음식을 먹을 수가 없었습니다.

(1) 이 글의 제목은 '여우와 황새'이다. 위 글의 내용이 좀 더 잘 드러날 수 있도록 새로운 제목을 지어 보시오.

(2) 만약 나라면 여우를 어떻게 혼내줄 수 있을지 써 보시오.

40 다음 글을 읽고, 장님은 주인이 검은 항아리를 준 것을 어떻게 알았는지 써 보시오.

장님이 항아리를 하나 사려고 시장을 찾아 갔습니다. 그는 주인에게 '내가 아주 귀하게 쓸 항아리가 필요한데 좋은 것을 골라 달라'고 부탁했습니다. 주인은 이것 저것 설명하면서 한 항아리를 권했습니다. 장님은 한참이나 어루만져 보다가,

"그런데 이 항아리는 무슨 색깔인가요?"

하고 물었습니다. 주인은,

"이것은 흰색이고, 이것은 검은색입니다."

하고 장님의 손을 잡아 인도했습니다. 그러자 장님은 흰 것은 얼마이고 검은 것은 얼마냐고 물었습니다. 주인은 흰색 항아리가 좋은 것이고 따라서 값도 비싸다고 말하였습니다.

장님은 좋은 흰색 항아리 하나를 싸 달라고 부탁했습니다. 이 말을 들은 주인은 바로 값이 싼 검은색 항아리를 싸서 건네 주었습니다. 물건을 받아든 장님은 서서히 잘 싼 항아리를 다시 풀기 시작했습니다. 그리고 그 항아리를 잠시 어루만져 보다가, 주인을 크게 나무랐습니다.

"여보시오, 주인! 어째서 검은 항아리를 싸 주었소?"

하고 항의를 했습니다.

3 수리논리

[각 문제 배점 : 5점]

교육청 영재교육원 기출

01 다음 나열된 수의 규칙을 찾아보고, 25번째에 나올 숫자를 쓰시오.

121232123432123454 32····

교육청 영재교육원 기출 유형

02 다음은 일정한 규칙을 가지고 있는 수의 배열이다. ㉠, ㉡, ㉢에 들어갈 수를 각각 쓰시오.

(1) 000011, 000110, 001100, 011000, 110000, 000101,

001010, 010100, 101000, (㉠), 010010, (㉡)

(2) (1157, 1158, 1159, 1200)

(0930, 1000, 1030, 1100)

(1200, 1220, 1240, ㉢)

교육청 영재교육원 기출 유형

03 어떤 규칙에 의해 다음과 같이 수를 배열하였다. (가)에 들어갈 알맞은 수를 구하고, 그 방법을 쓰시오.

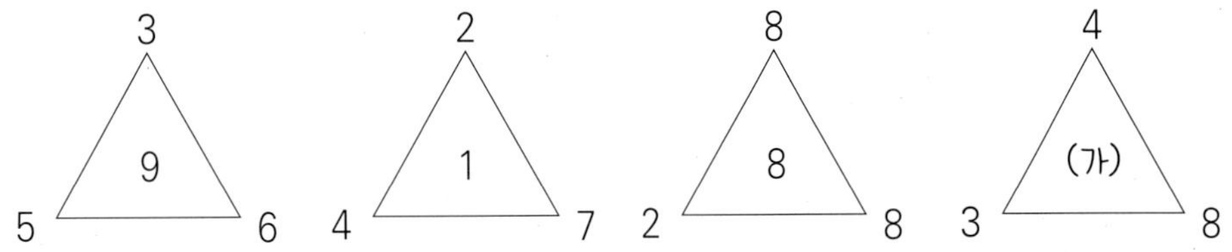

교육청 영재교육원 기출 유형

04 다음과 같이 마술기계에 통과시키면 수가 달라진다. 만약 소 13마리를 마술기계에 통과시키면 몇 마리가 되는지 구하시오.

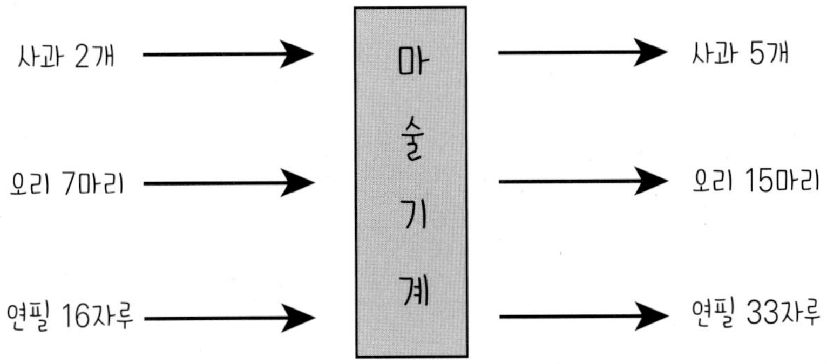

05 두 개의 통 안에 물이 가득 차 있을 때, 이 물을 모두 주전자에 옮기려면 주전자는 6개가 필요하다. 이 주전자 1개에 물이 가득 차 있을 때, 이 물을 컵에 모두 옮기려면 컵은 10개가 필요하다. 한 개의 통 안에 물이 가득 차 있을 때, 이 물을 컵에 모두 옮기려면 필요한 컵의 개수는 몇 개인지 쓰시오.

교육청 영재교육원 기출 유형

06 다음 그림은 3개의 공의 무게를 비교하기 위해 시소 위에 올려놓은 것이다. 세 공의 무게를 부등호(>, <, =)를 써서 비교하시오.

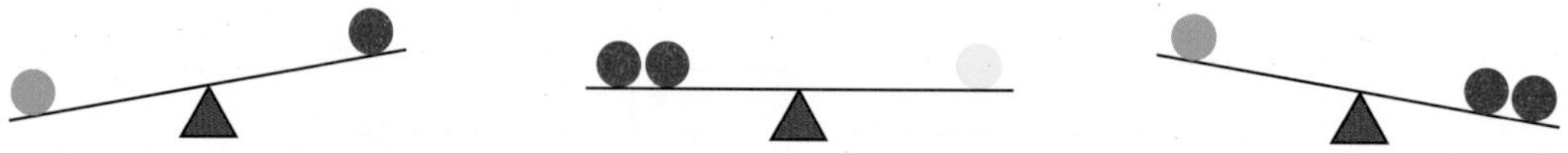

교육청 영재교육원 기출 유형

07 다음 <보기>에서 한 칸 안에 있는 기호는 어떤 수를 나타내며, 기호에 해당하는 수 들의 합을 가운데 칸에 써 놓은 것이다.

보기

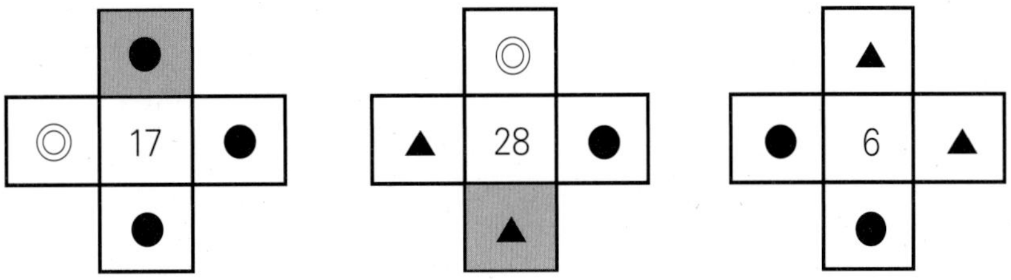

<보기>의 규칙에 의해 계산된 (가)의 값을 쓰시오. (단, 회색 바탕은 기호에 해당하는 수의 10배이다.)

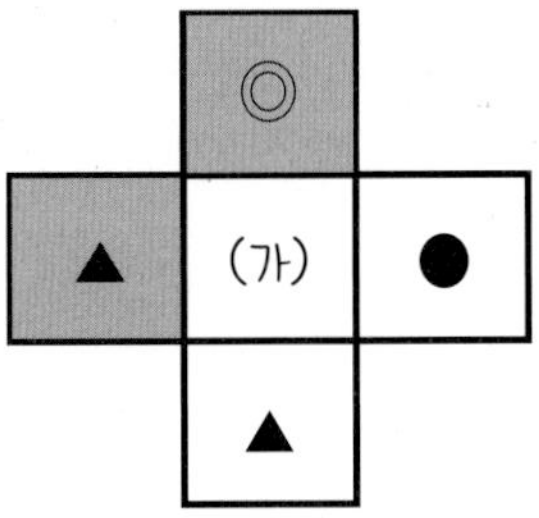

교육청 영재교육원 기출 유형

08 다음 식이 성립하도록 괄호를 넣으시오.

(1) 60 - 40 + 4 ÷ 3 × 2 = 4

(2) 40 - 28 - 4 + 6 ÷ 3 × 2 = 0

교육청 영재교육원 기출 유형

09 1부터 12까지의 숫자 카드를 왼쪽에서 오른쪽으로 갈수록 커지도록 나열하였을 때, 카드에 알맞은 숫자를 채워 넣으시오.

	2		8
	10		
	4		7

교육청 영재교육원 기출

10 상상이가 어떤 방향으로 3m 직진한 다음, 오른쪽으로 90도 회전하여 1m 직진하고, 다시 오른쪽으로 90도 회전해서 1m 직진하고, 또 다시 오른쪽으로 90도 회전하여 3m 직진하였다. 이 과정을 반복한다면 다시 출발점으로 돌아올 때까지 이동한 거리는 얼마인지 구하시오.

교육청 영재교육원 기출 유형

11 다음 그림에서 각 단계별 수의 합은 일정한 규칙으로 커진다. ㉮에 들어갈 수를 구하시오.

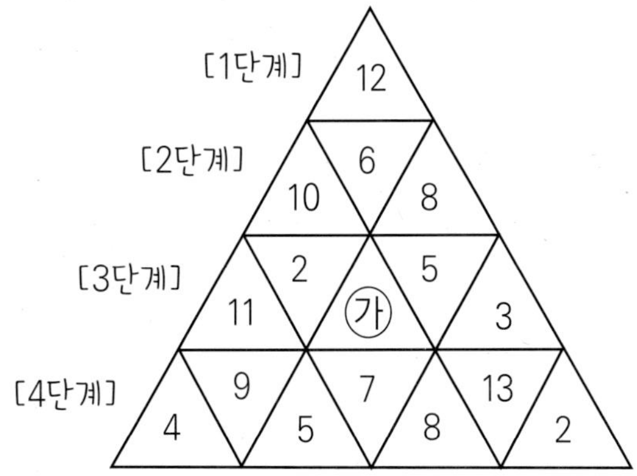

교육청 영재교육원 기출 유형

12 무한, 상상, 영재 세 명이 가지고 있는 구슬의 총 합은 21개이다. 먼저 영재가 무한이에게 2개를 주고, 무한이가 상상이에게 1개를 주었다. 그리고 상상이가 영재에게 1개를 주었더니 세 명이 가지고 있는 구슬의 개수가 같아졌다. 처음 세 명이 가지고 있던 구슬의 개수가 각각 몇 개인지 구하시오.

교육청 영재교육원 기출 유형

13 무한이는 다음과 같이 일정한 규칙으로 용돈의 일부를 모으려고 한다. 다음 물음에 답하시오.

1주째 = 500원, 2주째 = 1,000원, 3주째 = 1,500원, 4주째 = 2,000원, 5주째 = 500원, 6주째 = 1,000원.....

(1) 무한이는 15주 뒤에 얼마를 모았을지 쓰시오.

(2) 무한이 어머니가 무한이에게 6만원을 모으면 용돈을 올려준다고 하였다. 무한이가 위와 같은 규칙으로 6만원을 모으려면 몇 주가 걸리는지 쓰시오.

대회 기출 유형

14 다음 <보기>는 어떤 규칙에 의해 수를 나열한 것이다. <보기>와 같은 규칙으로 아래 그림의 빈 칸에 알맞은 수를 넣고, ㉠ + ㉡의 값을 구하시오.

보기

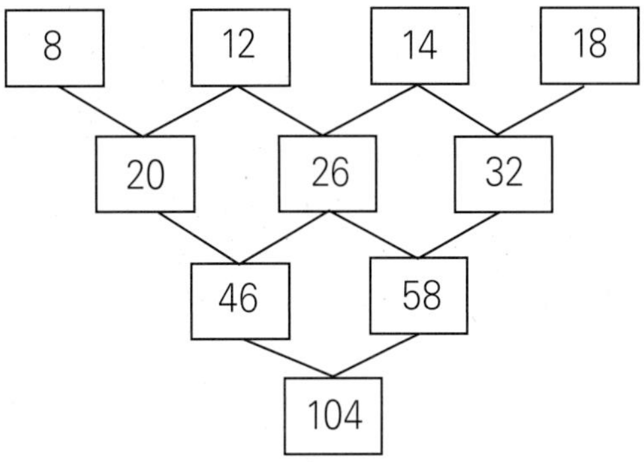

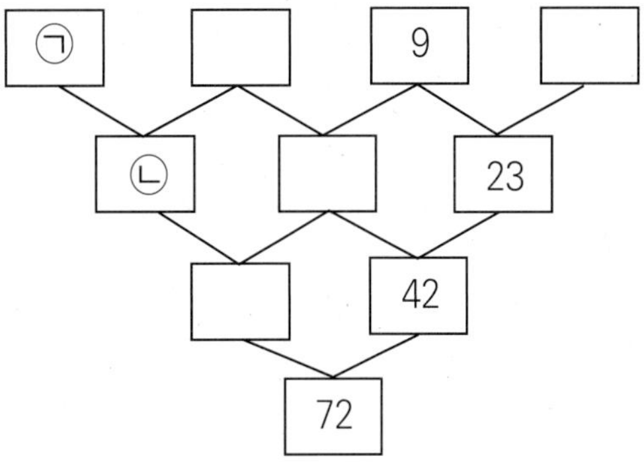

대회 기출 유형

15 다음 <보기>와 같이 두 자연수 ㄱ, ㄴ에 대하여 [ㄱ, ㄴ]은 ㄱ에서 ㄴ까지 자연수를 곱한 것이다. 이때, 아래 식을 만족하는 두 수 가와 나의 곱을 구하시오.

보기

[3, 6] = 3 × 4 × 5 × 6 = 360

1022 = [4, 가] + [나, 14]

교육청 영재교육원 기출 유형

16 다음은 어느 동물원의 이동 거리를 나타낸 것이다. 정문에서 출발하여 모든 동물을 관람하고 다시 정문으로 돌아오려고 한다. 이 동물원에서 가장 짧은 경로를 쓰시오.

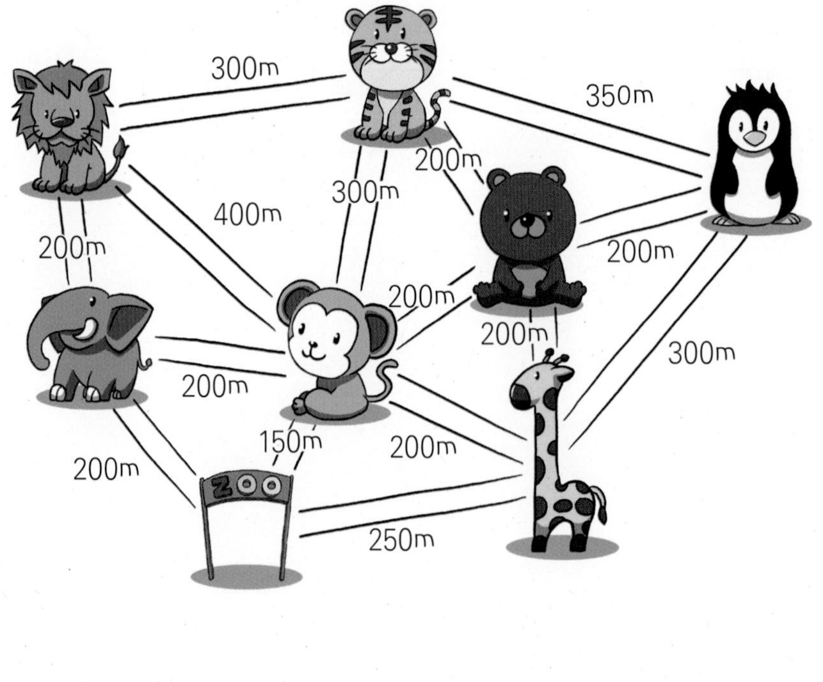

교육청 영재교육원 기출 유형

17 무한이는 현재 사용하는 연산 기호와 다른 새로운 연산 기호를 만들었다. 다음은 무한이가 만든 연산 기호로 계산한 것이다.

2 ♣ 1 = 3 　 2 ♣ 2 = 6 　 2 ♣ 3 = 9 　 2 ♣ 4 = 12 　 2 ♣ 5 = 15

무한이가 만든 연산 기호로 다음을 계산해 보시오.

(1) 2 ♣ 10

(2) 4 ♣ 50

교육청 영재교육원 기출

18 다음 표 안에 들어 있는 숫자들을 보면 다양한 규칙으로 배열되어 있음을 알 수 있다. 어떠한 규칙들로 이루어져 있는지 쓰시오. (다양하게 찾을수록 점수가 높다.)

1	1	1	1	1	1	1
1	2	3	4	5	6	7
1	3	6	10	15	21	28
1	4	10	20	35	56	84
1	5	15	35	70	126	210
1	6	21	56	126	252	462
1	7	28	84	210	462	924

예시 답안 / 평가표
p.44

교육청 영재교육원 기출 유형

19 다음 <보기>와 같은 규칙으로 주어진 9개의 정사각형 칸에 수를 채워 넣으려고 한다. ㉠, ㉡, ㉢에 들어갈 숫자를 각각 쓰시오.

보기

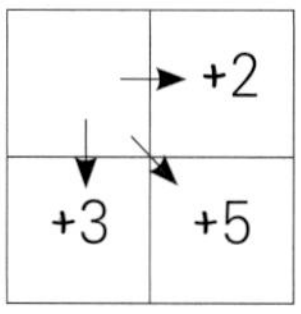

	㉠	㉡
		㉢
11		

교육청 영재교육원 기출

20 고대 이집트에서는 숫자를 <보기>와 같은 그림 문자로 나타내었다. 고대 이집트 벽화에 다음과 같은 그림이 있을 때, 소 몇 마리를 나타낸 것인지 쓰시오.

보기

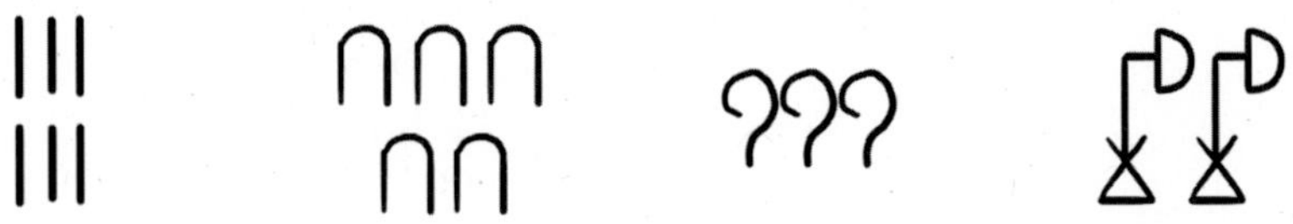

6 50 300 2000

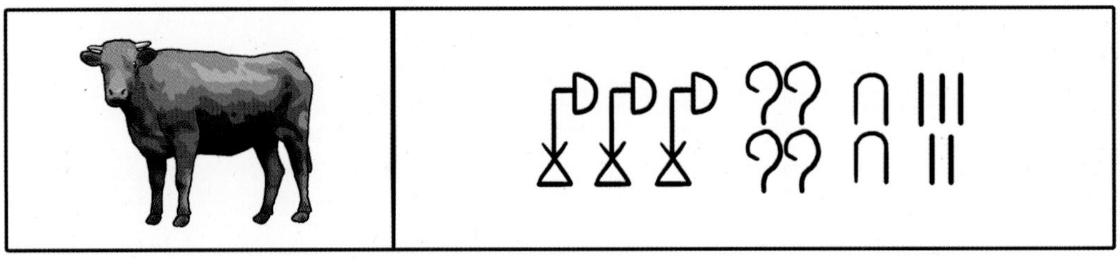

교육청 영재교육원 기출 유형

21 무한이는 50cm의 줄 여러 개를 가지고 2m짜리 긴 줄을 만들려고 한다. 50cm의 두 줄을 연결하기 위해 매듭을 묶으면 양쪽 줄 모두에서 10cm씩 줄어든다고 할 때, 50cm의 줄은 몇 개가 필요할지 쓰시오.

교육청 영재교육원 기출 유형

22 다음은 가로 25cm, 세로 30cm, 높이 10cm인 케이크 상자를 끈으로 묶은 것이다. 매듭은 15cm가 사용된다고 할 때, 케이크 상자를 묶기 위해 필요한 끈의 길이는 몇 cm인지 구하시오.

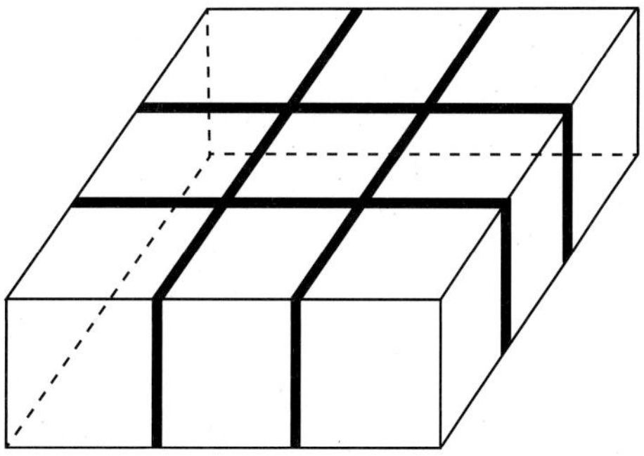

교육청 영재교육원 기출

23 빈 칸에 1에서 9까지의 숫자를 한 번씩 넣어 다음을 완성하려고 한다. 칸에 들어갈 수 있는 수를 써 넣으시오.

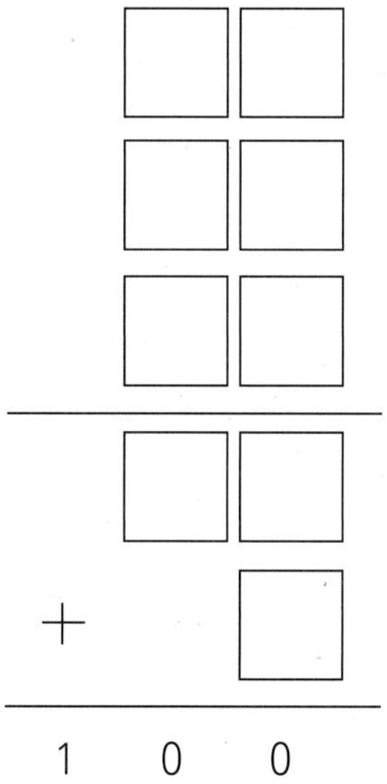

교육청 영재교육원 기출 유형

24 다음과 같이 가로 칸이 7개일 때, 일정한 규칙으로 숫자를 적은 것이다. 숫자 100은 몇 번째 줄에 있을지 구하시오.

[첫 번째 줄]	1		3		5		7
[두 번째 줄]		2		4		6	
[세 번째 줄]	8		9		10		11
[네 번째 줄]		12		13		14	
[다섯 번째 줄]	15		17		19		21

교육청 영재교육원 기출

25 참새가 182m의 전선 위에 앉아 있다. 오전에는 참새가 일정한 간격으로 앉아 있다가 오후에는 참새 사이의 간격이 2배로 늘어났다. 참새가 전선의 처음부터 끝까지 남아 있는 길이 없이 앉아 있을 때, 오전에 앉을 수 있는 참새의 마리수와, 오후에 앉을 수 있는 참새의 마리수로 가능한 경우를 모두 구하시오. (단, 참새가 앉아 있는 간격은 자연수이고, 단위는 m이다.)

예시 답안 / 평가표
p.46

교육청 영재교육원 기출 유형

26 상상이네 가족은 어두운 밤에 다리를 건너려고 한다. 아빠, 엄마, 무한이, 할아버지가 다리를 건너는 데에는 각각 1분, 2분, 5분, 7분이 소요된다. 손전등이 1개밖에 없어 두 사람이 같이 다리를 건너야 할 때, 네 사람이 모두 다리를 건너 반대편으로 가려면 최소 몇 분이 걸리는지 구하시오. (단, 다리를 건널 때는 손전등을 반드시 들고 건너야 하고, 다리는 최대 2명까지만 건널 수 있다.)

교육청 영재교육원 기출 유형

27 0부터 9까지의 수를 한 번씩 사용하여 다음 그림과 같이 (가) ~ (차)에 채우려고 한다. 한 원 위에 있는 여섯 개의 수의 합이 26이 되도록 넣었을 때, (가)와 (마)에 들어갈 두 수의 합을 구하고, 풀이 방법을 쓰시오.

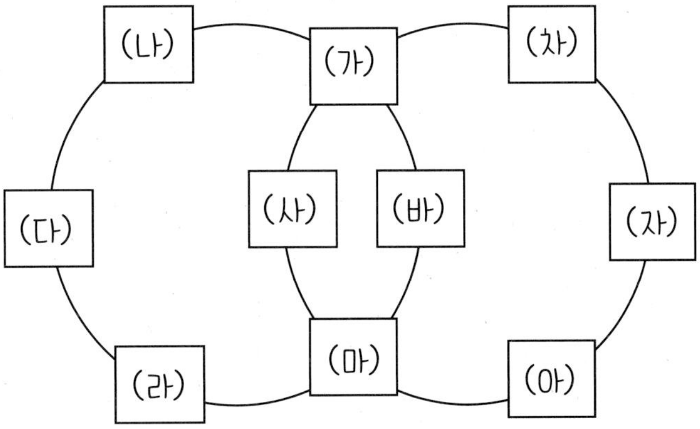

교육청 영재교육원 기출 유형

28 다음 그림 (가)와 (나)를 이용하여 <보기>와 같이 계산하였다.

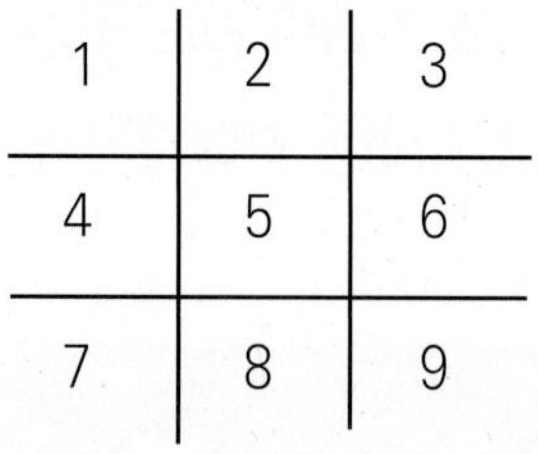

(가)

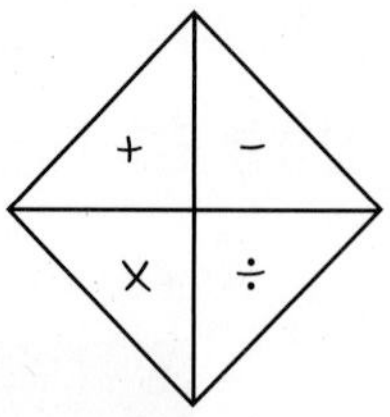

(나)

보기

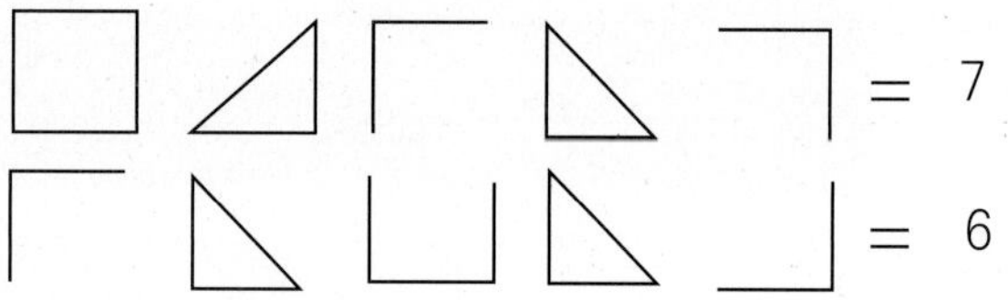

그림 (가)와 (나)를 활용하여 다음을 계산하시오.

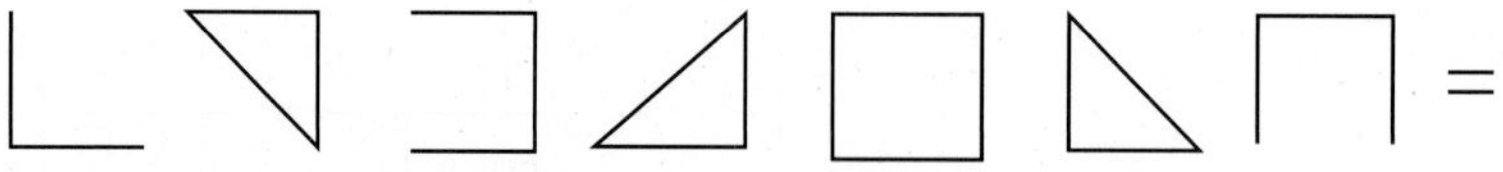

29 다음 달력을 보고 달력에서 찾을 수 있는 규칙 5가지 쓰시오.

일	월	화	수	목	금	토
1	2	3	4	5	6	7
8	9	10	11	12	13	14
15	16	17	18	19	20	21
22	23	24	25	26	27	28
29	30					

30 다음 대화를 읽고, 두 사람이 버스 정류장에서 만나는 시간과 공항에 도착할 시간을 각각 구하시오.

무한 : 내일 인천공항으로 선생님을 마중나가자!

상상 : 선생님은 5시에 도착하실거야. 집 근처에 공항까지 가는 버스가 있으니 그걸 타고 가면 돼.

무한 : 버스는 매시 15분과 45분에 인천공항으로 출발하고, 인천공항까지는 1시간 20분이 걸려. 버스 출발 시간 5분 전에 버스 정류장에서 만나자.

상상 : 그래 좋아! 난 학원이 3시에 끝나.

· 만나는 시간 :

· 공항 도착 시간 :

교육청 영재교육원 기출 유형

31 276은 각 자리의 숫자 합이 2 + 7 + 6 = 15으로 14보다 크다. 300보다 작은 세 자리 수 중 각 자리의 자연수 합이 14보다 큰 수는 모두 몇 개인지 풀이하시오.

대회 기출 유형

32 <그림 1>과 같이 무한이와 상상이가 각각 일정한 빠르기로 왕복 달리기를 하였다. 무한이는 A에서, 상상이는 B에서 동시에 출발하여 9초 후에 처음으로 C 지점에서 만났다. 무한이와 상상이가 계속 달려 <그림 2>와 같이 D 지점에서 두 번째로 만났을 때, D 지점에서 만날 때까지 걸린 시간은 출발한 지 몇 초 후인가?

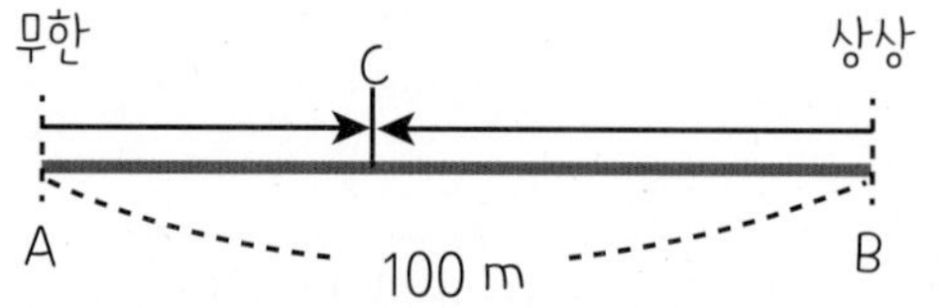

<그림 1>

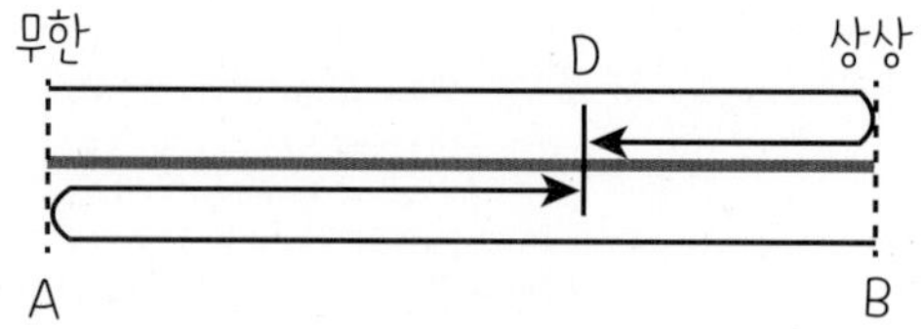

<그림 2>

33 무한이와 같은 조 학생들이 게임을 하기로 했다. 게임에서 이긴 사람은 빨간 모자를 쓰고, 게임에서 진 사람은 파란 모자를 썼다. 빨간 모자를 쓴 학생들이 볼 때, 자기 눈에는 빨간 모자를 쓴 학생과 파란 모자를 쓴 학생의 수가 같았다. 파란 모자를 쓴 학생들이 볼 때, 자기 눈에는 빨간 모자를 쓴 학생 수가 파란 모자를 쓴 학생 수의 2배였다. 무한이네 조 인원은 몇 명인지 쓰시오.

교육청 영재교육원 기출

34 다음 <보기>는 26372○□6 이 만족하는 조건이다. ○□에 들어갈 수 있는 수를 모두 찾으시오.

보기

① 이 수의 각 자리 숫자들의 합은 9의 배수이다.

② 이 수는 8의 배수이다.

교육청 영재교육원 기출 유형

35 선생님은 학생들이 칭찬스티커를 모으면 그 개수만큼 뽑기를 할 수 있게 해주신다. 뽑기 안에는 사탕 10개, 초콜릿 10개, 음료수 10개, 꽝 10개가 들어 있다. 다음 <규칙>을 보고 무한이가 가능한 많은 선물을 뽑기 위해서는 몇 개의 칭찬스티커가 필요한지 쓰고, 가능한 많은 선물은 몇 개인지 쓰시오.

<규칙>

① 사탕 1개를 뽑으면 음료수 1개가 함께 나온다.

② 음료수 1개를 뽑으면 꽝 1개가 함께 나온다.

③ 초콜릿 1개를 뽑으면 사탕 1개가 함께 나온다. (사탕이 없으면 초콜릿도 나오지 않는다.)

④ 꽝을 뽑으면 이제까지 나온 선물을 모두 반납해야 한다.

⑤ 사탕, 음료수, 초콜릿이 없으면 더 이상 뽑지 못한다.

교육청 영재교육원 기출 유형

36 무한이네 가족은 돼지저금통을 깨서 돈을 나누어 가졌다. 무한이가 엄마, 아빠, 동생과 나눈 돈은 다음과 같다. 돈을 많이 가지고 간 사람 순서대로 나열하고, 왜 그렇게 생각하는지 쓰시오.

① 동생은 아빠와 무한이 중 한 사람이 가져간 돈의 2배를 가져갔다.

② 엄마는 무한이와 동생 중 한 사람이 가져간 돈의 3배를 가져갔다.

③ 무한이는 두 번째로 돈을 많이 가져갔다.

교육청 영재교육원 기출 유형

37 다음 <조건>을 만족시키는 행운의 일곱자리 수를 만들려고 한다. 빈 칸에 알맞은 수를 넣으시오.

<조건>

· 행운의 숫자를 모두 더하면 30이 된다.

· 행운의 숫자 중 가운데 숫자는 5이다.

· 행운의 숫자는 모두 한 자리 수이며, 같은 수를 두 번 이상 쓸 수 없다.

· 행운의 숫자가 될 수 있는 숫자 중 가장 큰 숫자가 맨 앞에 쓰인다.

· 가운데 숫자와 그 오른쪽 숫자의 합은 첫 번째 숫자와 같다.

· 두 번째와 세 번째 숫자의 합은 여섯 번째 숫자와 같으며, 일곱 번째 숫자는 여섯 번째 숫자의 2배이다.

교육청 영재교육원 기출 유형

38 어느 자동차 공장에서 월요일부터 토요일까지 다음과 같이 자동차를 생산하였다. 다음을 읽고, 월요일에 생산된 자동차의 대수를 구하시오.

① 월요일부터 토요일까지 총 31대를 생산하였다.

② 화요일에 생산된 자동차는 금요일에 생산된 자동차의 절반이다.

③ 이 공장의 하루 최대 생산 대수는 9대이고, 이번 주에는 요일별로 생산한 자동차의 대수가 모두 달랐다.

④ 목요일부터 토요일까지 생산한 자동차는 총 15대이다.

⑤ 수요일에는 9대의 자동차가 생산되었고, 목요일에는 수요일보다 1개 적게 생산되었다.

⑥ 월요일과 토요일에 생산된 자동차를 합하면 10대가 넘는다.

3 수리논리

교육청 영재교육원 기출

39 무한이와 상상이, 선생님은 숫자 놀이를 하고 있다. 다음 대화를 읽고, 무한이와 상상이가 각각 좋아하는 수와 새로 만든 수를 구하시오.

선생님 : 자, 자신이 좋아하는 두 자릿수를 생각해 보세요.

좋아하는 두 자릿수의 십의 자리 수와 일의 자리 수를 서로 바꾸어 새로운 수를 만들어 보세요.

무한 : 선생님! 새로 만든 수에 1을 더하고, 2배 했더니 제가 좋아하는 수가 되었어요.

상상 : 저는 새로 만든 수에 1을 더하고, 2로 나누었더니 제가 좋아하는 수가 되었어요.

· 무한이가 좋아하는 수 :

새로 만든 수 :

· 상상이가 좋아하는 수 :

새로 만든 수 :

교육청 영재교육원 기출 유형

40 상상이는 모양과 크기가 같은 구슬 8개를 가지고 있다. 이 중 6개는 진짜 구슬이고, 나머지 2개는 무게가 다른 가짜 구슬이다. 진짜 구슬은 서로 무게가 같고, 가짜 구슬도 서로 무게가 같다. 무게가 다른 가짜 구슬을 구별하기 위해 양팔 저울로 무게를 3번 재었더니 다음 그림과 같았다. 가짜 구슬의 번호를 적고, 가짜 구슬이 진짜 구슬보다 가벼운지 무거운지 쓰시오. (단, 구슬에는 1 ~ 8의 숫자가 각각 적혀 있다.)

4 공간/도형/퍼즐

[각 문제 배점 : 5점]

교육청 영재교육원 기출 유형

01 다음과 같이 평면 위에 점 9개를 일정한 간격으로 배열하였다. 한 점에서 부터 한붓그리기를 하여 점 9개를 모두 지나도록 그려 보시오.

대회 기출 유형

02 그림은 나무조각을 쌓아 겉모양만 만든 큰 정육면체의 위아래 각각 2개씩, 앞뒤 각각 2개씩, 좌우 각각 4개씩 나무조각을 뺐을 때의 모양이다. 이 모양에서 나무조각은 총 몇 개인지 쓰시오.

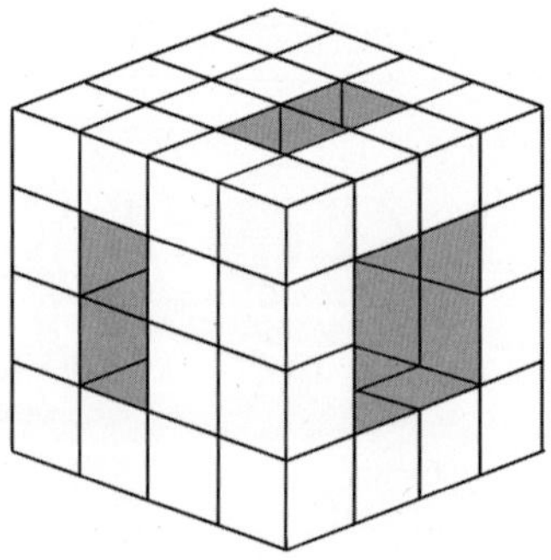

대회 기출 유형

03 그림은 정사각형을 같은 크기의 조각 8개로 나눈 것이다. 8개 조각 중 4개를 색칠하였을 때 서로 다르게 나타나는 그림은 13개이다. 이 13개 그림을 모두 그려 보시오. (단, 돌리거나 뒤집어서 겹치는 그림은 같은 것이다.)

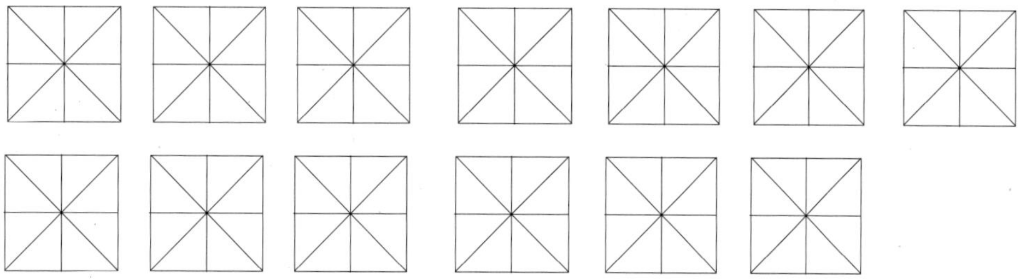

대회 기출 유형

04 다음은 마주보는 두 면의 눈의 합이 7인 주사위 4개를 붙인 것이다. 바깥쪽 면 16개의 눈의 합이 가장 크게 주사위를 붙였을 때, 바깥쪽 눈의 합을 구하시오.

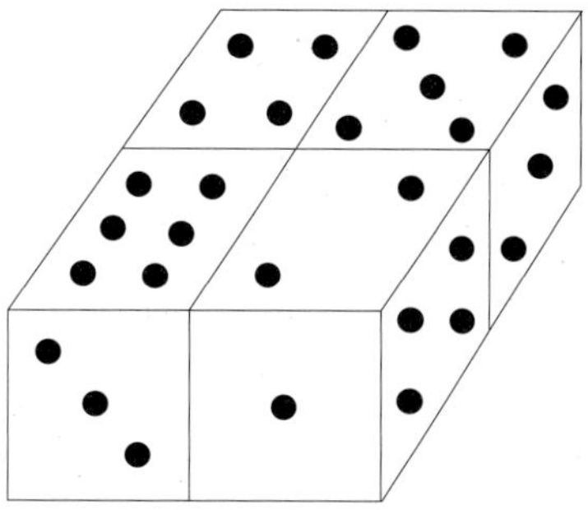

교육청 영재교육원 기출 유형

05 다음 모형은 블록 (가)와 (나)를 여러개 사용하여 만든 것이다. 사용된 블록 (가)와 (나)의 개수를 각각 구하시오.

보기

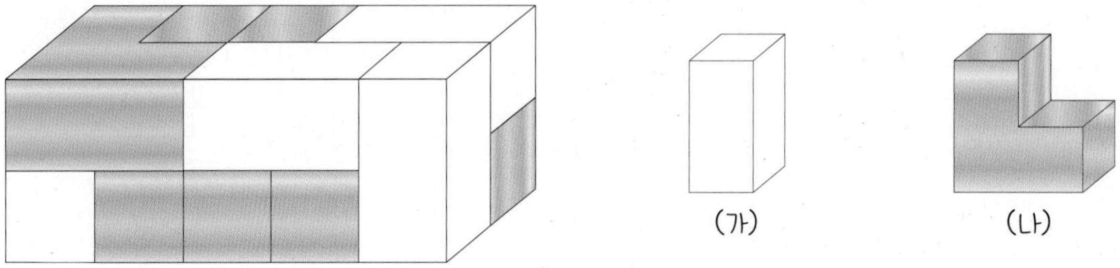

대회 기출 유형

06 다음 <보기>는 6개의 정육면체 나무조각을 다양한 모양으로 쌓은 다음 각 열의 층수를 서로 곱한 것이다. 9개의 정육면체 나무조각을 다양한 모양으로 쌓은 다음, 각 열의 층수를 서로 곱했을 때, 가장 큰 수가 되는 모양을 그리시오.

보기

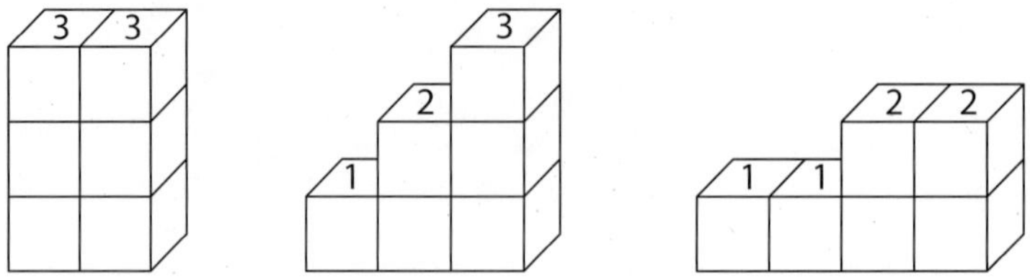

$3 \times 3 = 9$ $1 \times 2 \times 3 = 6$ $1 \times 1 \times 2 \times 2 = 4$

교육청 영재교육원 기출 유형

07 무한이와 상상이가 가위, 바위, 보를 해서 주사위를 움직이는 게임을 했다. 이긴 사람이 서있는 기준으로 가위로 이겼을 때는 왼쪽, 바위로 이겼을 때는 오른쪽, 보로 이겼을 때는 앞으로 주사위를 넘긴다. 무한이와 상상이는 마주보고 있고, 주사위의 마주보고 있는 면의 합은 7이며, 세 번의 가위, 바위, 보를 했을 때 결과는 다음과 같다. 세 번의 게임이 끝났을 때, 주사위 위에 나타난 숫자를 쓰시오.

회차	무한	상상
1	가위	바위
2	보	바위
3	바위	보

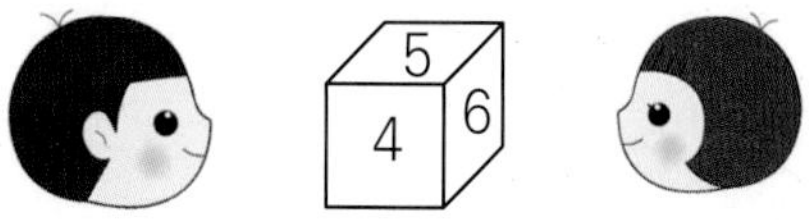

▲ 무한이 ▲ 상상이

교육청 영재교육원 기출 유형

08 A, B, C, D, E 다섯 형제가 둥근 식탁에 서로 바라보며 앉아 있다. 형제들의 이야기를 읽고, 다음 물음에 답하시오.

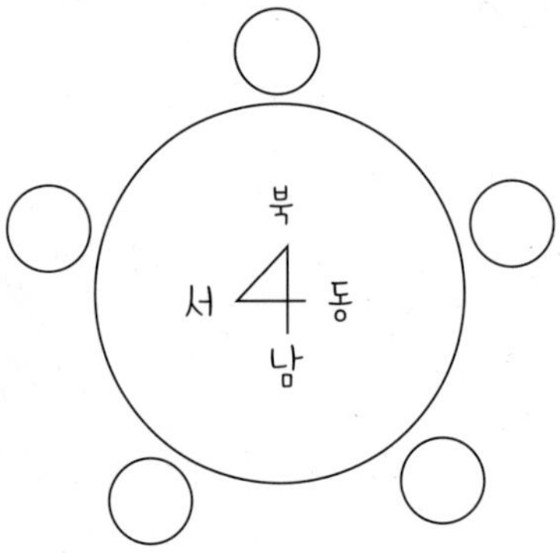

A : 내 왼쪽에는 두 살 차이나는 동생 C가 앉아 있어.

B : 나는 내년이면 동쪽에 앉아 있는 형 D의 현재 나이가 돼.

C : 내 바로 왼쪽에 앉은 형 D는 우리 중에 나이가 가장 많고, 내 바로 위 형의 오른쪽에는 막내 E가 앉아 있어.

D : 내 나이는 스무살이야. 그래서 나와 네 살 차이나는 C와 막내인 E에게 용돈을 주었어.

(1) 북쪽부터 시계 방향으로 앉은 사람을 차례대로 쓰시오.

(2) A 나이와 B 나이의 합을 구하시오.

교육청 영재교육원 기출 유형

09 다음 <보기>와 같이 정사각형의 종이를 접어 가위로 오린 후 펼쳤을 때, 나타나는 모양을 아래 정사각형 위에 그리시오.

보기

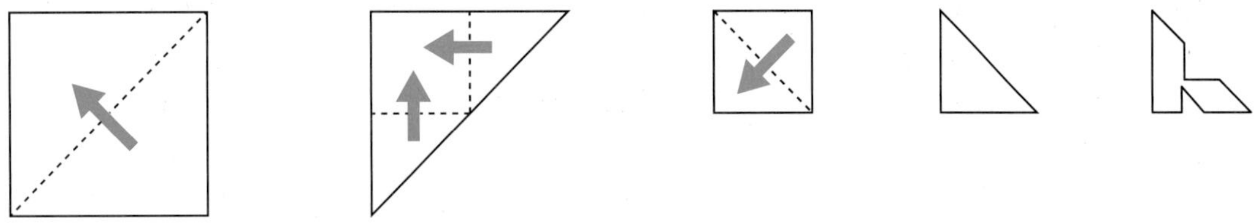

10 그림과 같이 쌓여 있는 상자 겉부분에 매직으로 숫자를 쓰려고 한다. 겉부분에 숫자를 쓸 수 없는 상자는 몇 개일지 쓰시오.

11 다음 전개도를 접었을 때 나타나는 모양으로 옳은 것을 <보기>에서 고르시오.

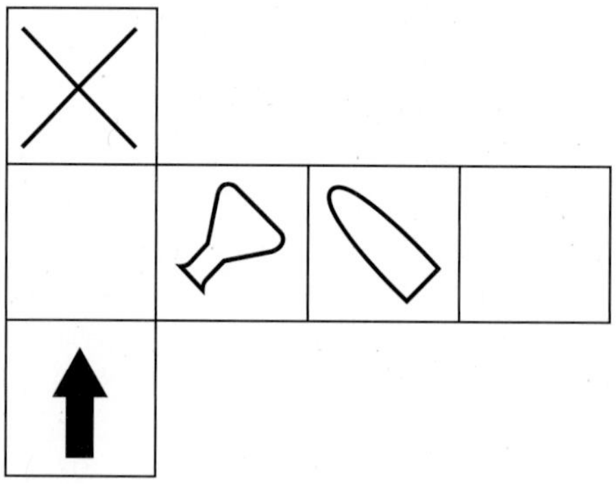

보기

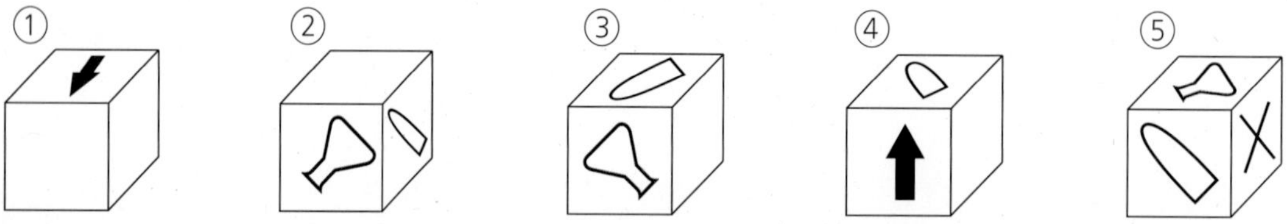

12 다음 중 5개의 도형 중 나머지 4개와 다른 하나를 고르시오.

(1)

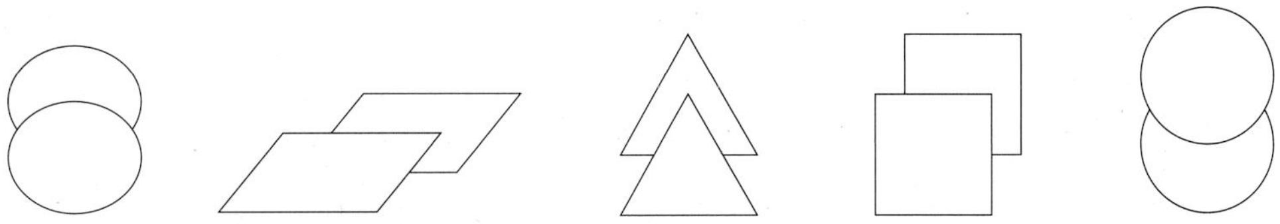

A B C D E

(2)

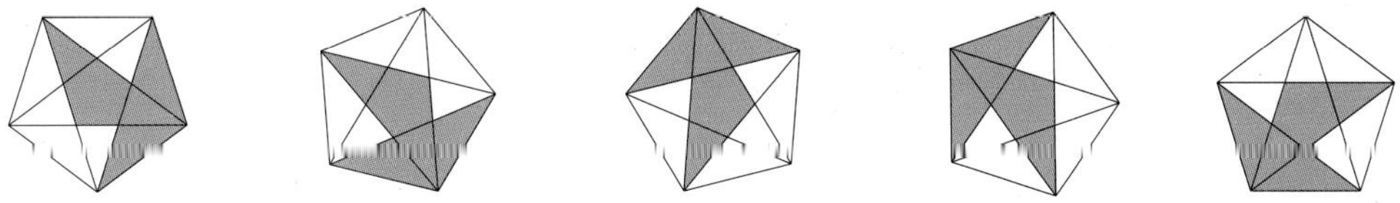

A B C D E

(3)

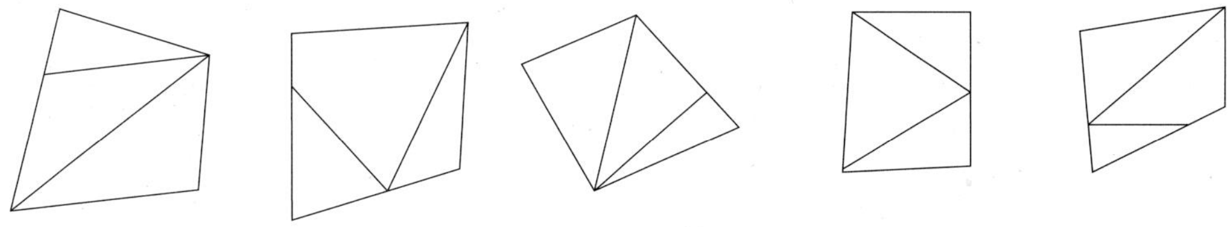

A B C D E

13 다음 <보기>에서 (나)를 왼쪽으로 뒤집고 시계 방향으로 90도 회전하여 (가) 위에 두었을 때, 검은색으로 표시된 부분에 위치한 숫자의 합을 구하시오.

1	11	16	13
5	15	4	7
14	6	2	8
10	3	9	12

(가)

(나)

교육청 영재교육원 기출 유형

14 크기가 같은 정육면체 블록을 쌓은 입체모양을 <보기>와 같이 나타내었다. <보기>를 보고 다음 물음에 답하시오. (단, 개수를 나타낼 때에는 (위) 그림에서 나타낸다.)

보기

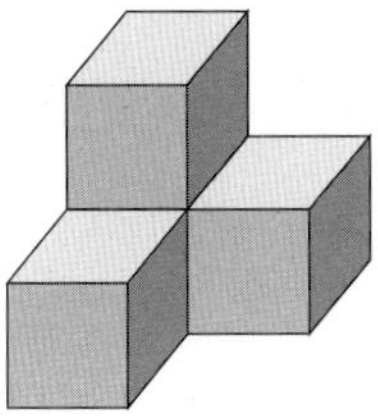

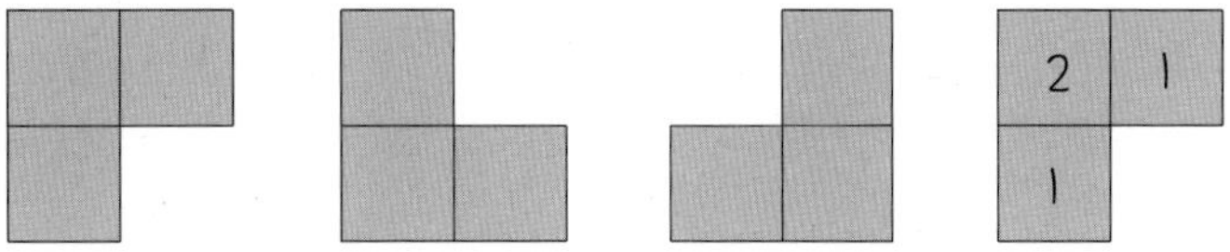

(위) (앞) (오른쪽) (개수)

(1) 다음은 정육면체 블록을 쌓았을 때 위, 앞, 오른쪽에서 본 모습을 나타낸 것이다. 가운데 줄에 쌓은 블록의 개수가 정해져 있을 때, 블록을 가장 적게 사용하는 방법 3가지를 써 보시오.

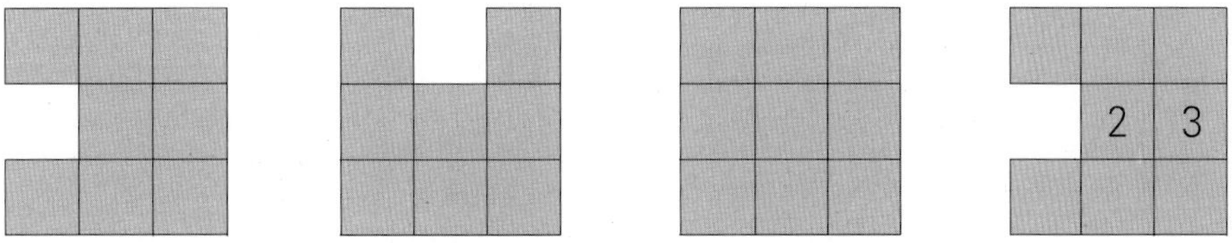

(위) (앞) (오른쪽) (개수)

(2) (1)의 그림과 같이 위, 앞, 오른쪽, 개수로 블록을 쌓았을 때, 블록을 가장 많이 사용하는 방법을 써 보시오.

교육청 영재교육원 기출 유형

15 다음 <보기>는 같은 모양의 도형을 연결한 것이다. <보기>와 같이 주어진 그림에서 격자 선을 따라 같은 모양의 도형끼리 연결해 보시오. (단, 선이 겹치거나 가로질러 갈 수 없다.)

보기

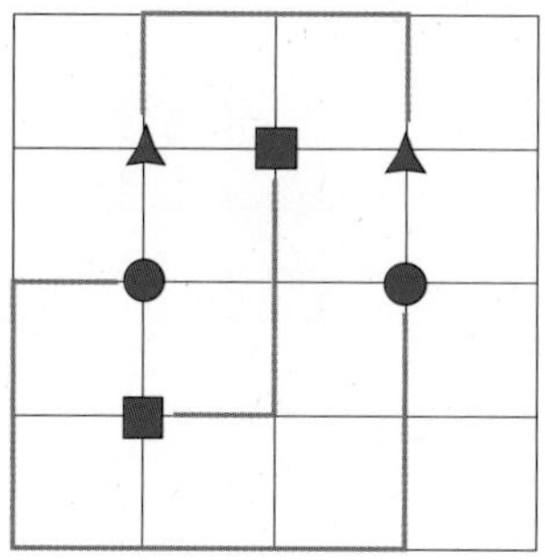

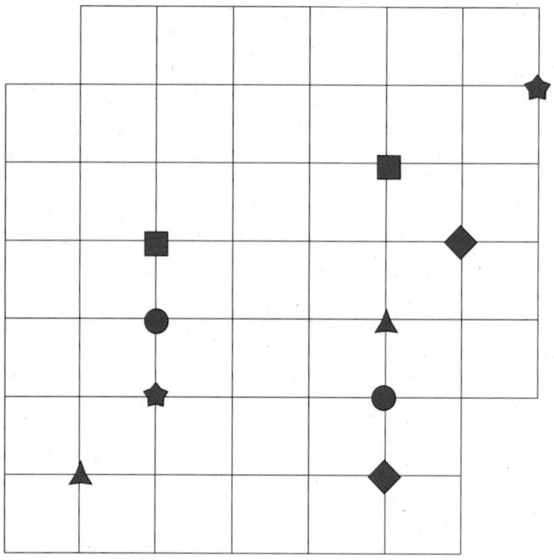

교육청 영재교육원 기출 유형

16 다음은 한 변의 길이가 8cm인 직각이등변삼각형의 가운데를 계속 접는 과정을 나타낸 것이다. (가)는 접었을 때 모습을, (나)는 접힌 부분을 점선으로 표현한 것이다. 다음 물음에 답하시오.

	처음	한 번 접었을 때	두 번 접었을 때
(가)	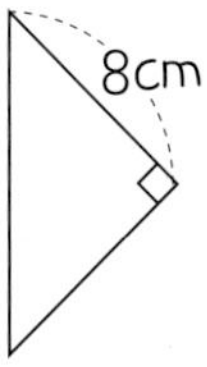	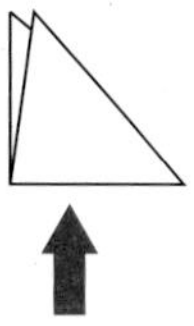	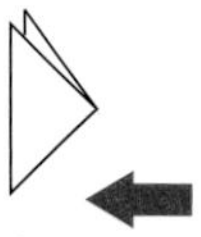
(나)	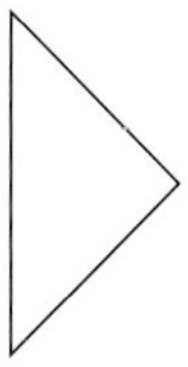	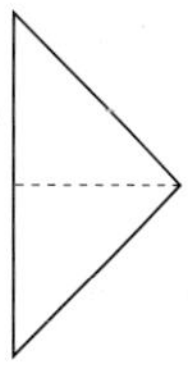	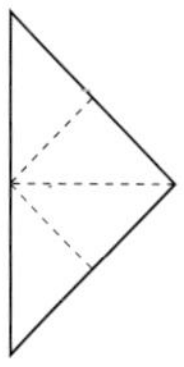

(1) 네 번 접었을 때, 접히는 부분을 점선으로 그려 보시오.

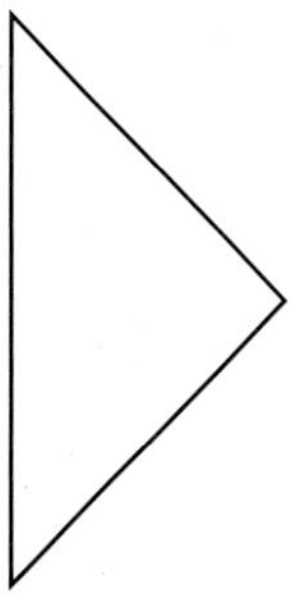

(2) 네 번 접었을 때, 가장 작은 삼각형 하나의 넓이는 몇 cm^2 인지 풀이 과정과 함께 쓰시오.

교육청 영재교육원 기출 유형

17 다음 모형은 노란선으로 나누었을 때, 모양이 똑같은 두 조각으로 나누어지는 것을 나타낸 것이다. <보기> ① ~ ④ 중에서 똑같은 모양의 두 조각으로 나눌 수 있는 것을 모두 고르시오.

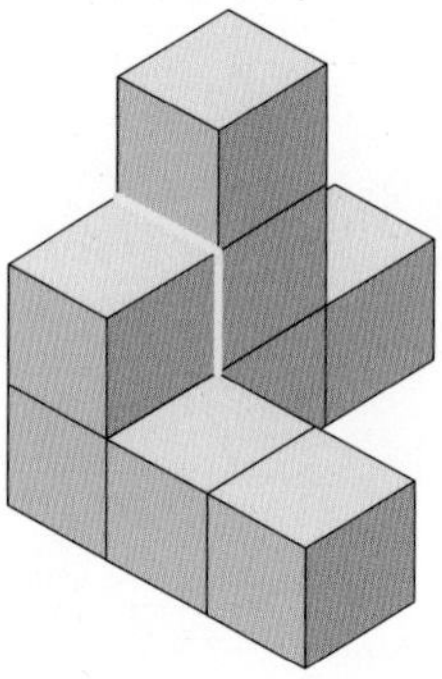

보기

①

②

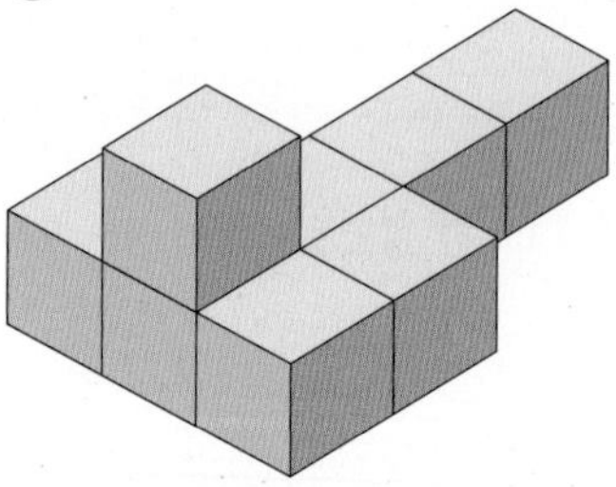

③

④

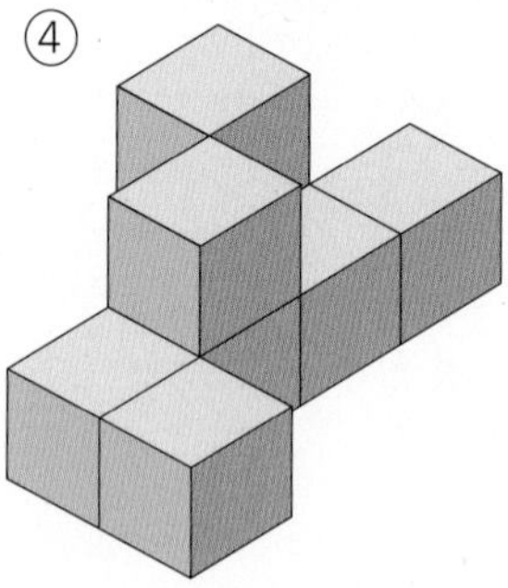

교육청 영재교육원 기출

18 다음과 같은 조각을 여러 방향으로 돌렸을 때, 나올 수 있는 모양을 <보기>에서 모두 고르시오.

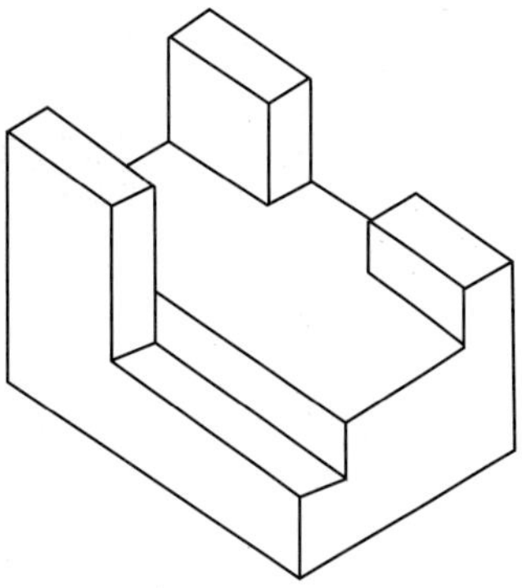

보기

①

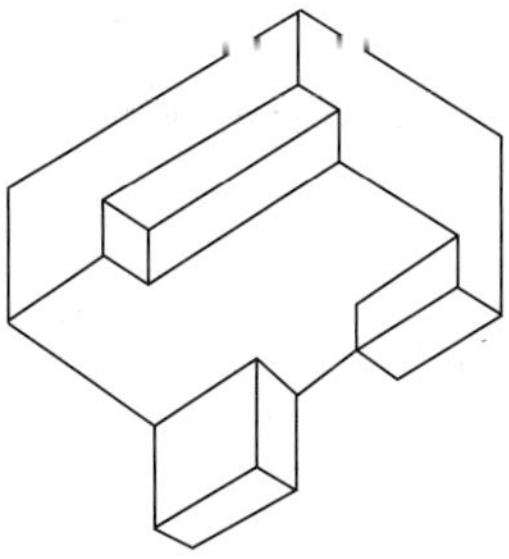

②

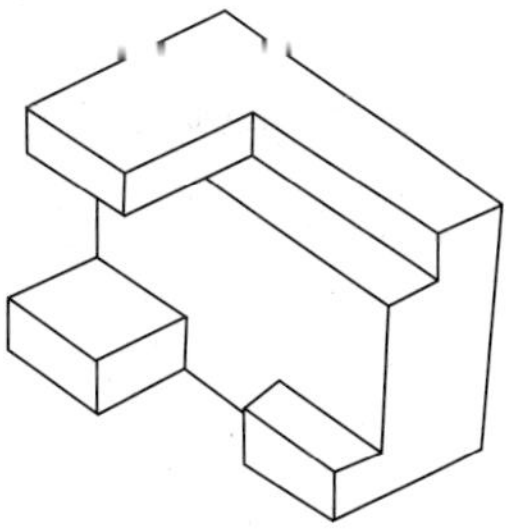

③

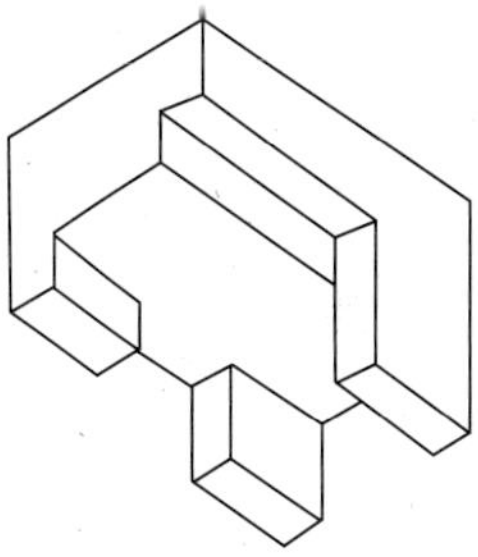

④

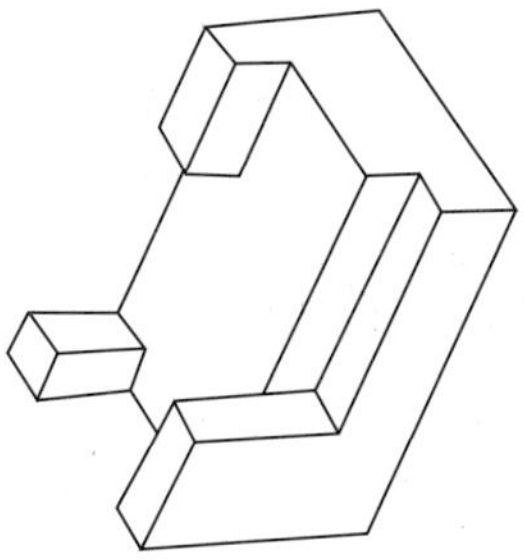

⑤

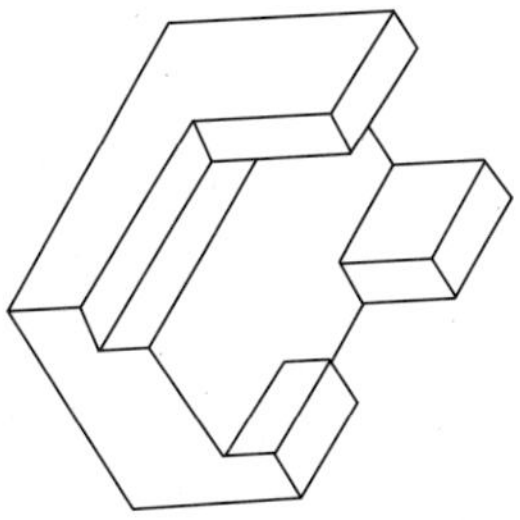

⑥

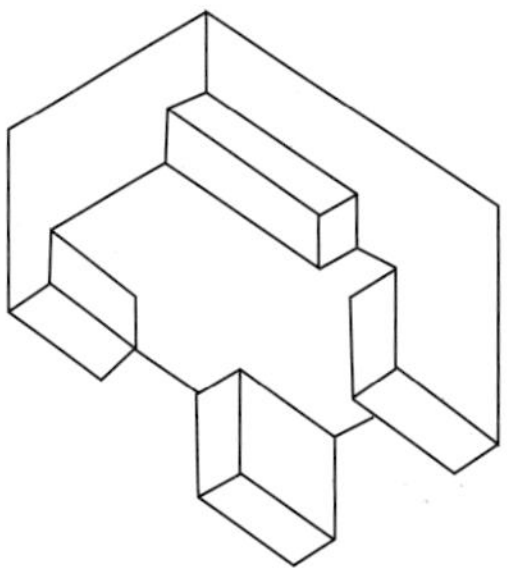

교육청 영재교육원 기출 유형

19 다음 도형을 아래 그림과 같이 거울로 비추었다. 거울에 비춰진 상의 일부분을 회전시켰을 때, 나올 수 있는 모양을 모두 고르시오.

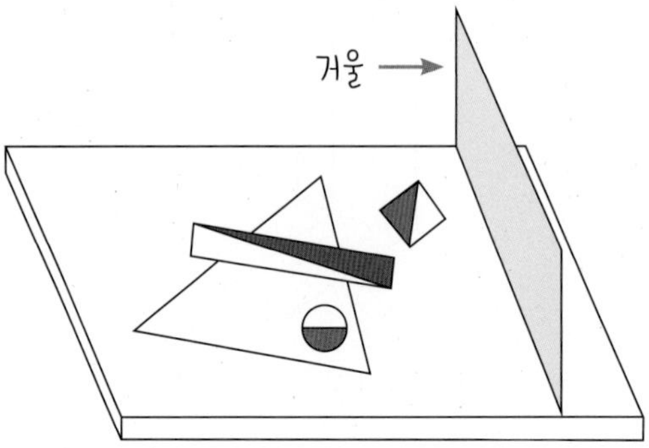

보기

①
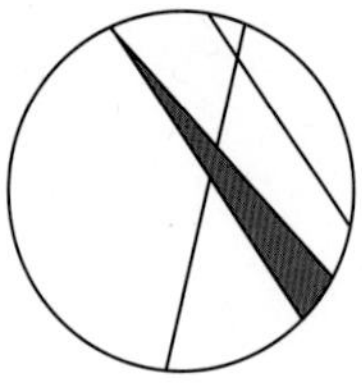

②
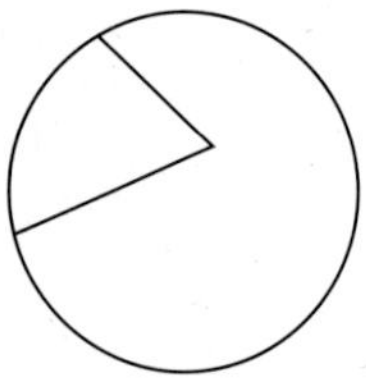

③
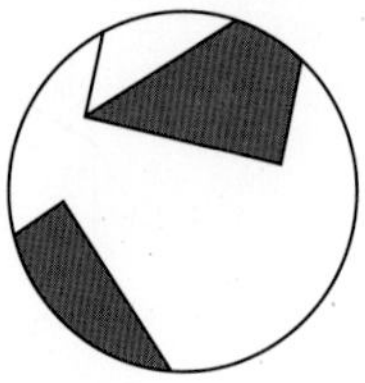

④
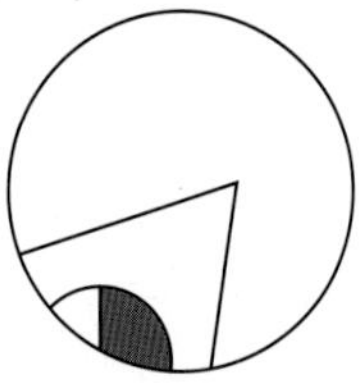

⑤
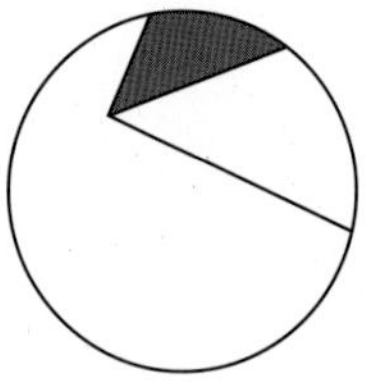

20 컴퓨터 지뢰찾기 게임에서 각 칸의 숫자는 그 칸의 둘레에 있는 지뢰의 수를 나타낸다. 깃발은 지뢰를 나타내는 데, 지뢰의 수를 나타내는 방법은 <보기>와 같다. 주어진 지뢰찾기에서 <보기>와 같이 깃발로 지뢰를 나타내었을 때, 지뢰가 아닌 깃발이 있다. 지뢰가 아닌 깃발의 색을 쓰시오.

보기

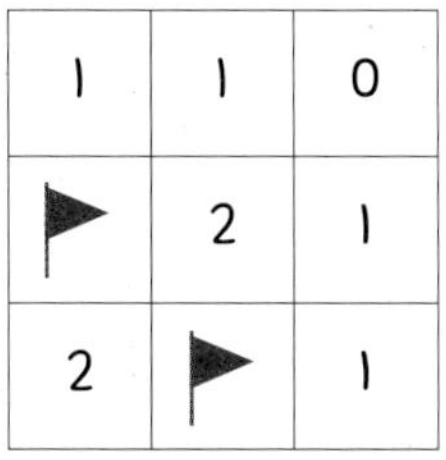

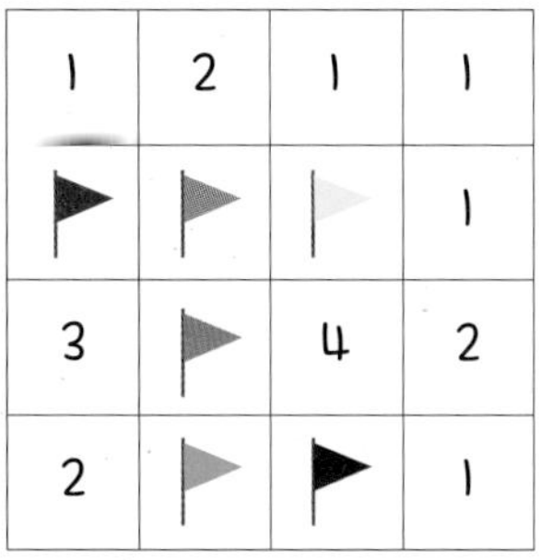

21 다음 전개도를 접어 만든 입체 도형을 만들었을 때, 이 입체 도형의 꼭짓점과 모서리 수를 각각 구하시오.

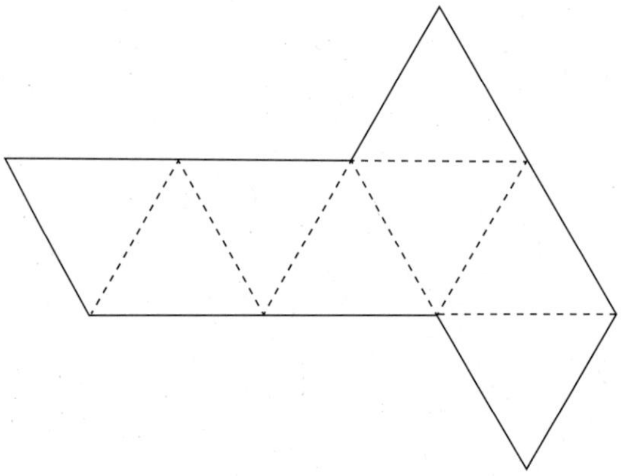

22 다음은 금고의 보안장치 버튼이다. 버튼에는 비밀번호에 대한 알파벳 힌트가 적혀 있다. 알파벳 힌트는 <보기>와 같은 의미이다. 9개의 힌트 중 한개만 잘못되었다고 할 때, 비밀번호는 무엇인지 쓰시오. (단, 모든 버튼을 한 번씩 다 눌러야 한다.)

보기

R : 오른쪽 버튼을 누르시오.

L : 왼쪽 버튼을 누르시오.

U : 위쪽 버튼을 누르시오.

D : 아래쪽 버튼을 누르시오.

R 1	D 2	L 3
U 4	R 5	D 6
U 7	L 8	L 9

교육청 영재교육원 기출 유형

23 다음과 같은 규칙으로 도형이 나열되어 있을 때, 31번째 도형의 모양을 그려보시오.

교육청 영재교육원 기출 유형

24 그림은 8개의 조각으로 만든 모형이다. 이 모형을 만드는데 사용하지 않는 조각을 <보기>에서 고르시오. (단, 조각은 회전시킬 수 있지만 뒤집을 수 없다.)

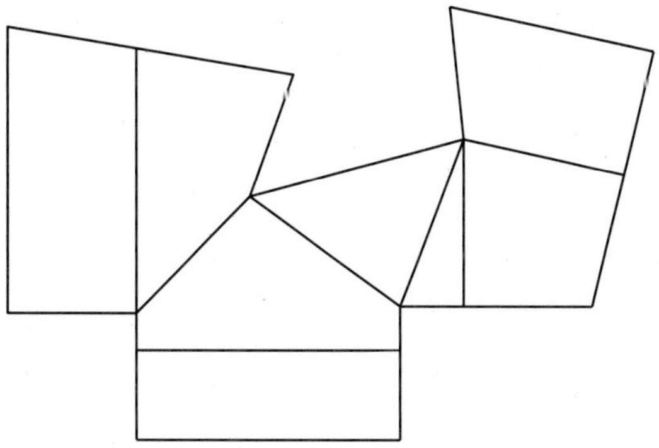

보기

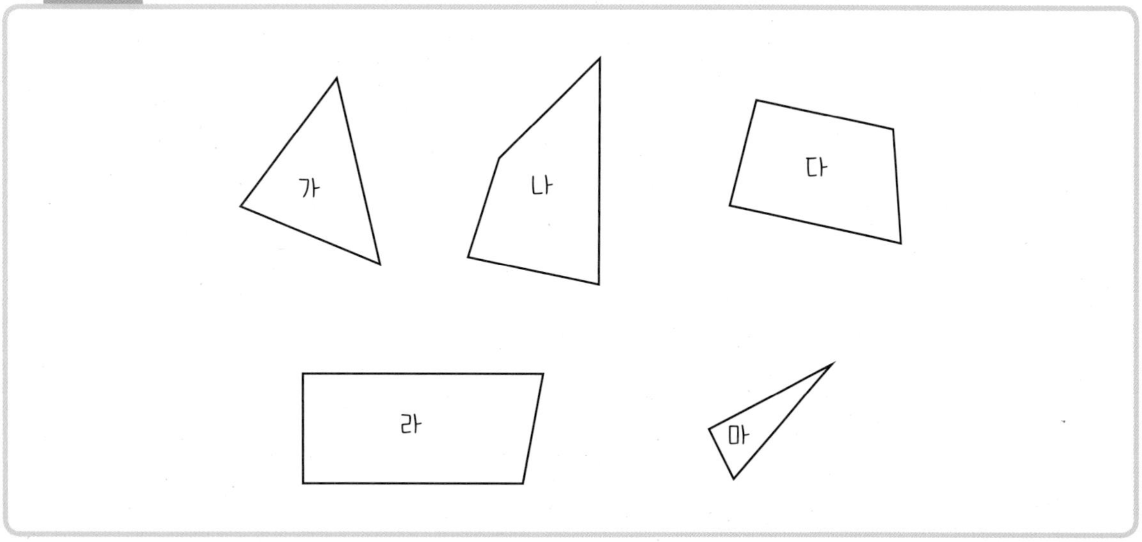

25 다음 원, 사각형, 삼각형의 넓이는 모두 같다. 넓이가 같은 도형의 일부가 색칠되어 있고, 이 부분을 셈하였을 때 넓이를 원 안에 색칠하시오.

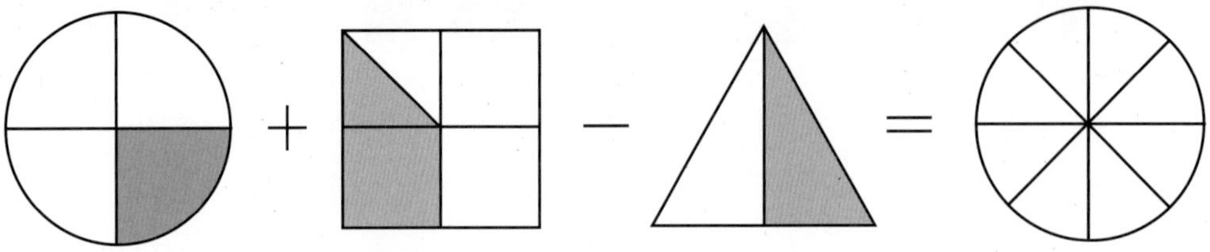

26 다음 그림의 규칙을 관찰한 다음, 물음표가 그려진 칸 안에 들어갈 그림을 순서대로 그리시오.

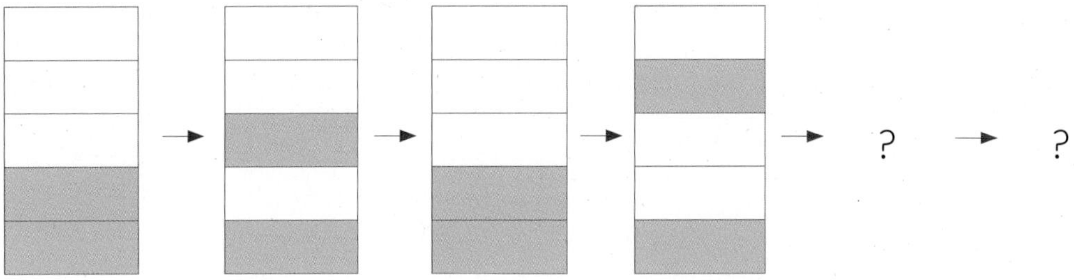

27 다음은 반시계 방향으로 돌아가면서 일정한 규칙에 따라 색칠한 것이다. ④번 그림에서 색칠된 칸에 해당하는 숫자를 더한 값은 얼마인지 쓰시오.

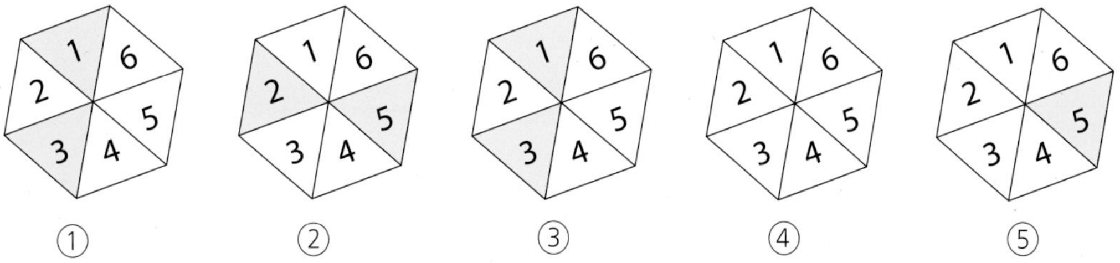

교육청 영재교육원 기출 유형

28 다음은 크기가 같고, 색이 다른 정사각형 모양의 색종이 8장을 겹쳐 놓은 것이다. 가장 아래에 있는 것부터 가장 위에 놓여진 순서대로 색종이의 번호를 쓰시오.

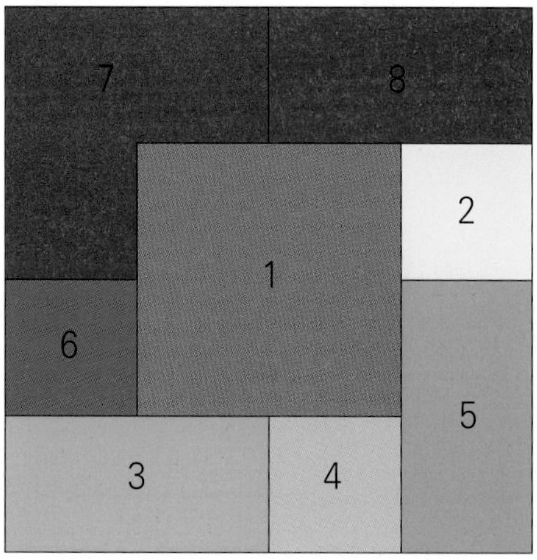

29 다음 주어진 도형의 규칙에 따라 네 번째에 올 도형을 <보기>에서 고르시오.

(1)

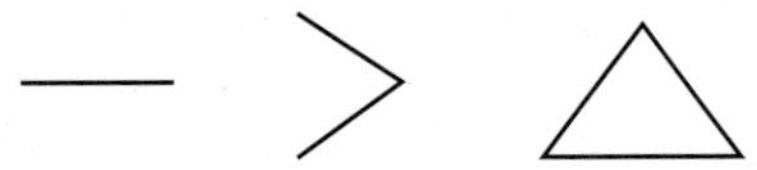

보기

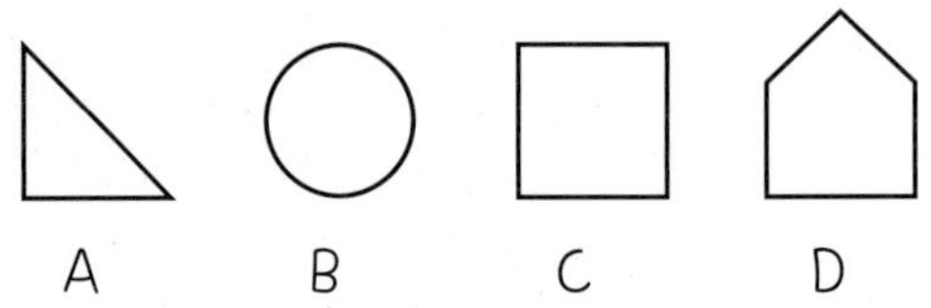

(2)

보기

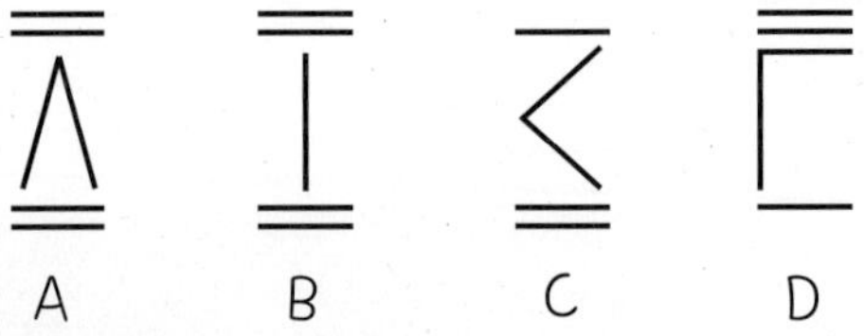

(3)

보기

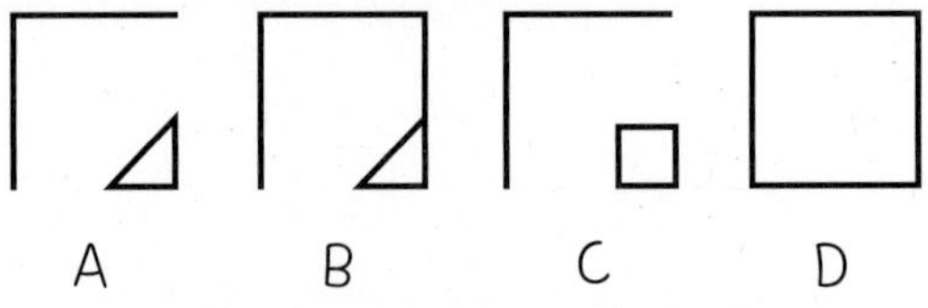

예시 답안 / 평가표
p.62

교육청 영재교육원 기출 유형

30 자를 이용해서 다음 주어진 도형의 $\frac{3}{4}$을 색칠해 보시오.

(1) 직사각형(가로 10cm, 세로 5cm)

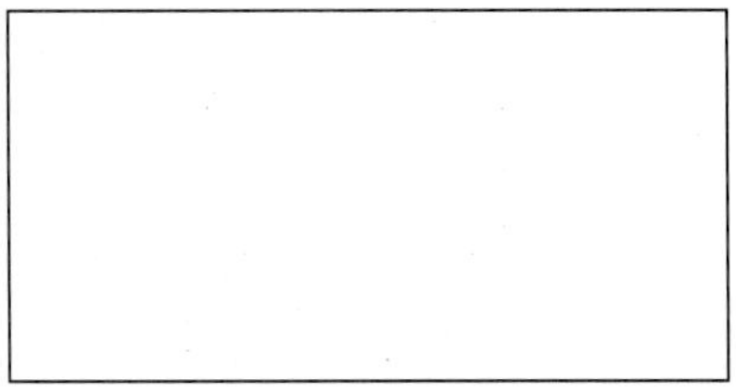

(2) 정육각형

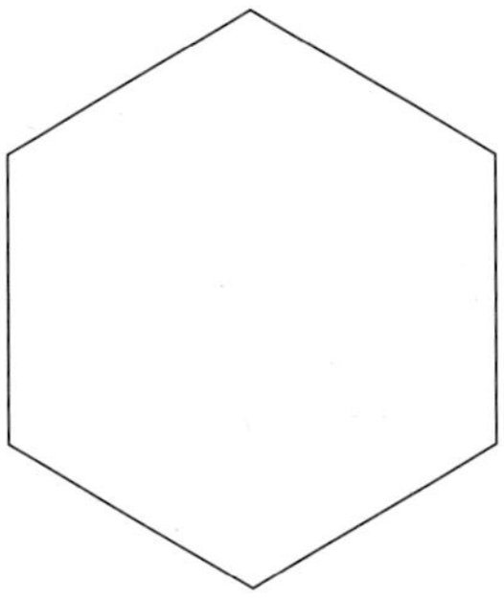

31 무한이는 아래 그림이 어떤 도형으로 이루어져 있는지, 몇 개로 이루어져 있는지 한 번 보고 기억하려고 한다. 어떤 방법으로 쉽게 기억할 수 있는지 다양하게 써 보시오.

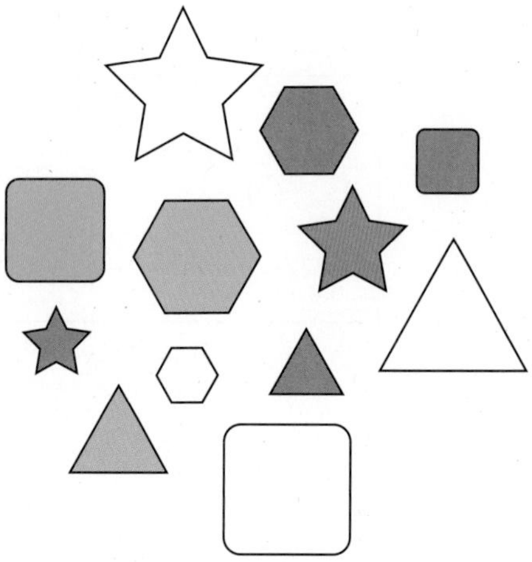

32 다음 1 ~ 4번 그림을 보고 5번 그림을 완성하시오.

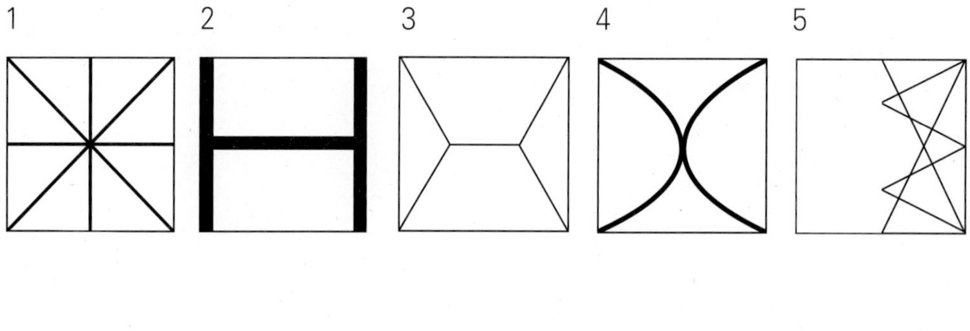

33 다음은 어떠한 규칙으로 나열되어 있는 도형이다. 노란색 점선 안의 빈 칸에 들어갈 도형을 그려 보시오.

34 다음 <보기>는 숫자를 도형으로 묘사한 것이다. <보기>와 같이 주어진 도형 속에 숨어 있는 숫자를 찾아 보시오.

보기

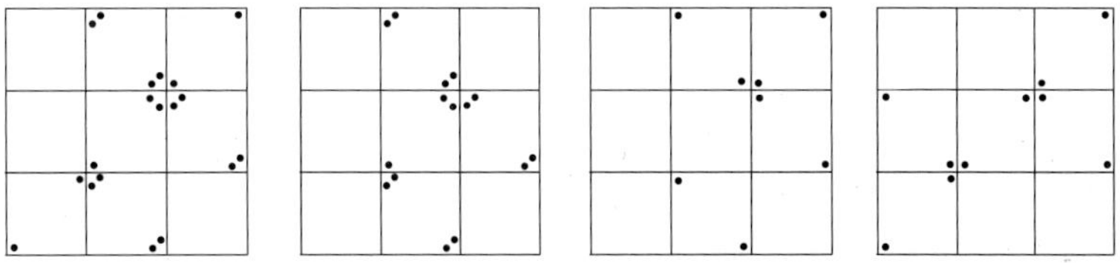

= 9472

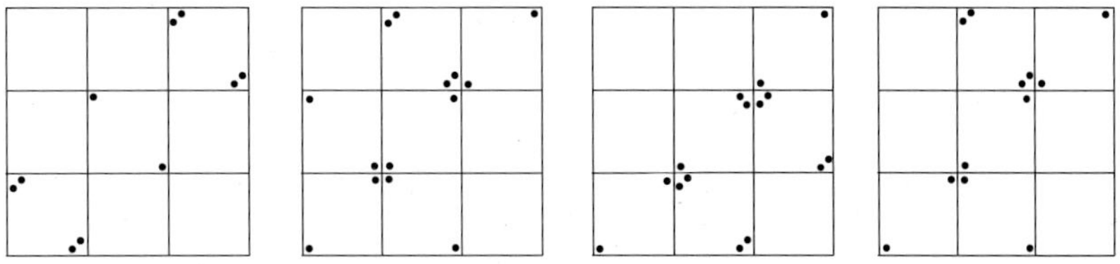

35 다음 그림은 일정한 규칙에 따라 그린 7개의 얼굴 모양이다. 규칙을 찾아 8번째 얼굴을 그려 보시오.

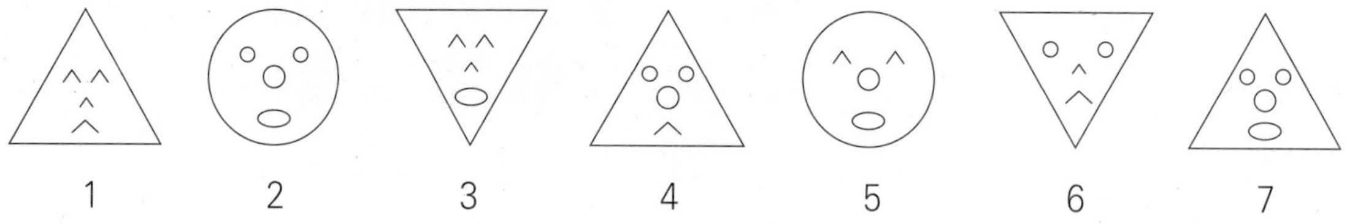

교육청 영재교육원 기출 유형

36 다음 그림 중에서 두 개의 모형을 짝지어 사각형을 만들 때, 사각형이 될 수 있는 것을 모두 짝지어 쓰시오. (단, 모든 모형은 돌리거나 뒤집을 수 있다.)

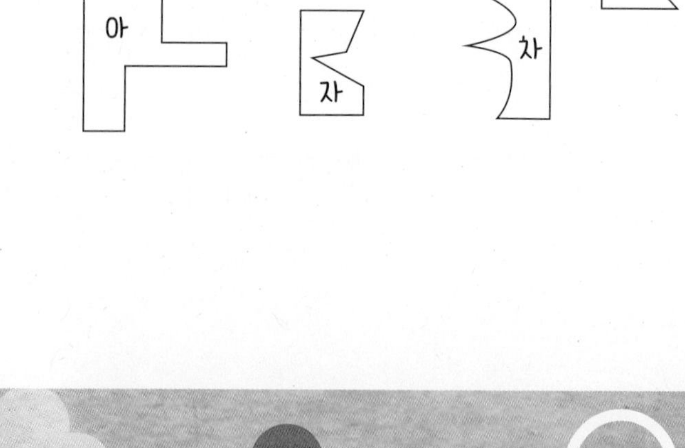

교육청 영재교육원 기출 유형

37 다음 주어진 모양을 4조각으로 잘랐을 때, 자른 4조각에 해당하지 않는 것을 <보기>에서 고르시오.

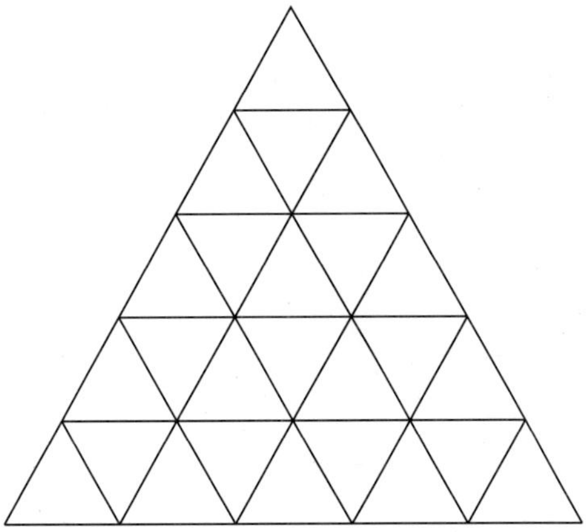

보기

①

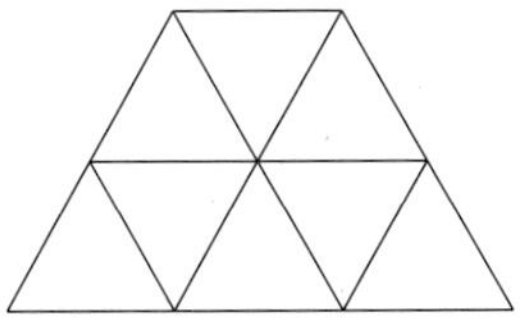

②

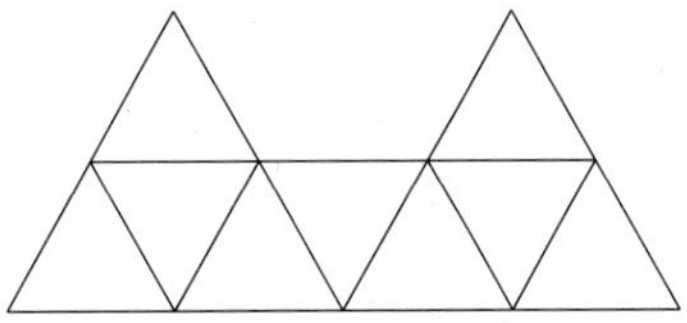

③

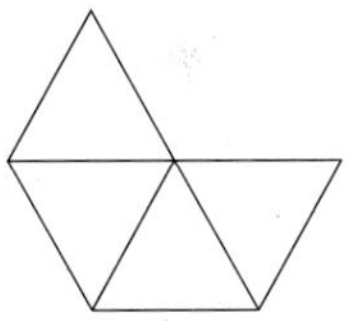

④

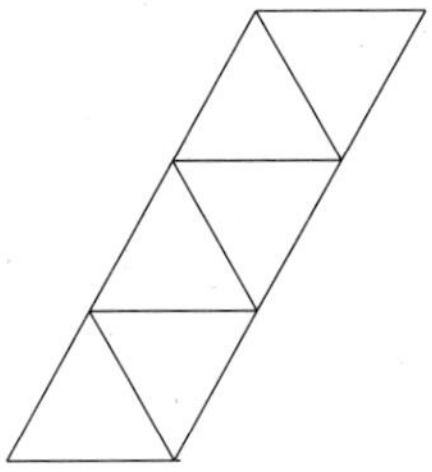

⑤

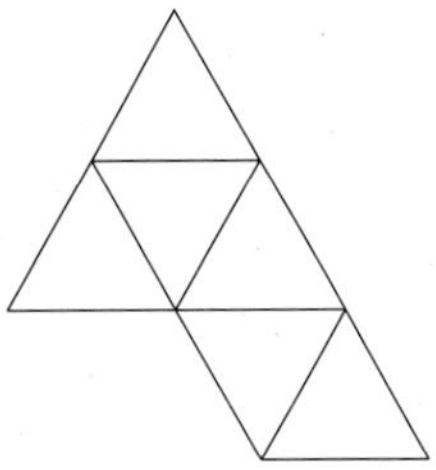

38 다음 그림 조각을 맞출 때 필요 없는 조각을 고르시오.

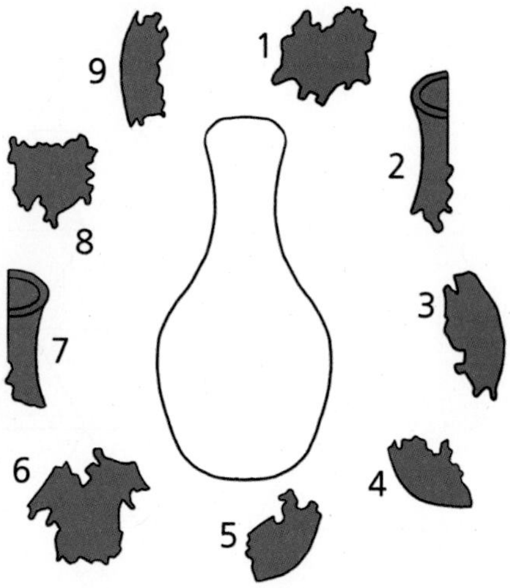

39 다음 글자가 쓰여있는 조각들을 오른쪽 빈 칸에 맞추어 한 문장을 만들어 보시오.

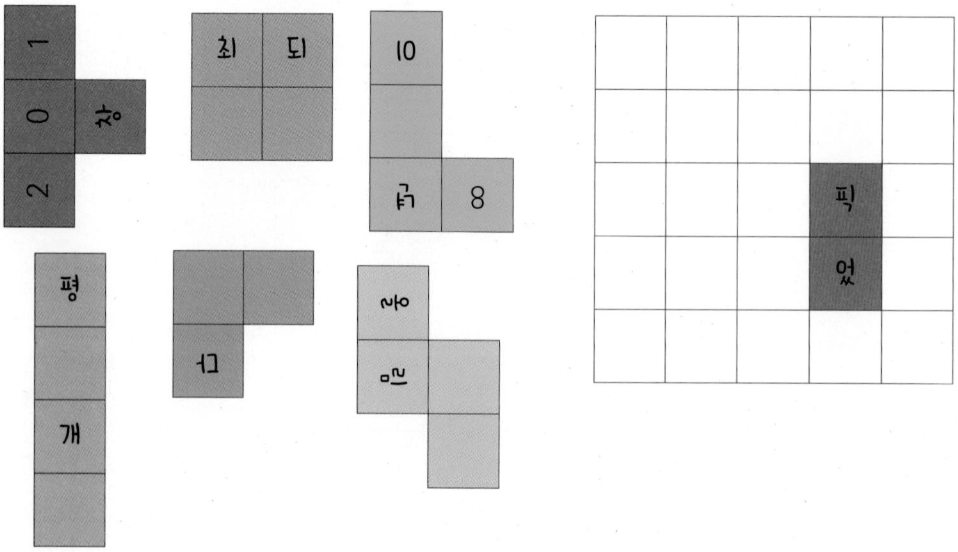

예시 답안 / 평가표
p.65

교육청 영재교육원 기출 유형

40 아래와 같은 땅에 8개의 ★이 그려져 있다. 이 땅을 주어진 <조건>에 모두 맞도록 나누어 보시오.

<조건>

1. 같은 모양의 8개 구역으로 나눈다.

2. 각 구역에는 ★이 한 개씩 들어가야 한다.

★				★			★
				★			
			★				
★			★				★

5 과학 창의성

[각 문제 배점 : 5점]

교육청 영재교육원 기출 유형

01 다음은 동물의 겨울잠에 관련된 내용이다. 다음을 읽고 물음에 답하시오.

- ○ 유창성
- ✔ 융통성
- ○ 독창성
- ✔ 정교성

춥고 먹을 것이 부족한 계절이 다가오면 변온 동물은 겨울잠을 잘 준비를 한다. 변온 동물은 스스로 체온을 조절할 수 있는 능력이 없기 때문에 겨울이 되면 가사 상태로 잠을 자게 된다.

항온 동물(정온 동물)인 일부 포유류 가운데 추운 겨울이 되어 먹을 것을 찾기 어려워지면 겨울잠을 자는 동물들도 있다. 추운 겨울을 얼어 죽지 않고 보내기 위해서 겨울잠은 땅 속이나 나무 밑에서 자게 되는데, 그곳은 외부에 비해 비교적 따뜻하기 때문이다.

(1) 개구리/뱀의 겨울잠이 곰/다람쥐의 겨울잠과 다른 점을 2가지 쓰시오.

(2) 곰/다람쥐가 겨울잠을 자기 전에 해야 할 일을 3가지 쓰고, 그 이유도 함께 쓰시오.

해야 할 일	이유

예시 답안 / 평가표
p.68

교육청 영재교육원 기출 유형

02 다음은 무한이가 채집한 강가 주변에 사는 생물의 모습이다. 다음 물음에 답하시오.

○ 유창성
✓ 융통성
○ 독창성
✓ 정교성

▲ 게아재비

▲ 물잠자리

▲ 하루살이

▲ 가재

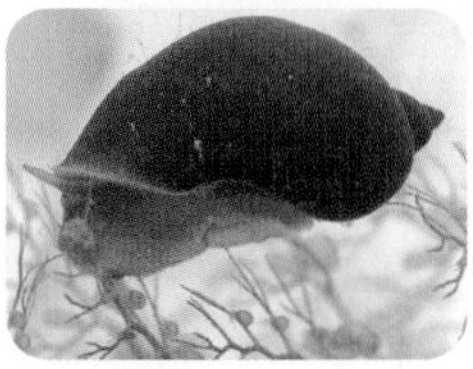
▲ 물달팽이

▲ 송사리

▲ 다슬기

▲ 거머리

(1) 무한이가 잡은 생물을 생김새에 따라 분류할 수 있는 기준을 5가지 쓰시오.

(2) 생김새에 따라 분류할 수 있는 기준 5가지 중 1가지를 골라 분류해 보시오.

5 과학 창의성

03 다음 표는 실생활에 적용되는 과학적 원리나 법칙이다. 주어진 현상에 해당되는 원리나 법칙을 쓰시오.

○ 유창성
✓ 융통성
○ 독창성
✓ 정교성

원리 & 법칙	설명
만유인력의 법칙	질량이 있는 두 물체 사이에 작용하는 힘이 있다는 법칙이다.
작용 반작용의 법칙	한 물체가 다른 물체에 힘을 가하면 다른 물체도 같은 크기의 힘을 반대 방향으로 가한다는 법칙이다.
가속도 현상	운동하는 물체의 속도가 점점 빨라지는 현상이다.
마찰력 현상	물체가 어떤 면과 접촉하였을 때 그 물체의 운동을 방해하는 현상이다.

· 높은 곳에서 공을 떨어뜨리면 공이 떨어지는 속도가 점점 빨라진다. -

· 운동장에서 타이어를 끄는 것보다 스케이트장에서 타이어를 끄는 것이 더 쉽다. -

· 온 힘을 다해 벽을 밀었더니 내 몸이 뒤로 넘어졌다. -

· 나무에서 사과가 땅으로 떨어졌다. -

교육청 영재교육원 기출 유형

04 다음은 무한이가 할아버지께 물려받은 우리나라 지도이다. 지도에는 공룡에 대한 자료가 그림으로 그려져 있었다. 이 지도를 보고 알 수 있는 사실을 5가지 쓰시오.

- ☑ 유창성
- ☑ 융통성
- ○ 독창성
- ○ 정교성

교육청 영재교육원 기출 유형

05 다음은 얼음을 저장하기 위하여 만든 창고인 석빙고의 단면 그림이다. 다음 물음에 답하시오.

○ 유창성
✓ 융통성
○ 독창성
✓ 정교성

(1) 석빙고의 천장에 구멍이 뚫려 있는 이유를 쓰시오.

(2) 석빙고의 바닥이 경사진 이유를 쓰시오.

교육청 영재교육원 기출

06 정사각형 형태의 방 9개가 아래 그림과 같이 배치되어 있다. 주어진 <보기>를 만족시키면서 빛이 입구로 들어가서 출구로 나갈 수 있는 방법을 5가지 이상 그리시오.

- ◯ 유창성
- ✓ 융통성
- ◯ 독창성
- ✓ 정교성

보기

① 평면거울 4개를 사용한다.

② 방 1개당 거울은 1개만 놓을 수 있으며, 반드시 대각선으로 놓여야 한다.

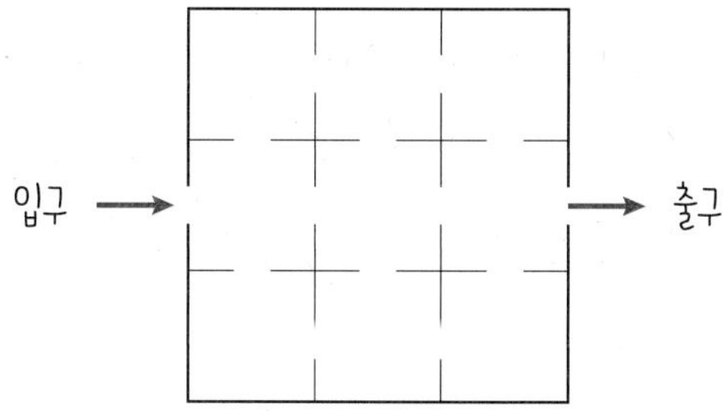

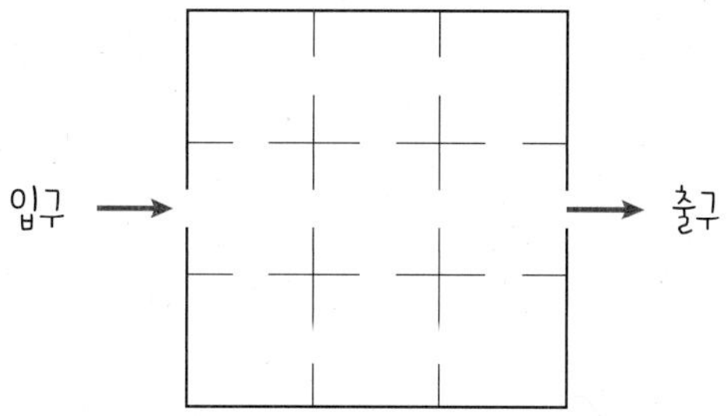

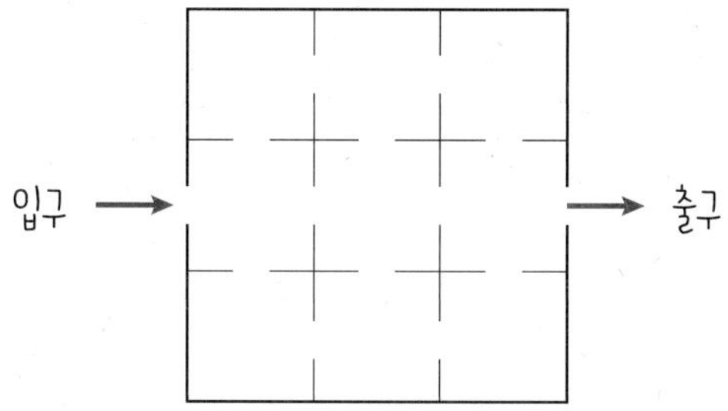

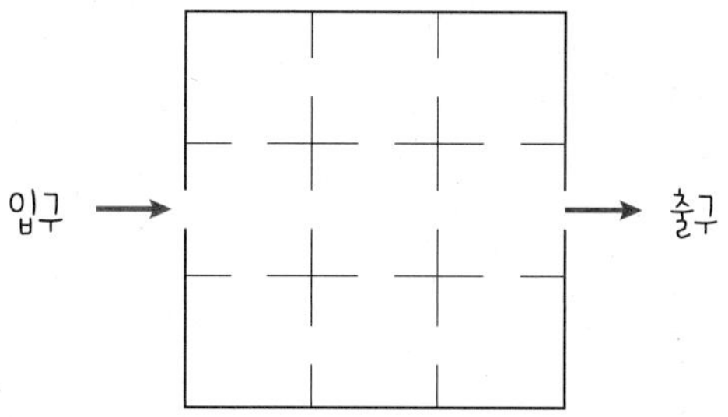

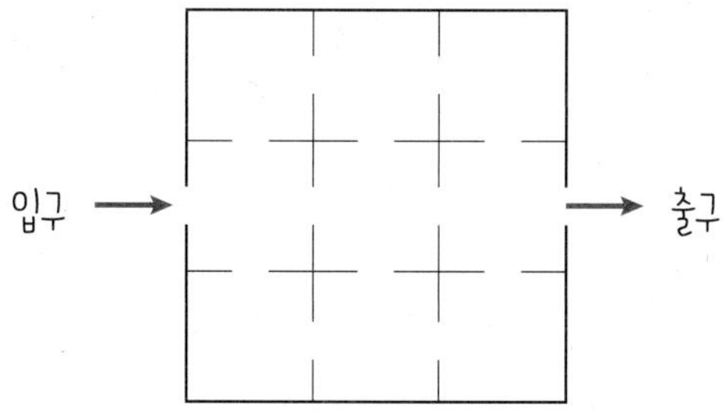

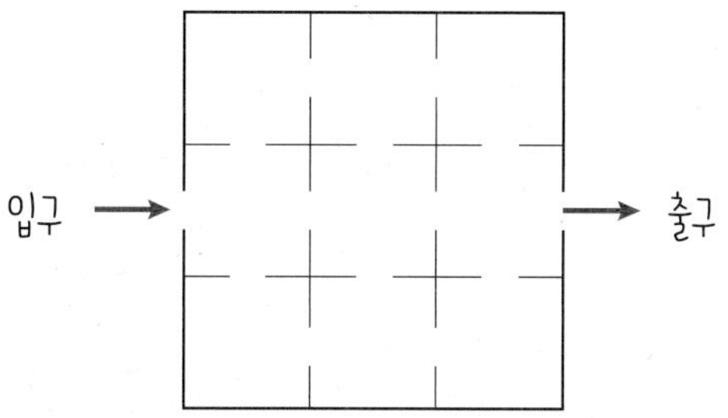

5 과학 창의성

교육청 영재교육원 기출

07 **다음 <보기>와 같이 우리 주변에서 볼 수 있는 혼합물을 설명하였다. 이와 같은 형태의 혼합물을 가능한 많이 찾고, 그 이유를 (   ) 안에 쓰시오.**

✔ 유창성
✔ 융통성
○ 독창성
○ 정교성

보기

(바다)는 혼합물이다.

왜냐하면 (물고기, 미역, 조개, 바위, 산호, 플랑크톤 등이 섞여 있기) 때문이다.

① (   )은/는 혼합물이다.

왜냐하면 (   ) 때문이다.

② (   )은/는 혼합물이다.

왜냐하면 (   ) 때문이다.

③ (   )은/는 혼합물이다.

왜냐하면 (   ) 때문이다.

④ (   )은/는 혼합물이다.

왜냐하면 (   ) 때문이다.

⑤ (   )은/는 혼합물이다.

왜냐하면 (   ) 때문이다.

⑥ (   )은/는 혼합물이다.

왜냐하면 (   ) 때문이다.

⑦ (   )은/는 혼합물이다.

왜냐하면 (   ) 때문이다.

⑧ (   )은/는 혼합물이다.

왜냐하면 (   ) 때문이다.

대회 기출 유형

08 상상이는 떡갈나무, 호랑가시나무, 양버즘나무, 메꽃의 잎사귀를 관찰하여 분류표를 만들었다. (가), (나), (다)에 해당하는 잎사귀를 쓰시오.

- ○ 유창성
- ○ 융통성
- ○ 독창성
- ✓ 정교성

▲ 떡갈나무 ▲ 호랑가시나무 ▲ 양버즘나무 ▲ 메꽃

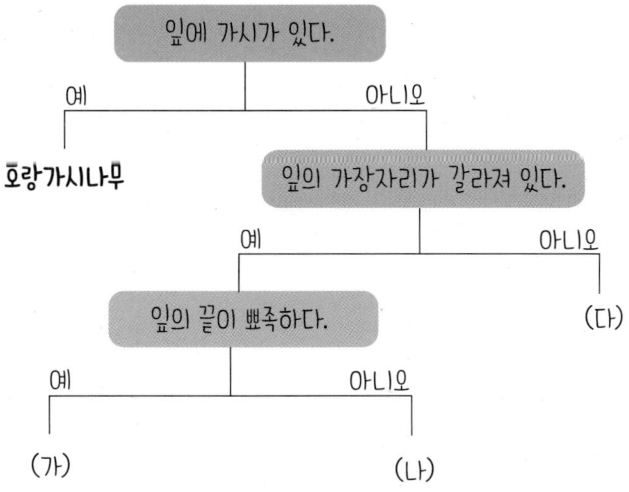

09 소리는 기체, 액체, 고체 등의 물질을 통해서 전달된다. 소리를 전달하는 물질에 따라 전달되는 속도가 다음 표와 같이 다르다. 표를 보고 알 수 있는 것을 3가지 쓰시오.

○ 유창성
✓ 융통성
○ 독창성
○ 정교성

소리를 전달하는 물질	진공	공기 (0℃)	공기 (20℃)	물 (0℃)	물 (20℃)	바닷물 (20℃)	구리 (20℃)
1초 동안 전달되는 거리(m)	0	331	343	1,402	1,461	1,490	3,560

교육청 영재교육원 기출

10 새의 모양을 보고 발명된 것은 비행기이다. 이와 같이 생물을 본떠서 만든 사물에는 어떤 것들이 있는지 2가지 이상 쓰시오.

○ 유창성
✓ 융통성
○ 독창성
✓ 정교성

11 다음은 유선 전화기의 모습이다. 전화기의 본체와 수화기를 연결하는 전화선은 용수철 모양으로 꼬여 있다. 이 모습을 보고 다음 물음에 답하시오.

- ◯ 유창성
- ✔ 융통성
- ◯ 독창성
- ✔ 정교성

(1) 전화선이 용수철 모양일 때 좋은점을 3가지 쓰시오.

(2) 전화선 이외의 용수철 모양인 물건을 3가지 쓰고, 각각의 장점을 쓰시오.

교육청 영재교육원 기출 유형

12 상상이가 강낭콩을 키우려고 한다. 강낭콩을 키울 때 햇빛이 미치는 영향을 알아보고 싶어 두 강낭콩을 심고, 다른 조건을 모두 같게 한 상태에서 햇빛의 양을 다르게 하였다. 이때 같게 해주어야 하는 조건을 쓰시오. (많이 쓸수록 점수가 높다.)

- ☑ 유창성
- ☑ 융통성
- ○ 독창성
- ○ 정교성

교육청 영재교육원 기출 유형

13 다음은 응결과 증발에 대한 설명이다. 실생활 속의 응결과 증발의 예를 각각 쓰시오. (많이 쓸수록 점수가 높다.)

- ☑ 유창성
- ☑ 융통성
- ○ 독창성
- ○ 정교성

응결 : 기체인 수증기가 액체인 물이 되는 현상

증발 : 액체의 표면에서 기화 현상이 일어나 액체에서 기체가 되는 현상

예시 답안 / 평가표
p.73

교육청 영재교육원 기출 유형

14 상상이는 어머니의 심부름을 하다가 콩, 쌀, 철가루, 소금을 바닥에 쏟았다. 다음 <보기>의 물건을 사용하여 콩, 쌀, 철가루, 소금을 분리할 수 있는 방법을 차례로 적어보시오.

○ 유창성
✓ 융통성
○ 독창성
✓ 정교성

보기

▲ 거름망

▲ 알코올램프

▲ 자석

▲ 물

교육청 영재교육원 기출

15 상상이는 설탕물을 만들려고 하는데 집에 각설탕밖에 없어 각설탕을 물에 녹였다. 다음 물음에 답하시오.

◯ 유창성
✔ 융통성
◯ 독창성
✔ 정교성

(1) 각설탕을 빨리 물에 녹이는 방법을 3가지 쓰시오.

(2) 같은 크기의 컵과 같은 양의 물에 각설탕과 같은 질량의 가루 설탕을 녹였더니 가루 설탕이 더 빨리 녹았다. 그 이유를 쓰시오.

교육청 영재교육원 기출 유형

16 무한이는 산에서 길을 잃었을 때를 대비하여 나침반을 만들려고 한다. 무한이가 가지고 있는 물건으로 나침반을 만들 수 있는 방법을 쓰시오. (단, 가지고 있는 물건 중 일부를 사용해도 되고, 가지고 있는 물건 외에 산에서 구할 수 있는 것을 사용해도 된다.)

◯ 유창성
✔ 융통성
✔ 독창성
◯ 정교성

▲ 자석

▲ 그릇

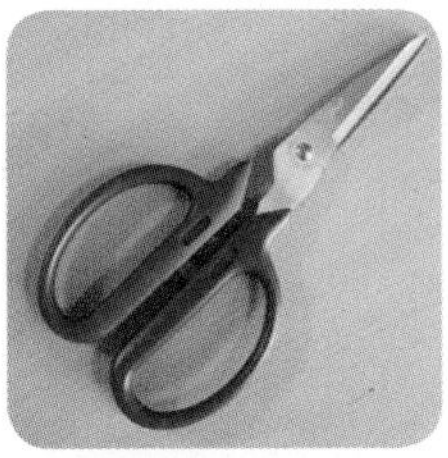
▲ 가위

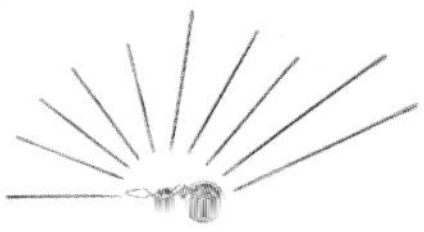
▲ 바늘

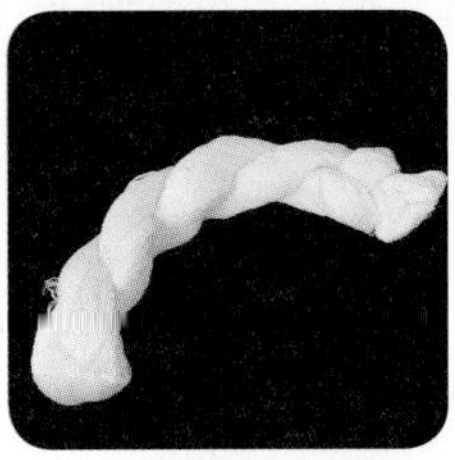
▲ 실

▲ 못

대회 기출 유형

17 다음은 공기를 이용하는 대표적인 예인 풍차이다. 다음 물음에 답하시오.

- ✓ 유창성
- ✓ 융통성
- ○ 독창성
- ✓ 정교성

(1) 풍차와 같이 공기를 이용하는 예를 다양하게 써 보시오. (많이 쓸수록 점수가 높다.)

(2) (1)에서 든 예를 분류할 수 있는 기준을 2가지 이상 정해서 (1)에서 쓴 예를 분류하시오.

대회 기출 유형

18 그림은 한 아이가 우주여행을 하는 모습을 상상하여 그린 그림이다. 이 그림을 보고 무한, 상상, 영재가 다음과 같이 이야기를 나누었다. 틀린 이야기를 한 사람은 누구인지 쓰고, 그 이유를 쓰시오.

- ○ 유창성
- ✔ 융통성
- ○ 독창성
- ✔ 정교성

무한 : 밀어낼 것이 없기 때문에 노를 저을 수 없어. 저 그림은 잘못됐어.

상상 : 그것보다 우주선 밖에서는 거꾸로 된 자세로 있지 못해.

영재 : 우주 공간에는 공기가 없기 때문에 별이 보이지 않아. 배경에 별이 없어야 해.

교육청 영재교육원 기출 유형

19 남극은 최대 영하 75℃까지 내려간다. 이러한 환경에서 펭귄은 멸종되지 않고 살아간다. 다음 물음에 답하시오.

- ○ 유창성
- ✔ 융통성
- ○ 독창성
- ✔ 정교성

(1) 펭귄이 추운 남극에서 멸종되지 않고 살 수 있는 이유는 무엇인지 쓰시오.

(2) 펭귄이 추위를 피하는 방법을 쓰시오.

교육청 영재교육원 기출 유형

20 **습도가 높은 날씨에는 빨래가 잘 마르지 않고, 곰팡이가 잘 생긴다. 습도가 낮은 날씨에는 기침이 자주 나고, 화재의 위험이 크다. 다음 물음에 답하시오.**

○ 유창성
✓ 융통성
○ 독창성
✓ 정교성

(1) 가정에서 습도를 조절하는 예를 쓰시오. (많이 쓸수록 점수가 높다.)

(2) 헤라클레스 장수풍뎅이의 등딱지는 습도에 따라 색깔이 변한다. 습도가 높으면 검정색으로 변하고 습도가 낮으면 노란색이 된다. 이와 같이 습도에 따라 겉모습이 변하는 것은 어떤 것이 있을지 쓰시오.

교육청 영재교육원 기출

21 다음은 동물 또는 곤충이 자신의 몸을 보호하는 방법을 나타낸 것이다. 동물 또는 곤충이 자신의 몸을 보호하기 위해서 어떤 방법을 사용하는지 주어진 방법과 다른 방법을 2가지 이상 쓰시오.

- ○ 유창성
- ✓ 융통성
- ○ 독창성
- ✓ 정교성

▲ 카멜레온

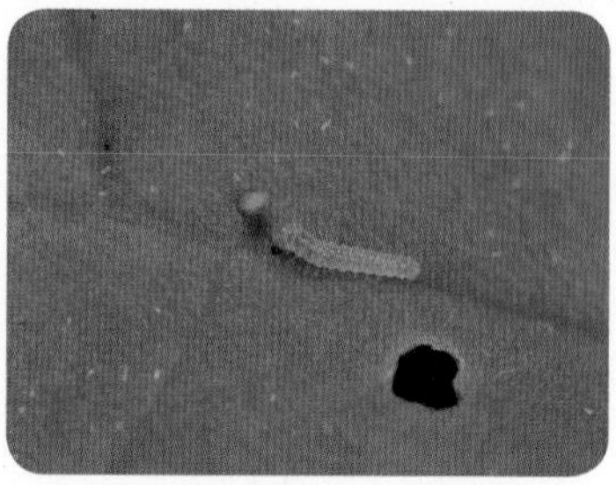
▲ 배추흰나비의 애벌레

보호색은 동물 또는 식물이 주변 환경과 비슷한 색상으로 자신을 숨기는 방법을 말한다. 흔히 생각할 수 있는 카멜레온이 있고, 먹이식물의 색상에 맞추어 녹색을 사용하는 배추흰나비의 애벌레도 있다.

대회 기출 유형

22 다음은 우리 주변에서 쉽게 볼 수 있는 멀티탭이다. 몇 년 전만해도 멀티탭 스위치를 누르면 꽂아놓은 모든 전자기기에 전류가 흐르고, 스위치를 끄면 모든 전자기기에 전류가 흐르지 않아 불편함이 있었다. 그래서 최근에는 플러그마다 각각 스위치가 있어 전자기기마다 각각 전류를 흐르게 할 수 있는 멀티탭이 많이 사용되고 있다. 이와 같이 멀티탭의 단점을 보완할 수 있는 새로운 멀티탭을 생각하여 그리고, 설명해 보시오.

- ○ 유창성
- ○ 융통성
- ✓ 독창성
- ✓ 정교성

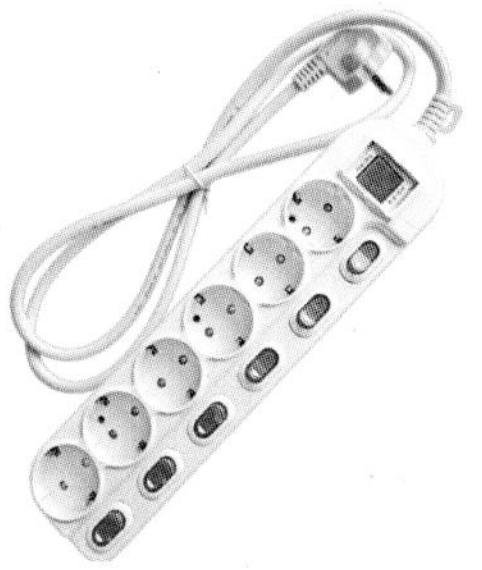

23 상상이의 동생이 과거 지구에서 살았던 동물들에 관한 그림을 그렸다. 지구의 역사에 대해 공부한 상상이는 동생이 그린 그림에서 잘못된 점을 발견하였다. 동생의 그림에서 발견한 잘못된 점을 쓰시오. (많이 쓸수록 점수가 높다.)

- ✔ 유창성
- ○ 융통성
- ○ 독창성
- ✔ 정교성

교육청 영재교육원 기출 유형

24 다음 두 비커에는 겉으로 보기에는 같아보이는 투명한 액체가 담겨 있다. 다음 물음에 답하시오.

○ 유창성
✓ 융통성
○ 독창성
✓ 정교성

(1) 하나의 비커에는 물이 들어 있고, 또 다른 하나의 비커에는 소금물이 들어 있을 때, 맛을 보지 않고 두 액체를 구분할 수 있는 방법을 쓰시오. (여러 가지를 쓸수록 점수가 높다.)

(2) 두 비커에 들어 있는 물의 온도가 각각 다를 때, 손을 대지 않고 구분할 수 있는 방법을 쓰시오. (여러 가지를 쓸수록 점수가 높다.)

25 다음은 무한이가 읽은 신문기사이다. 다음 물음에 답하시오.

- ✓ 유창성
- ✓ 융통성
- ○ 독창성
- ✓ 정교성

3월 22일은 '세계 물의 날'이다. 우리는 일상생활 중에 물 부족함을 느끼지 못하지만 세계 인구의 30% 정도가 물 부족으로 생활하거나 씻는 데 어려움을 겪는다고 한다. 우리나라도 1980년대 초만 해도 생수를 사 먹는다는 것은 생각도 못했는데 1980년대 후반기부터 먹는 샘물에 대한 여론이 들끓기 시작해 1994년부터 생수가 시판되어 지금은 야유회나 외출 시 생수를 구입해 먹는 것이 보편화됐다.

하천에 유입된 물의 양을 인구 수로 나눠 1인당 물 재생산 가능량을 기준으로 물 부족 국가 여부를 결정한다. 연간 1700m^{3}에 미달하면 물 부족 국가로 분류되며 우리나라도 2005년 기준 1488m^{3}로, 물 부족 국가에 속하고 있고, 시간이 지남에 따라 물 부족 현상은 더 심해질 것으로 본다.

물 수급 사항에 영향을 주는 우리나라 강우량은 연평균 1274mm로, 세계 평균 강우량인 983mm보다 많지만 여름철에 3분의 2 이상 내려 계절별 편차가 크고 국토의 70%가 산지라 경사가 심해 물이 일시에 바다로 흘러가기 때문에 머무는 물이 적고, 또 좁은 국토에 인구 밀도가 높아 물 부족 국가로 분류된다.

- 2○○○. ○○. ○○

(1) 우리나라의 물 부족 문제를 해결하기 위해서 우리가 할 수 있는 일을 5가지 써 보시오.

(2) 우리나라는 삼면이 바다로 둘러싸여 있지만, 바닷물을 식수로 사용할 수 없다. 그 이유는 무엇일지 설명하시오.

26 물은 냉각시키면 0°C에서 얼기 시작하여 얼음으로 변한다. 그리고 물이 얼기 시작하면서 부피가 커져 물이 담겨 있던 통이 깨지거나 넘친다. 이것은 물의 독특한 특성이다. 다음 물음에 답하시오.

- ✓ 유창성
- ✓ 융통성
- ○ 독창성
- ✓ 정교성

(1) 만약 물이 갑자기 5°C에서 얼기 시작한다면 어떤 일이 일어날지 써 보시오. (여러 가지를 쓸수록 점수가 높다.)

(2) 양초를 녹여서 양초 모양의 틀에 넣으면 굳으면서 가운데 부분이 움푹 파인다. 양초는 고체가 되면서 부피가 감소하기 때문이다. 만약 물이 양초처럼 얼음이 되었을 때 부피가 감소한다면 어떤 일이 일어날지 써 보시오. (여러 가지를 쓸수록 점수가 높다.)

교육청 영재교육원 기출

27 다음은 개기월식이 일어나는 과정을 나타낸 것이다. 다음 물음에 답하시오.

- ○ 유창성
- ○ 융통성
- ○ 독창성
- ✓ 정교성

(1) 개기월식이 일어나는 동안 시간에 따라 달의 모양이 변하는 것을 통해 지구는 어떤 모양인지 알 수 있으며, 그렇게 생각한 이유를 함께 쓰시오.

(2) 개기월식이 일어나고 일주일이 지난 후의 달의 모양을 그려보시오.

5 과학 창의성

교육청 영재교육원 기출 유형

28

올림픽이 개최될 때 성화봉송을 한다. 마지막 성화 주자가 성화봉을 성화대에 점화하면서 올림픽의 시작을 알리게 된다. 다음 물음에 답하시오.

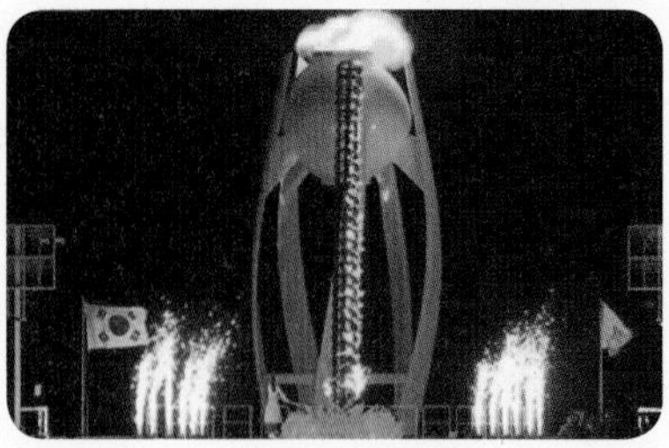

- ✓ 유창성
- ✓ 융통성
- ○ 독창성
- ○ 정교성

(1) 불이 붙은 성화 봉송을 하기 위한 연소의 3요소를 쓰시오.

(2) 성화 점화 방법으로 가능한 방법을 다양하게 써 보시오.

29

기름을 싣고 가던 유조선의 사고로 기름이 흘러나와 바다가 오염되었다. 다음 물음에 답하시오.

- ✓ 유창성
- ✓ 융통성
- ○ 독창성
- ○ 정교성

(1) 기름이 바다에 유출되었을 때 발생하는 문제점을 쓰시오. (많이 쓸수록 점수가 높다.)

(2) 바다에 유출된 기름을 제거할 수 있는 방법을 쓰시오. (많이 쓸수록 점수가 높다.)

교육청 영재교육원 기출 유형

30

다음은 산이 생성되면서 만들어진 감입 곡류 하천의 모습이다. 시간이 흘러 이 하천이 어떻게 변화할지 그림으로 그려 보고, 그림에 대한 설명을 써 보시오.

- ◯ 유창성
- ◯ 융통성
- ◯ 독창성
- ✓ 정교성

31

무한이와 상상이는 각각 다음과 같은 자세를 해보기로 하였다. 무한이와 상상이는 모두 자세를 하기에 어려움이 있었다. 그 이유는 무엇일지 쓰시오.

- ◯ 유창성
- ◯ 융통성
- ◯ 독창성
- ✓ 정교성

<무한이의 자세>

1. 두 손을 뒤로 한채 엉덩이가 발뒤꿈치에 닿지 않도록 하고, 무릎을 꿇고 앉는다.
2. 천천히 상체를 굽혀 코가 바닥에 닿도록한다.

<상상이의 자세>

1. 등과 발꿈치를 벽에 대고 선다.
2. 천천히 상체를 내려 몸이 90도가 되도록 굽힌다.

5 과학 창의성

대회 기출 유형

32 무한이가 한여름 밤에 잠을 자려고 하는데 밤에도 온도가 높아서 잠을 이루기 어려웠다. 에어컨이 고장나서 에어컨을 틀 수 없을 때 조금이나마 시원하게 잘 수 있는 방법을 다양하게 쓰고, 그 원리를 쓰시오. (방법을 다양하게 쓸수록 점수가 높다.)

- ☑ 유창성
- ☑ 융통성
- ○ 독창성
- ○ 정교성

교육청 영재교육원 기출 유형

33 다음은 인간의 여러 감각기관 중 시각의 한계를 극복하기 위해 발명된 것이다. 이처럼 여러 감각기관의 한계를 극복하기 위해 발명된 것을 3가지 이상 써 보시오.

- ○ 유창성
- ☑ 융통성
- ○ 독창성
- ○ 정교성

현미경 : 인간의 눈으로는 볼 수 없는 미시세계를 볼 수 있는 기구

망원경 : 렌즈를 통해 멀리 있는 물체를 가까이에서 볼 수 있는 기구

X-ray(X선 촬영) : 인체에 투과하여 인체의 내부를 사진으로 촬영하는 기구

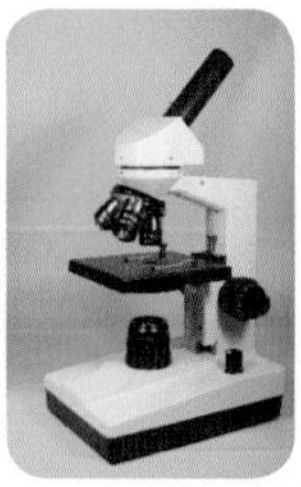

▲ 현미경

▲ 망원경

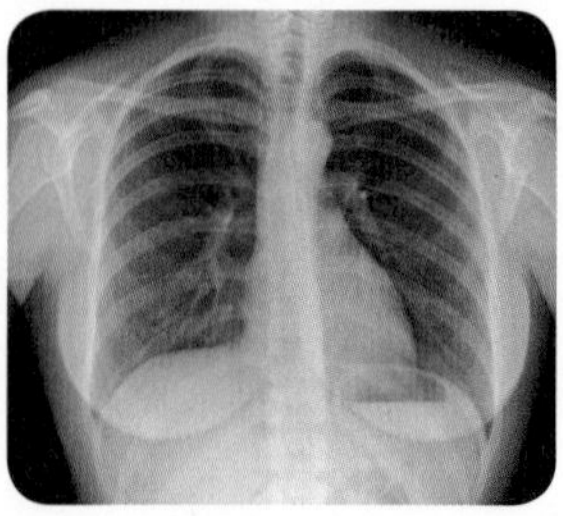

▲ X-ray

34 중력은 지구와 물체가 서로 잡아 당기는 힘으로 눈에 보이지는 않지만 사과가 땅으로 떨어지는 것을 보고 중력이 존재하는 것을 알 수 있다. 이와 같이 공기가 눈에 보이지 않지만 공기가 있다는 사실을 확인할 수 있는 방법을 다양하게 쓰시오. (여러 가지를 쓸수록 점수가 높다.)

- ☑ 유창성
- ☑ 융통성
- ○ 독창성
- ○ 정교성

교육청 영재교육원 기출

35 다음은 신문기사의 일부이다. 기사를 읽고, '그랭이 공법'이 내진 설계가 되는 이유를 쓰시오.

- ○ 유창성
- ○ 융통성
- ○ 독창성
- ☑ 정교성

경북 포항시 북구 북쪽 6km 지점에서 발생한 규모 6.1의 지진이 발생했을 때, 아파트들은 금이 가거나 절반쯤 무너졌다. 그러나 같은 활성 단층 대에 위치한 인근 경주의 불국사는 끄떡없었다. 강한 지진에도 끄떡없었던 불국사의 내진설계에 대해 화제가 되었다.

건축물의 내진 공법에는 강구조와 유구조가 있는데 강구조는 진동에 부서지지 않고 견고하게 버티는 것을, 유구조는 흔들리면서 진동 에너지를 분산시키는 것을 말한다. 지진 전문가들은 경주 불국사는 믿을 수 없을 정도로 과학적인 내진설계가 적용된 건축물이라고 입을 모았다.

신라인들은 불국사가 지진에 견디도록 하기 위해 울퉁불퉁한 자연석 화강암 위에 인공석을 아귀에 맞게 깎아 맞물려 얹는 '그랭이 공법'으로 건물을 지었다.

▲ 지진에도 끄떡없는 불국사

▲ 불국사의 그랭이 공법

대회 기출 유형

36 무한이는 다음 그림과 같이 페트병 안 쪽으로 고무풍선을 밀어 넣고 끝 부분을 병 입구에 끼웠다. 페트병 안쪽에 들어간 고무풍선을 불었더니 잘 부풀려지지 않았다. 고무풍선을 더 크게 부풀릴 수 있는 방법 2가지를 쓰시오.

◯ 유창성
✓ 융통성
✓ 독창성
◯ 정교성

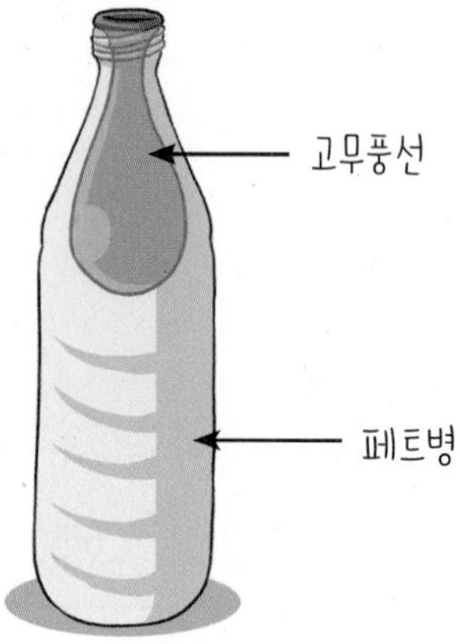

37 달팽이는 어둡고 축축한 곳에서 생활한다. 어느 날 달팽이가 사막에서 생활하게 되었다면 달팽이의 모습은 어떻게 변하게 될 지 그리고, 어떤 방법으로 환경에 적응할지 써 보시오.

◯ 유창성
◯ 융통성
✓ 독창성
✓ 정교성

교육청 영재교육원 기출 유형

38 다음은 열대 지방에서 찍은 사진이다. 이곳의 자연환경이나 사람들의 생활 모습이 어떠할지 3가지 이상 쓰고, 그 근거를 설명하시오.

- ○ 유창성
- ✓ 융통성
- ○ 독창성
- ✓ 정교성

39 그림과 같이 물이 반 정도 채워진 페트병과 컵이 있다. <보기>에 주어진 준비물을 사용하여 페트병을 기울이지 않고, 컵에 물을 따르려고 한다. 물을 따를 수 있는 방법을 다양하게 쓰시오. (단, 주어진 물건 중 2가지 이상을 사용하고, 그림을 그려 설명하면 점수가 더 높다.)

- ○ 유창성
- ✓ 융통성
- ✓ 독창성
- ○ 정교성

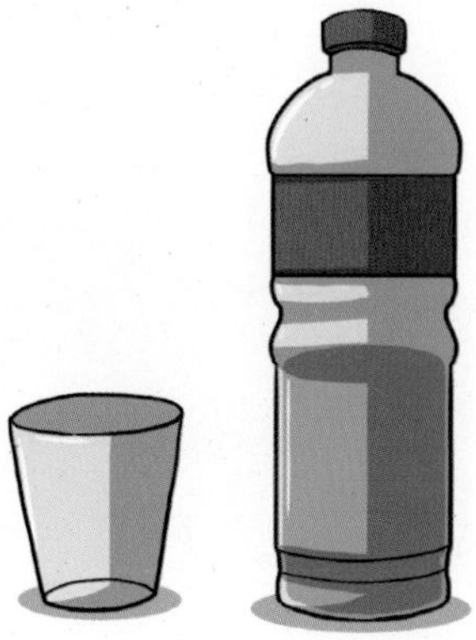

보기

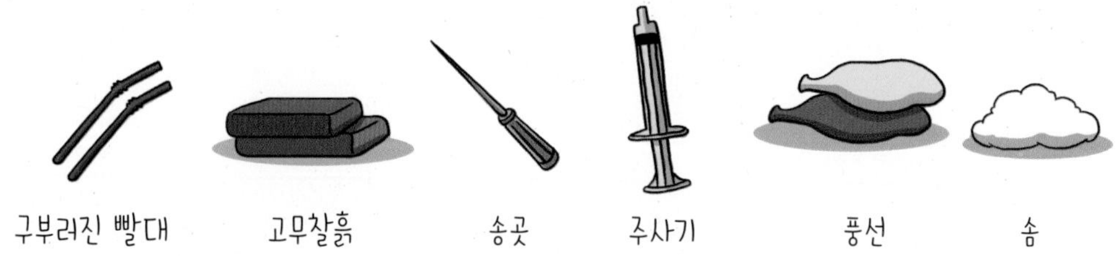

대회 기출 유형

40 무한이는 식목일에 아빠와 함께 어린 나무 줄기를 심었다. 아빠 나무와 무한이 나무를 구분하기 위해 무한이는 자신의 나무 줄기에 칼로 하트 모양(♡)을 새겨 두었다. 2년 뒤 무한이가 이 나무를 보러 왔을 때 하트 모양은 어떻게 달라졌을 지 설명하고, 아래 나무에 그려 보시오. (단, 위치와 크기를 잘 표현해야 점수가 높다.)

○ 유창성
○ 융통성
○ 독창성
✓ 정교성

1회 모의고사

점수 /

[각 문제 배점 : 10점]

01 새로운 커피숍을 오픈한 삼촌이 무한이에게 아르바이트로 사람들에게 광고지를 나누어 주라고 하였다. 무한이가 광고지를 조금 더 효율적으로 나누어 주기 위한 방안으로는 어떤 것들이 있는지 다양하게 쓰고, 그 이유도 함께 쓰시오.

교육청 영재교육원 기출 유형

02 다음 네모 안에 주어진 모양으로 <미래 도시의 모습>을 그리고, 그림의 제목을 붙여 보시오.

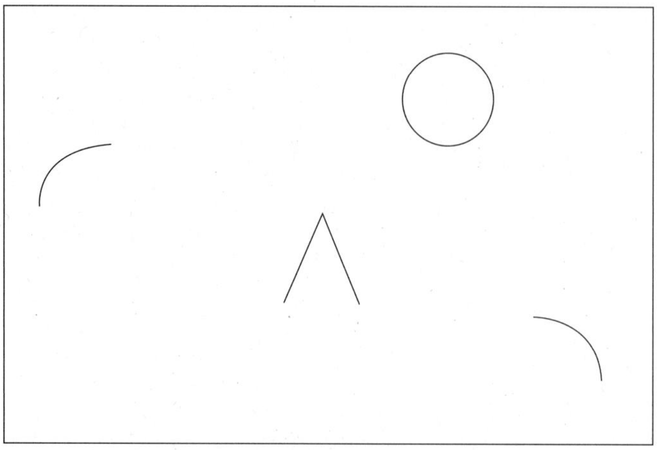

교육청 영재교육원 기출 유형

03

종석, 나림, 민우, 연주, 지민, 다정이는 독감 예방주사를 맞기 위해 같은 날 병원에 예약을 하였다. 다음을 읽고, 병원에 도착한 6명의 친구들이 예방주사를 맞게 될 순서를 나열하시오.

1. 연주의 예약 순서는 두 번째이다.
2. 종석이는 세 번째 순서가 아니다.
3. 연주와 종석이 사이에는 아무도 없다.
4. 지민이와 연주 사이에는 두 명이 예약되어 있다.
5. 민우는 나림이 바로 다음 순서이다.

교육청 영재교육원 기출 유형

04

다음 <보기>와 같이 주어진 세 단어를 이용하여 한 문장의 이야기를 만들어 보시오.

보기

미끄럼틀, 수영장, 놀랐다.

⇒ 우리나라에서 가장 높은 **미끄럼틀**이 있는 **수영장**에 놀러갔는데, 생각보다 더 높아서 깜짝 **놀랐다.**

(1) 연필, 칼, 먹었다.

⇒

(2) 천둥, 아기, 이쁘다.

⇒

(3) 만화책, 할아버지, 인천공항

⇒

1회 모의고사

교육청 영재교육원 기출 유형

05 어느 달의 달력에서 토요일의 날짜를 모두 더하였더니 80이었다. 이 달의 19일은 무슨 요일인지 쓰시오. (단, 이 달은 31일까지 있는 달이다.)

교육청 영재교육원 기출 유형

06 다음과 같이 가로가 5칸인 표에 1부터 100까지의 수를 넣고, 표 위에 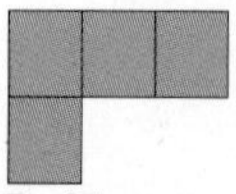 모양의 셀로판지를 올려 놓았다. 셀로판지에 비치는 수의 합은 32이다. 셀로판지를 다른 곳으로 옮겨 비치는 수의 합이 300 일 때, 셀로판지에 비치는 네 개의 수를 구하시오. (단, 셀로판지를 옮길 때, 돌리거나 뒤집지 않는다.)

1	2	3	4	5
6	7	8	9	10
11	12	13	14	15
16	17	18	19	20
21	22	23	24	25
:	:	:	:	:

예시 답안 / 평가표
p.87

교육청 영재교육원 기출 유형

07

다음은 바둑돌을 첫 번째 줄과 같이 나열한 다음, 첫 번째 줄을 보고 어떤 규칙에 따라 두 번째 줄을 나열하였다. 두 번째 줄을 보고 같은 규칙으로 세 번째 줄을 나열하였다. 이와 같이 계속 배열한다면 여섯 번째 줄에는 어떤 바둑돌이 나열될 지 그려 보시오.

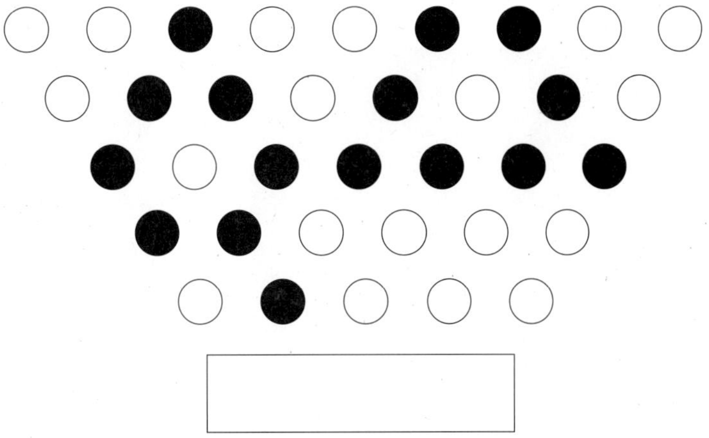

교육청 영재교육원 기출 유형

08

크기가 같은 정육면체 블록을 쌓은 후 앞면과 오른쪽 면에서 바라본 모습은 다음과 같다. 이와 같은 모양으로 쌓을 수 있는 정육면체 블록의 최소 개수와 최대 개수를 구하시오.

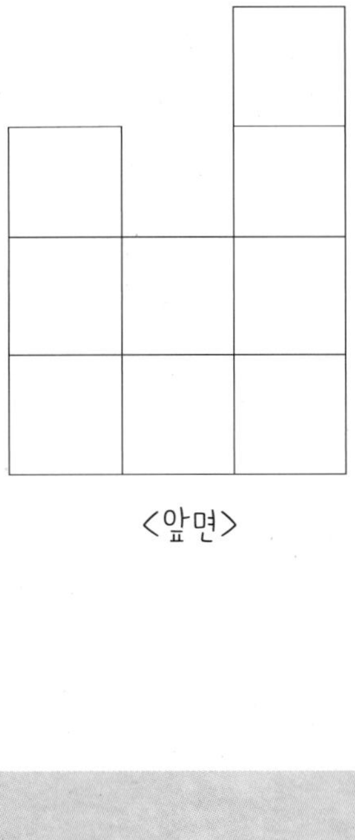

<앞면>

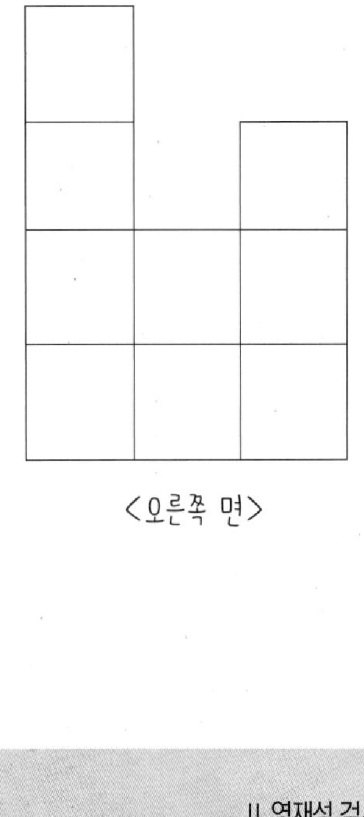

<오른쪽 면>

09 물고기는 아가미를 통해 물속에 녹아 있는 산소를 얻어 숨을 쉰다. 아가미로 물속의 산소를 효과적으로 흡수할 수 있는 이유는 아가미의 구조 때문이다. 아가미는 좁은 공간에서 물과 최대한 많이 접촉할 수 있도록 다음 사진과 같이 수많은 가닥으로 나누어져 있다. 물고기의 아가미처럼 좁은 공간에서 접촉면을 넓혀 효율을 높인 예를 다양하게 쓰시오. (많이 쓸수록 점수가 높다.)

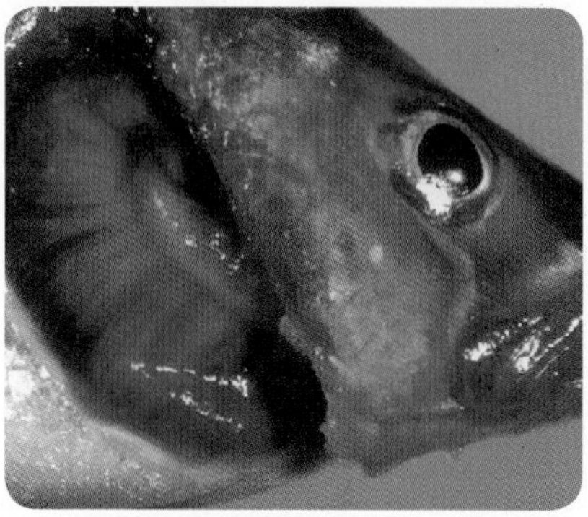

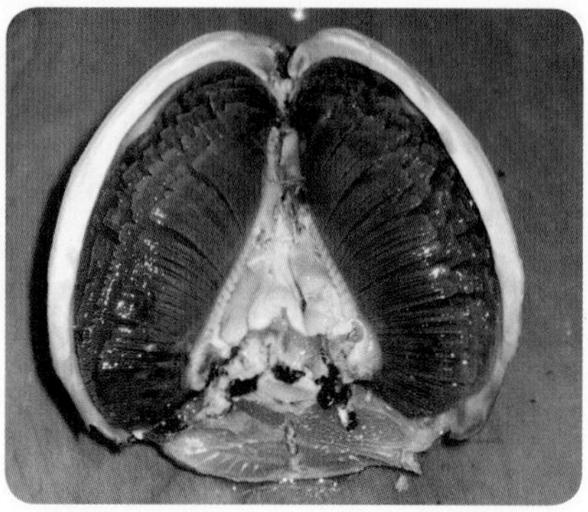

10 다음은 봉수대에 대한 설명이다. 다음을 읽고 물음에 답하시오.

우리나라에서 약 120년 전까지 사용하였던 봉수는 과학적으로 잘 갖추어진 통신 방법이다. 봉수대에서 낮에는 연기를 이용하고, 밤에는 불빛을 이용하여 정보를 먼 곳까지 신속하게 전달하였다. 신호가 전달하는 내용은 봉수대의 굴뚝에서 올리는 연기나 불꽃의 수에 따라 달랐다. 이렇게 연기나 불빛을 이용하여 만든 신호는 인근의 봉수대에 차례대로 전달되어 한양(현재의 서울)까지 전달하였다.

(1) 봉수대와 같이 현재는 사용하지 않지만 옛날 우리나라에서 사용한 과학적인 방법이나 기구를 쓰시오.

(2) 봉수대는 불과 연기로 신호를 전달하였지만 현재는 빛으로 신호를 전달하기도 한다. 현재 우리 생활에서 빛으로 신호를 전달하는 예를 다양하게 쓰시오.

2회 모의고사

점수 /

[각 문제 배점 : 10점]

01 무한이가 외출하였다가 집에 돌아와 현관문을 열었더니 깜깜한 집 안에 아래와 같은 그림자가 보였다. 아래 그림은 그림자의 일부를 나타낸 것이다. 이 그림자는 무엇일지 다양하게 써 보시오.

교육청 영재교육원 기출 유형

02 학교에서 신는 실내화의 단점을 쓰고, 단점을 보완한 실내화를 어떻게 만들지 써 보시오.

교육청 영재교육원 기출 유형

03 다음 주어진 속담 3개에 알맞는 상황을 한 문장으로 각각 쓰시오.

1. 아 다르고 어 다르다.
2. 꼬리가 길면 밟힌다.
3. 고래 싸움에 새우 등 터진다.

04 다음은 6명의 학생들이 분식집 원형탁자에 앉아서 서로 다른 음식을 주문하였다. 다음을 읽고, 떡볶이를 주문한 사람이 누구인지 쓰시오.

1. 광희 옆에는 형석이가 앉아 있다.
2. 효준이 옆에 있는 학생의 맞은편에는 광희가 앉아 있다.
3. 수연이와 마주 보고 앉은 학생은 은솔이다.
4. 수연이와 수경이 사이에는 쫄면을 주문한 학생이 앉아 있다.
5. 효준이와 마주 보고 앉은 학생은 볶음밥을 주문하였다.
6. 수경이는 김밥이나 떡볶이를 주문하지 않았다.
7. 은솔이는 김밥을 주문했고, 수연이는 라면을 주문하였다.

2회 모의고사

05 아래의 식이 성립하도록 1부터 8까지 수를 빈 칸에 한 번씩 넣으시오.

□	−	□	=	□
÷				+
□				□
=				=
□	×	□	=	□

06 무한이는 동생과 과수원에서 100개가 넘는 복숭아를 따서 똑같이 나누어 갖기로 하였다. 무한이가 화장실에 갔을 때, 동생이 두 몫으로 나누었더니 복숭아 1개가 남아서 1개를 먹고, 자기 몫을 가지고 갔다. 돌아 온 무한이는 동생이 가져간 줄 모르고 남은 복숭아를 두 몫으로 나누었더니 1개가 남아서 1개를 먹고, 자기 몫을 가지고 갔다. 처음에 딴 복숭아는 최소 몇 개일지 구해 보시오.

교육청 영재교육원 기출 유형

07 다음 그림을 반시계 방향으로 90도 돌리고, 왼쪽으로 뒤집었다. 이때 그림의 일부분을 잘라서 나올 수 없는 모양을 <보기>에서 고르시오. (단, 일부분을 잘라서 돌리거나 뒤집을 수 없다.)

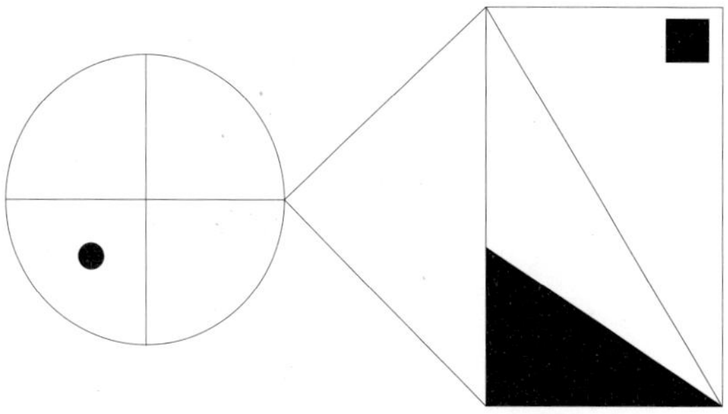

보기

① 

② 

③ 

④ 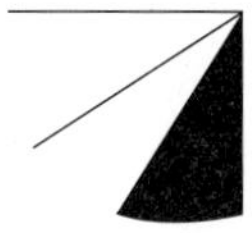

⑤ 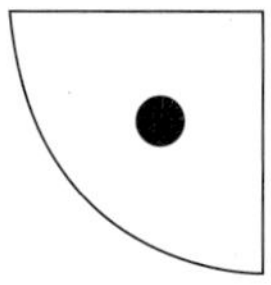

교육청 영재교육원 기출 유형

08 다음 <보기>와 같이 크기가 같은 2개의 원을 그리면 1개 또는 2개의 교점을 만들 수 있다. 이와 같이 3개의 원을 그려서 교점이 생길 수 있는 모양을 모두 그리시오. (단, 원들이 서로 떨어져 있어서는 안된다.)

보기

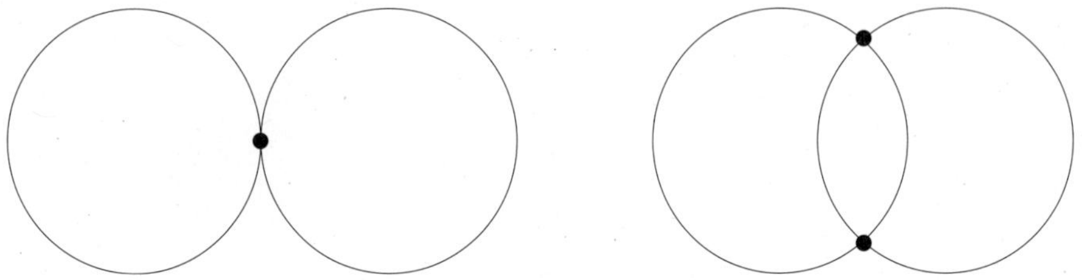

09 무한이의 엄마가 설거지를 하신 후, 두 개의 밥그릇을 포개어 놓았다. 몇 시간 후, 무한이가 밥그릇을 꺼내려고 하는데 밥그릇이 떨어지지 않았다. 두 개의 밥그릇을 분리할 수 있는 방법을 3가지 쓰시오.

10

낮에는 바다에서 육지를 향해 해풍이 불고, 밤에는 육지에서 바다를 향해 육풍이 분다. 이를 해륙풍이라고 하며, 바다와 육지 사이의 온도차에 의해 발생한 것이다. 다음은 기상청에 올라 온 육지와 바다에서의 최고 온도를 표로 나타낸 것이다. 표를 보면서 일주일 동안 해륙풍이 가장 강했을 것 같은 요일과 날씨가 가장 흐렸을 것 같은 요일을 내가 기상캐스터라고 생각하고 설명해 보시오.

<최고 온도(℃)>

구분	일	월	화	수	목	금	토
육지	35.4	36.5	34.5	33.0	32.2	32.5	25.8
바다	25.3	24.0	23.6	24.8	25.3	24	24.2

PART III

창의적 문제해결력

나는 창의적으로
문제를 해결할 수 있을까?

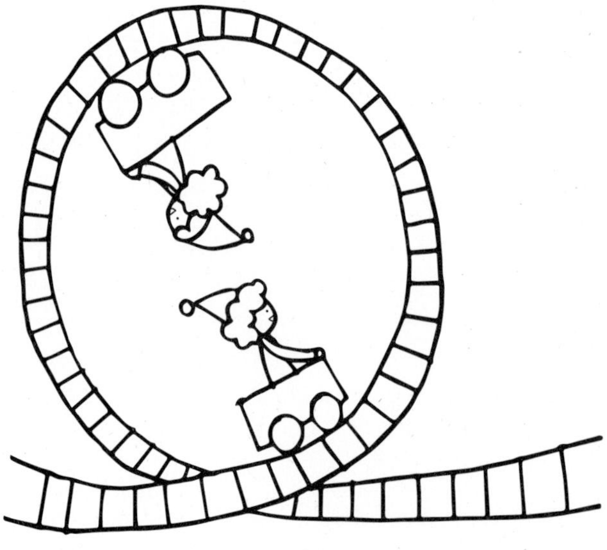

단원 살짝 엿보기

01 창의적 문제해결 수학

02 창의적 문제해결 과학

1 창의적 문제해결 수학

[각 문제 배점 : 5점]

01 무한이와 상상이는 각각 번호가 다른 버스를 타려고 한다. 두 사람이 타야 할 버스의 번호는 모두 세 자리 수이고, 두 버스 번호의 합이 1464이다. 다음을 읽고, 무한이와 상상이가 타야 할 버스 번호를 각각 구하시오.

무한 : 내가 타야 할 버스 번호의 일의 자리 숫자는 십의 자리 숫자보다 1이 크고, 백의 자리 숫자는 십의 자리 숫자보다 1이 작아.

상상 : 나는 네가 타는 버스 번호의 각 자리 숫자를 위치만 바꾼 번호의 버스를 타야 해.

교육청 영재교육원 기출 유형

02 다음 디지털 시계는 오후 11시 58분을 나타내고 있다. 이 시계는 오전과 오후가 구분되고, 시를 나타내는 숫자는 1부터 12까지이다. 다음 물음에 답하시오.

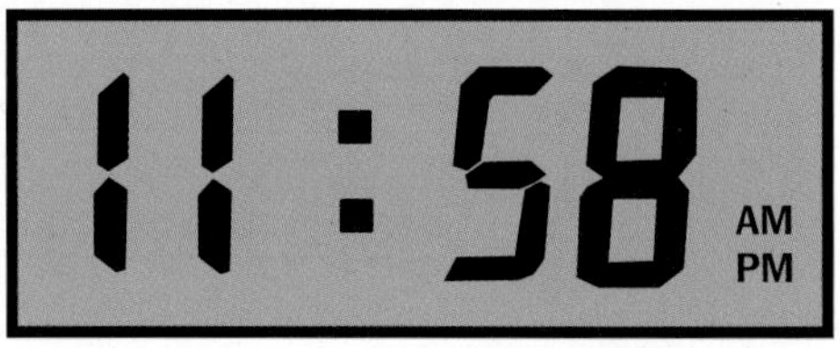

(1) 시를 나타내는 숫자 중 하루에(24시간) 2는 몇 시간 동안 나타나는지 쓰시오.

(2) 오후 4시부터 5시 사이에 숫자 1은 몇 분동안 나타나는지 쓰시오.

예시 답안 / 평가표
p.94

03 무한이는 연속하는 5개의 자연수가 적힌 카드를 가지고 있다. 이 중 가장 작은 수, 세 번째 수, 가장 큰 수를 더하였더니 75가 되었다. 무한이가 가지고 있는 카드 중 가장 큰 수를 구하시오.

04 다음 <보기>는 숫자 4를 4번 사용하고, +, −, ×, ÷, ( )를 이용하여 계산한 결과이다. <보기>와 같은 방법으로 15, 16, 20, 44, 80 이 나오도록 계산식을 각각 만들어 보시오.

보기

$(44 + 4) \div 4 = 12$　　　$4 \times 4 + 44 = 60$

05 상상이네 반은 친구들 32명이 다같이 동물원에 가서 입장권을 사려고 한다. 개인이 표를 한 장 씩 살 때, 표는 한 장에 500원이고, 35명 이상이 한꺼번에 표를 사면 할인이 되어 표 한 장에 450원이다. 어떻게 표를 사는 것이 더 저렴한지 그 방법을 적어보시오.

교육청 영재교육원 기출 유형

06 무한이네 학교에서 반대항 축구 시합을 했다. 1반, 2반, 3반이 서로서로 한 번씩 경기를 하고, 다음 주어진 규칙에 따라 각 반에 점수를 주었을 때, 1반은 5점, 2반은 20점, 3반은 19점이 되었다. 1반, 2반, 3반이 각 경기에서 넣은 골의 개수를 구하여 표에 써 넣으시오. (단, 모든 시합에서 각 반은 최소 한 골 이상을 넣었다.)

- 경기 중 넣은 골에 대해 각 1점씩 얻는다.
- 경기 후 이긴 팀에게는 10점의 추가 점수를, 비긴 팀에게는 5점의 추가 점수를 주고, 진 팀에게는 추가 점수를 주지 않는다.

1반	(　:　)	2반
1반	(　:　)	3반
2반	(　:　)	3반

예시 답안 / 평가표
p.95

07 학교에서 집까지의 거리는 $\frac{3}{5}$ km이고, 학교에서 은행까지의 거리는 $\frac{2}{5}$ km이다. 학교에서 집까지 18분이 걸릴 때, 똑같은 빠르기로 간다면 학교에서 은행까지는 몇 분이 걸릴지 구하시오.

08 무한, 상상, 영재, 창이는 피자를 각각 한 판씩 시켜서 먹고 남은 크기를 다음과 같이 표현하였다. 피자를 가장 많이 먹은 사람부터 차례대로 쓰시오.

$\frac{3}{7}$	$\frac{1}{5}$	$\frac{7}{12}$	$\frac{9}{12}$
무한	상상	영재	창이

1 창의적 문제해결 수학

09 상상이네 가족은 삼각형 모양의 밭을 기르고 있다. 삼각형 모양의 밭 모서리와 꼭지점에 다음과 같이 동그라미 표시를 하고, 동그라미 안에 1, 2, 3, 4, 5, 6개의 허수아비를 각각 세우려고 한다. 삼각형 각 변에 있는 세 개 동그라미 안의 허수아비 수의 합이 같으면서 바깥에서 삼각형 밭의 한 쪽에서 보았을 때 허수아비의 수가 가장 적어 보이려면 꼭지점에는 각각 몇 개를 세워야 하는지 구하시오.

교육청 영재교육원 기출 유형

10 다음은 가로와 세로가 4 × 4인 마방진이다. 마방진에 1 ~ 16 을 넣어 가로, 세로, 대각선의 합이 34가 되도록 칸에 알맞은 수를 넣으시오.

예시 답안 / 평가표
p.96

11 무한이와 상상이가 다음과 같은 꽃밭을 나누어 가지려고 한다. 가운데 색칠된 땅을 제외하고, 무한이와 상상이가 땅의 모양과 크기를 똑같이 나눌 수 있는 방법을 2가지 그리시오. (단, 각각의 땅은 한 덩어리이고, 각 땅에는 꽃이 3송이씩 심어져 있다.)

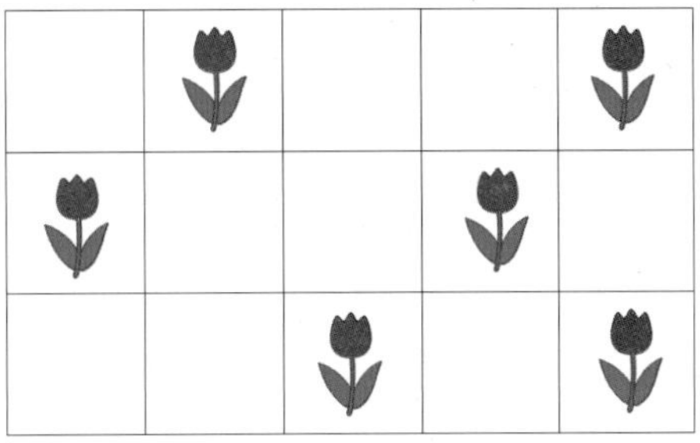

12 다음과 같이 성냥 15개로 만든 도형에서 크고 작은 사다리꼴의 개수를 구하시오.

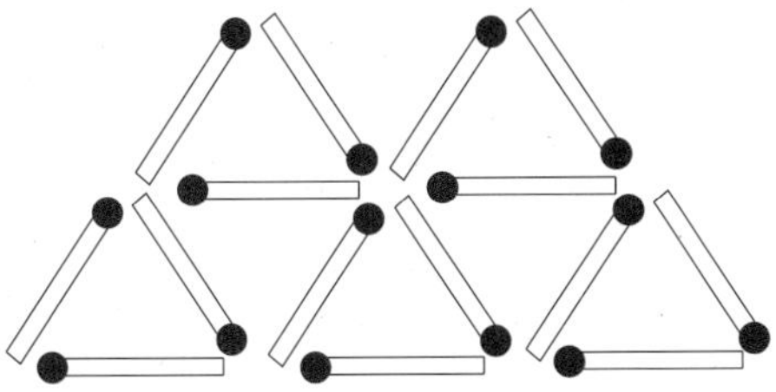

13 한 변이 1cm인 정사각형 2개와 한 변이 2cm인 정사각형 2개로 만들 수 있는 직사각형은 다음과 같이 6개이다. <보기>에 주어진 6개의 정사각형을 붙여서 만들 수 있는 서로 다른 직사각형의 개수를 구하시오. (단, 붙이는 방법이 달라도 크기가 같으면 같은 직사각형이다.)

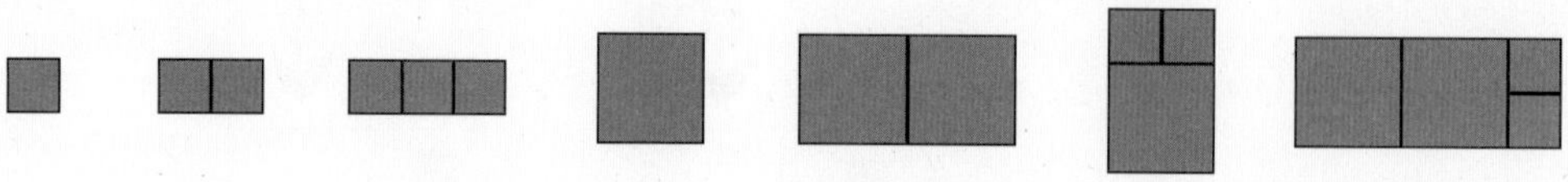

보기

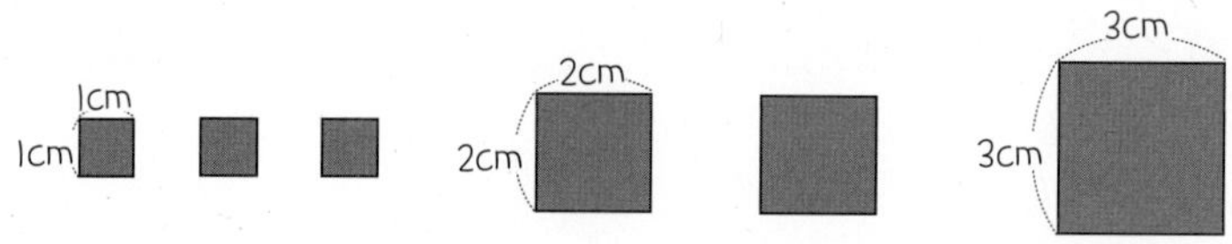

II 영재성 검사
III 창의적 문제해결력
IV 심층 면접

교육청 영재교육원 기출 유형

14 다음 그림에서 임의로 점을 이어서 만들 수 있는 크고 작은 정사각형은 몇 개인지 구하시오.

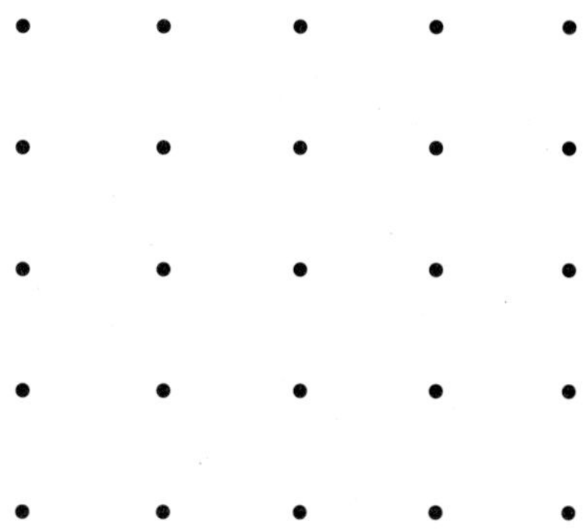

15 무한이네 목장에는 다음과 같이 원 모양이고, 원의 둘레에 5개의 말뚝이 박혀있다. 이 중 3개의 말뚝을 이어 삼각형 모양의 울타리를 만들려고 한다. 무한이가 만들 수 있는 울타리의 수를 구하시오.

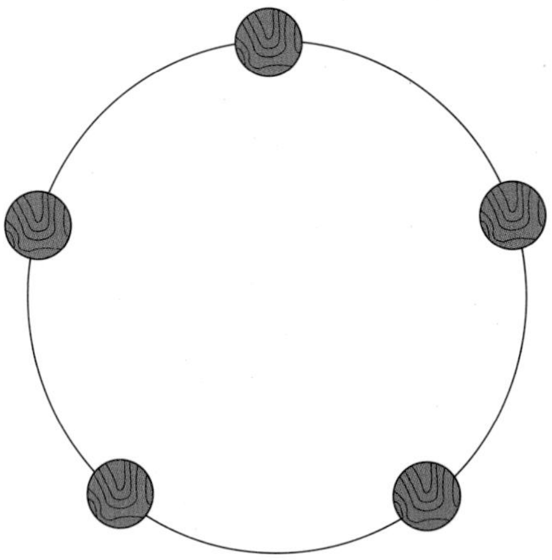

16 1부터 6까지 수가 적힌 똑같은 정육면체 5개를 다음과 같이 쌓아 놓았다. 2, 4, 5와 마주보는 면에 써 있는 수를 각각 구하시오. (단, 숫자의 모양은 관계없다.)

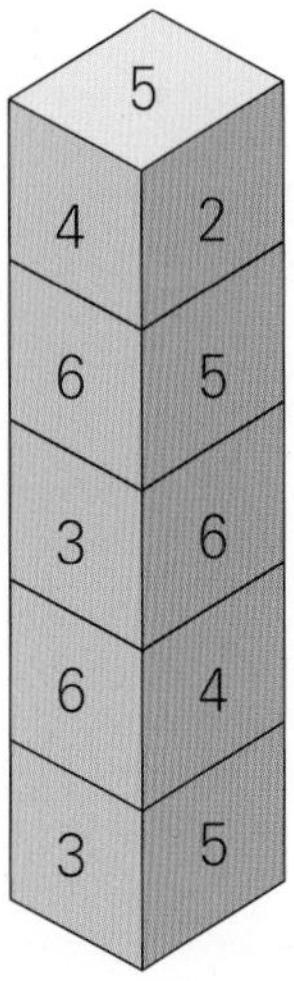

17 크기가 같은 정사각형 13개를 겹쳐서 다음과 같은 도형을 만들었다. 정사각형 1개의 둘레가 24cm일 때, 오른쪽에 만든 도형의 둘레와 넓이를 각각 구하시오.

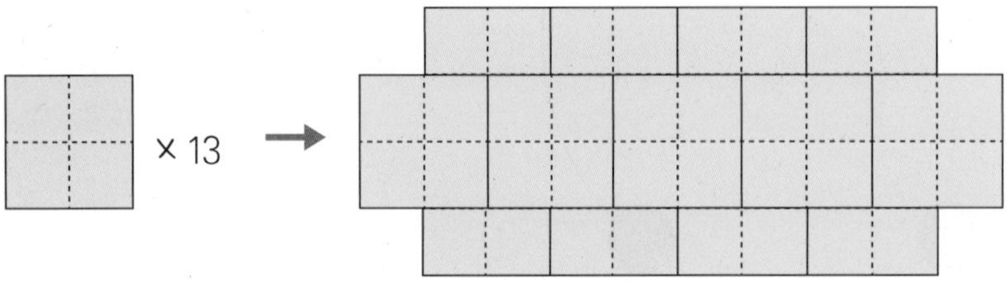

대회 기출 유형

18 다음은 종이의 꼭지점 부분을 접은 그림이다. 그림에서 각 ㉠과 각 ㅅㅁㄹ의 크기는 같고, 각 ㅁㄹㅅ과 각 ㅅㄹㄷ의 크기가 같을 때, 각 ㉠과 ㉡을 구하시오.

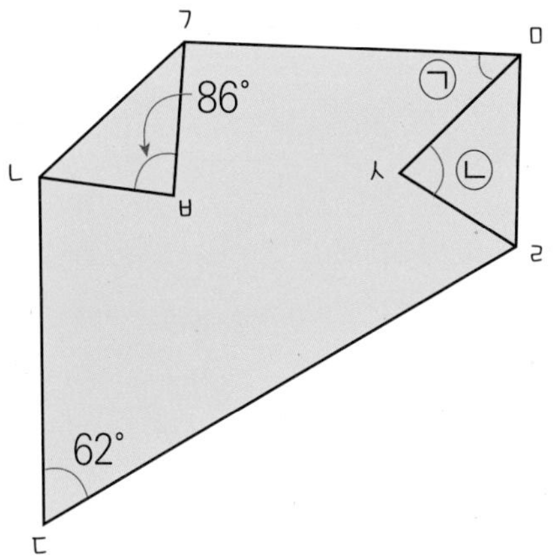

19 한 변의 길이가 각각 8cm, 12cm인 정사각형을 그림과 같이 붙이고, 다음과 같이 삼각형을 그렸다. 삼각형 ㄱㄴㄷ의 넓이를 단위와 함께 구하시오.

대회 기출 유형

20 물이 들어 있는 양동이 ①, ②, ③ 중 양동이 ①과 ②에 들어 있는 물 양의 합은 946mL, 양동이 ②과 ③에 들어 있는 물 양의 합은 1137mL, ①과 ③에 들어 있는 물 양의 합은 1095mL이다. 양동이 ①, ②, ③ 중 물이 가장 적은 양동이는 무엇인지, 그 양은 몇 mL인지 구하시오.

21 무한이는 어머니와 함께 떡갈비를 만들기 위해 쇠고기 한 근 반과 돼지고기 두 근을 사왔다. 어머니는 쇠고기와 돼지고기를 모두 쟁반에 놓고, 다진 야채 820g을 넣어 반죽하였다. 반죽을 떼어서 떡갈비 한 점이 450g이 되도록 저울로 재서 최대한 많이 만들고, 남은 반죽으로 작은 떡갈비 한 장을 만들었다. 떡갈비는 총 몇 장 만들 수 있는지 구하고, 작은 떡갈비는 몇 g 인지 구하시오. (단, 고기 한 근은 600g이다.)

22 상상이는 3일에 한 번씩 수영 학원에 간다. 처음 간날 부터 5주 동안 기초를 배우고, 5주 후에 다음 단계인 자유형을 배운다고 한다. 6월 1일 월요일에 처음 학원에 갔다면, 상상이가 자유형을 처음 배우는 요일을 구하시오. (단, 수영 학원의 쉬는 날은 없다.)

대회 기출 유형

23 다음은 규칙적으로 증가하는 칸 안에 일정한 규칙에 따라 색을 칠한 것이다. 다음 그림에 어떤 규칙이 있는지 쓰고, <일곱 번째> 그림에서 색을 칠한 칸의 개수는 몇 개인지 구하시오.

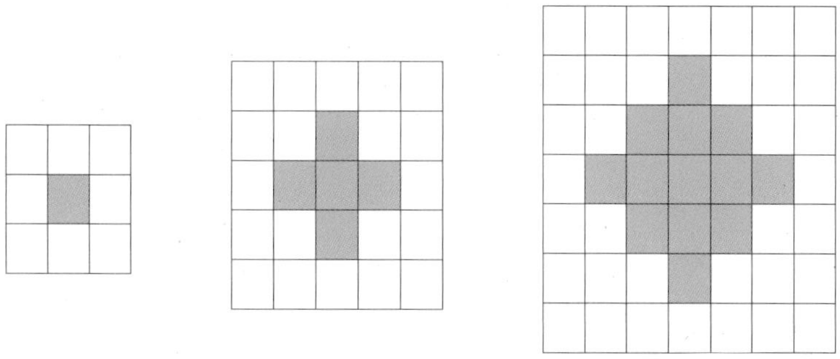

<첫 번째> <두 번째> <세 번째>

대회 기출 유형

24 다음 <보기>는 조건에 맞게 그린 그림이다. <보기>와 다른 방법으로 8개의 선으로 16개의 점이 있고, 1개 선에는 각 4개의 점이 있도록 그려 보시오.

보기

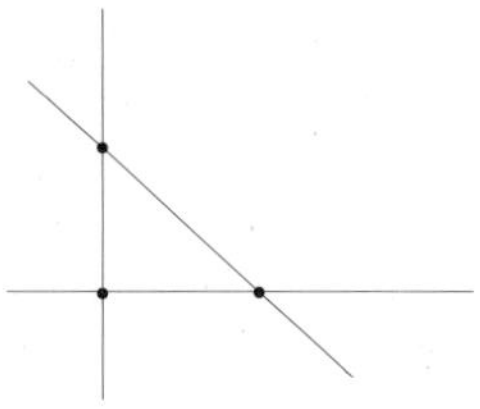

선 3개, 점 3개
1개의 선 위에 점 2개

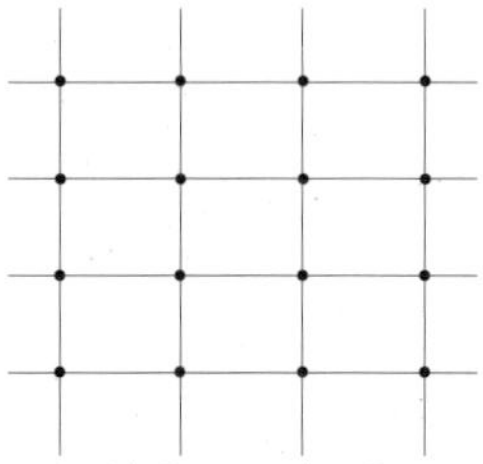

선 8개, 점 16개
1개의 선 위에 점 4개

25 다음은 무한이가 주어진 게임판에서 말을 이동하는 방법에 대한 설명이다. 다음을 읽고, 620번째 에는 말이 어디에 있을지 구하시오.

첫 번째 : 말을 ㉮에 둔다.

두 번째 : ㉮에서 1칸 앞으로 가라고 하였으므로 1칸 앞인 ㉯로 간다.

세 번째 : ㉯에서 3칸 뒤로 가라고 하였으므로 3칸 뒤인 ㉱로 간다.

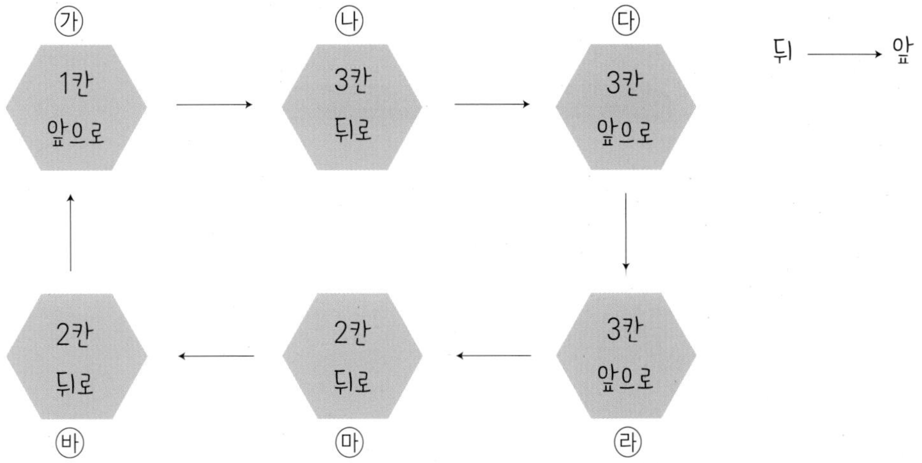

26 그림은 윗접시저울의 왼쪽에 달걀 4개와 오른쪽에 메추리알 16개를 올려 놓았을 때, 수평을 이루는 모습이다. 윗접시 저울의 왼쪽에서 달걀 1개를 덜어내고, 메추리알 7개를 올려놓았더니 저울이 왼쪽으로 기울어졌다. 다시 수평을 맞추기 위해서는 오른쪽에 메추리알을 몇 개를 올려놓아야 하는지 구하시오.

27 다음 암호 해독표를 이용하여 12를 암호로 바꾸려고 한다. 모두 몇 가지의 암호로 바꿀 수 있는지 구하시오.

암호	#	&	*	@	※	☆	▲	⊙	†	b
해독	0	1	2	0	1	2	0	1	2	3

28 무한이의 할머니는 올해 연세가 72세이고, 무한이의 나이는 12살이다. 할머니의 연세가 무한이의 나이의 5배가 되는 해에 무한이는 몇 살인지 구하시오.

29 다음은 야구팀 A, B, C, D, E가 경기를 했을 때, 네 사람은 다음과 같이 우승팀을 예상했다. 이 중에서 한 사람만 맞게 예상했다면, 그 사람이 누구인지 쓰시오.

무한 : A팀 또는 B팀이 우승할 것이다.

상상 : C팀, D팀, E팀은 우승하지 못한다.

영재 : D팀과 E팀 중 한 팀이 우승할 것이다.

창이 : A팀이 우승할 것이다.

대회 기출 유형

30 무한이와 상상이는 35개의 공깃돌을 번갈아 가져가는 게임을 하려고 한다. 한 번에 1개부터 5개까지 가져갈 수 있고, 마지막 공깃돌을 가져가는 사람이 진다고 할 때, 먼저 시작한 무한이가 이기기 위해서는 처음에 몇 개를 가져가야 하는지 구하시오.

예시 답안 / 평가표
p.103

31 다음은 어떤 수의 계산 과정을 나타낸 순서도이다. 시작수가 3일 때, 판단기호(◆)를 몇 번 거쳐야 끝이 나는지 구하시오.

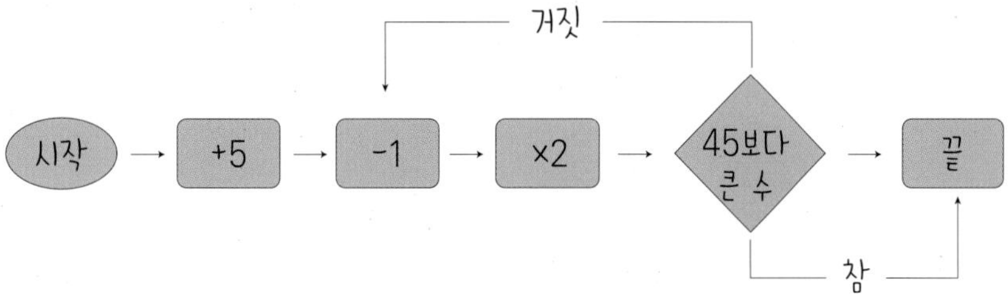

32 수학 시험을 두 번 보아 두 번 모두 90점 이상인 학생이 수학 경시대회 대표로 나갈 수 있다. 무한이네 반 40명 중 첫 번째 시험에서 90점을 넘은 학생은 27명이고, 두 번째 시험에서 90점을 넘은 학생은 18명이다. 무한이네 반 학생 중 수학 경시대회 대표로 나갈 수 있는 학생은 최대 몇 명, 최소 몇 명인지 구하시오.

33 크기가 다른 정사각형을 다음과 같이 겹쳤을 때, 각 부분의 넓이는 ㉠, ㉡, ㉢이다. ㉠과 ㉢의 넓이의 차를 구하시오.

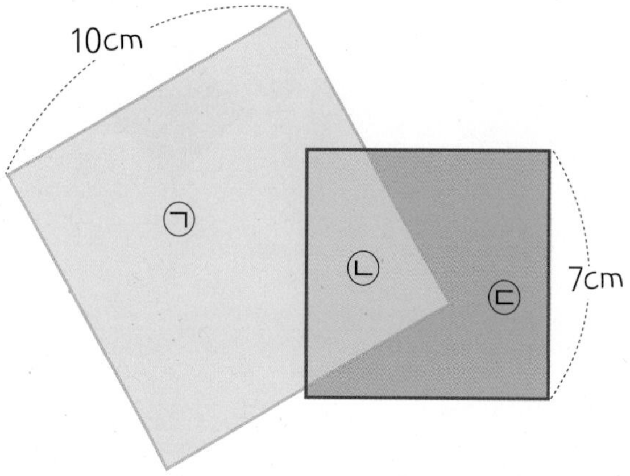

대회 기출 유형

34 다음 그림의 빈 칸에 숫자 1부터 4까지의 수를 <조건>에 만족하도록 알맞게 써 넣으시오.

1			2
			3
4			

<조건>

① 어떤 가로 줄이나 세로 줄을 보아도 1, 2, 3, 4가 한 번씩 들어 있다.

② 굵은 선 안의 작은 정사각형에는 1, 2, 3, 4가 한 번씩 들어 있다.

35 상상이는 친구들과 함께 과녁에 화살을 쏘는 게임을 하였다. 과녁의 점수는 6점, 7점짜리로만 이루어져 있고, 각각 10번씩 화살을 던졌다. 다음 대화에서 거짓말을 한 친구 1명은 누구인지 쓰시오. (단, 과녁을 맞추지 못할 경우는 0점이다.)

상상 : 나는 45점이야!

영재 : 우와~ 나는 27점밖에 안돼.

무한 : 내가 영재보다 잘했다! 나는 29점이야.

36 무한이는 점심을 먹으러 식당에 갔다. 이 식당은 A 메뉴 중 1개와 B 메뉴 중 1개를 자유롭게 선택하여 세트로 시켜먹을 수 있다. 무한이가 세트 한 개를 만들어 시켜먹으려고 할 때, 만들 수 있는 세트는 총 몇 가지인지 구하시오.

A 메뉴	B 메뉴
돈가스 오므라이스 떡볶이 불고기덮밥 비빔밥	메밀국수 라면 쫄면

37 다음은 상상이네 집에서 지하철역까지 갈 수 있는 길을 간단하게 나타낸 것이다. 상상이가 집에서 지하철역까지 길을 달리하여 갈 수 있는 방법은 모두 몇 가지인지 구하시오. (단, 한 장소를 두 번 이상 지나가지 않는다.)

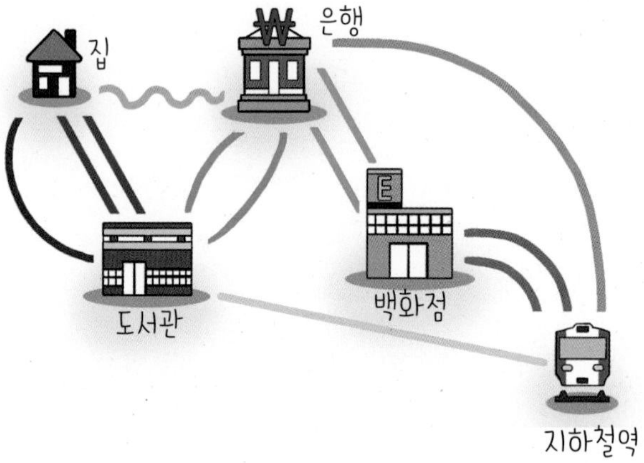

38 무한이네 반 22명과 상상이네 반 18명이 같은 수학 시험을 보았다. 이때 두 반의 전체 평균 점수는 88.4점이었다. 무한이네 반의 평균 점수가 92점일 때, 상상이네 반의 평균 점수를 구하시오.

39 영재네 반 학생 35명의 평균 몸무게는 42kg이었다. 그런데 이번 달에 몸무게가 39kg인 한 학생이 전학을 가고, 몸무게가 43kg, 38kg인 두 학생이 전학을 왔다. 현재 영재네 반 학생들의 평균 몸무게는 몇 kg 인지 구하시오.

40 올해 아버지, 어머니, 나, 동생 나이의 합은 112살이고, 아버지는 어머니보다 6살 많다. 6년 후 아버지, 어머니, 나, 동생 나이의 합이 나와 동생 나이의 합의 4배일 때, 올해 어머니의 나이를 구하시오.

41 무한이는 주말마다 자전거를 타고 할머니 댁에 다녀온다. 지난 주말에는 한 시간에 16km의 빠르기로 할머니 댁에 갔다가 돌아올 때는 한 시간에 24km의 빠르기로 돌아왔다. 무한이가 오후 1시에 출발하여 할머니 댁에 가서 1시간 쉬고, 집으로 돌아오니 오후 7시가 되었다. 무한이가 자전거를 탄 거리는 총 몇 km인지 구하시오. (단, 갈 때와 올 때의 거리는 같다.)

42 토끼와 거북이가 1200m 달리기 경주를 한다. 거북이는 1분에 10m씩 가고, 토끼는 1분에 200m씩 간다. 동시에 출발했을 때, 거북이보다 빠른 토끼는 먼저 앞서자 여유를 부리며 낮잠을 잤다. 시간이 흘러 토끼가 잠에서 깨보니 거북이는 앞서 있었고, 토끼가 뒤늦게 열심히 달렸지만 거북이가 먼저 결승점에 도착하였다. 거북이가 결승점에 도착했을 때, 토끼는 결승점에서 200m 뒤떨어진 곳에 있었다. 토끼가 낮잠을 잔 시간은 몇 시간 몇 분인지 구하시오.

예시 답안 / 평가표
p.105

43 상상이네 가족이 자동차를 타고 놀이동산이 가려고 한다. 집에서 놀이동산까지는 5번 국도를 따라 45km를 가다가 고속도로를 타고 90km를 가거나, 5번 국도를 따라 70km를 가다가 7번 국도를 타고 95km를 가야 한다. 고속도로 통행료가 2,300원이고, 자동차는 휘발유로 1L로 15km를 달릴 수 있으며, 휘발유는 1L당 1,900원이다. 어느 방법이 더 적은 비용으로 놀이동산에 가는 방법인지 설명하시오.

44 무한이네 집에 있는 쌀은 할머니 댁에 있는 쌀의 3배이다. 무한이네 집에 있는 쌀 12kg을 할머니 댁으로 옮겼더니 무한이네 집에 있는 쌀과 할머니 댁에 있는 쌀의 양이 같아졌다. 처음에 무한이네 집에 있던 쌀과 할머니 댁에 있던 쌀의 무게를 구하시오.

45 상상이는 동생과 함께 과자를 사러 갔다. 과자를 사고 상상이가 3,000원, 동생이 800원을 냈다. 다음 대화를 보고, 상상이가 처음 가지고 있던 돈이 얼마인지 구하시오.

상상 : 내가 가지고 있는 돈이 네가 가지고 있는 돈의 3배니까 내가 3,000원을 낼게. 넌 800원만 내

동생 : 그러면 언니와 내가 가지고 있는 돈이 같아지네!

46 무한이는 친구들이 김밥을 한 줄씩 먹을 수 있도록 사다주기 위해서 김밥 가게에 갔다. 무한이가 가지고 있는 돈으로 참치김밥만을 사면 4,000원이 남고, 돈까스김밥만을 사면 1,600원이 남는다. 무한이가 사려고 하는 김밥은 몇 줄인지 구하시오. (단, 무한이는 한 종류의 김밥을 샀다.)

메뉴판	
참치김밥 1줄	1,500원
돈까스김밥 1줄	1,800원

예시 답안 / 평가표
p.106

47 무한이네 학교 운동회에서 A팀과 B팀이 경기를 하여 A팀이 이겼다. A팀에게 학교에서 선물을 주었는데 한 사람당 6개씩 나누어 가졌더니 58개가 모자라고, 4개씩 나누어 가졌더니 28개가 남았다. 학교에서 A팀에게 준 선물은 모두 몇 개인지 구하시오.

48 커다란 초콜릿 한 개를 12명의 사람들이 나누어 먹으려고 한다. 이 초콜릿을 가장 적은 횟수로 잘라 12개의 조각으로 나누는 방법을 설명하시오. (단, 잘라낸 초콜릿을 겹쳐서 한 번에 자를 수 있다.)

49 다음과 같이 고리가 3개 연결된 쇠사슬 5개를 한 줄로 연결하려고 한다. 가장 적은 개수의 고리를 끊어서 쇠사슬을 한 줄로 연결하는 방법을 설명하시오.

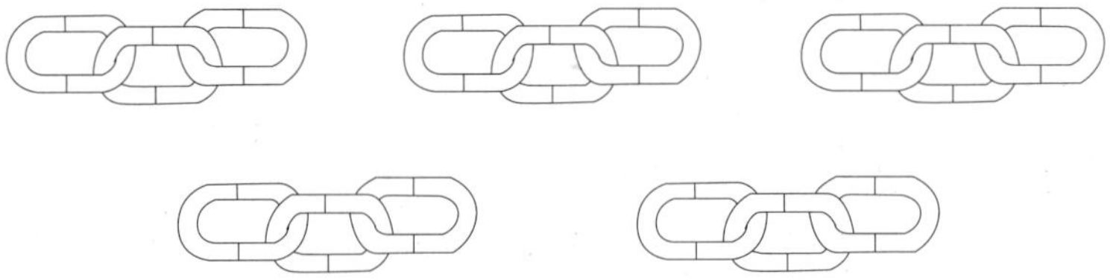

50 거실에 스위치 3개가 있고, 방에 전구 3개가 있다. 어느 스위치가 어느 전구와 연결되어 있는지 알아보려고 하는데 방에는 딱 한 번 들어갔다 나올 수 있다. 어떤 방법으로 알 수 있는지 설명하시오. (단, 방에 한 번 들어갔다 나오면 문을 닫으므로 거실에서는 방 안의 전구의 상황을 전혀 알 수 없다.)

2 창의적 문제해결 과학

[각 문제 배점 : 5점]

유창성
융통성
독창성
✓ 정교성

01 무한이네 가족은 할아버지 생신 날 할아버지 댁에 가려고 한다. 오전 10시에 자동차를 타고 출발해서 할아버지 댁까지 60km/h의 평균 속력으로 달려야 할아버지 생신 파티 시간에 딱 맞추어 도착할 수 있다. 그런데 차가 막혀서 40km/h의 평균 속력으로 중간 지점까지 왔다. 다음 물음에 답하시오. (단, 무한이네 집에서 할아버지 댁까지 거리는 120km이다.)

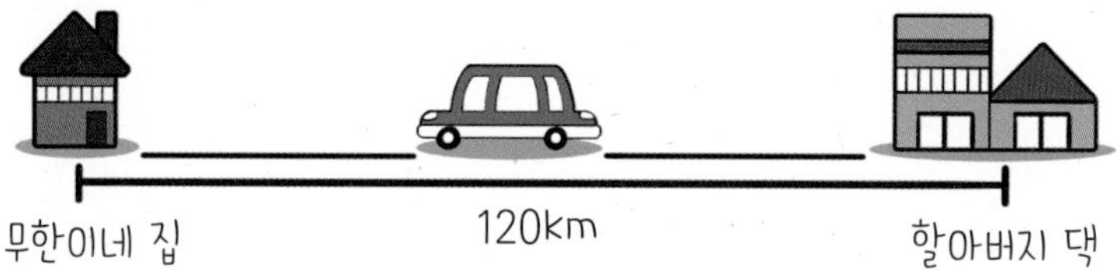

(1) 할아버지의 생신 파티 시간은 몇 시인지 구하시오.

(2) 남은 시간동안 얼마의 평균 속력으로 달려야 생신 파티 시간에 딱 맞추어 도착할 수 있는지 구하시오.

대회 기출 유형

02 세 가지 색깔의 사인펜으로 점을 찍은 세 장의 거름종이 위에 세 가지 액체 A, B, C를 각각 몇 방울씩 떨어뜨렸더니 다음 그림과 같이 액체마다 번지는 색깔이 달랐다. 다음 그림에 대한 설명으로 옳은 것을 <보기>에서 고르시오.

- ○ 유창성
- ○ 융통성
- ○ 독창성
- ✓ 정교성

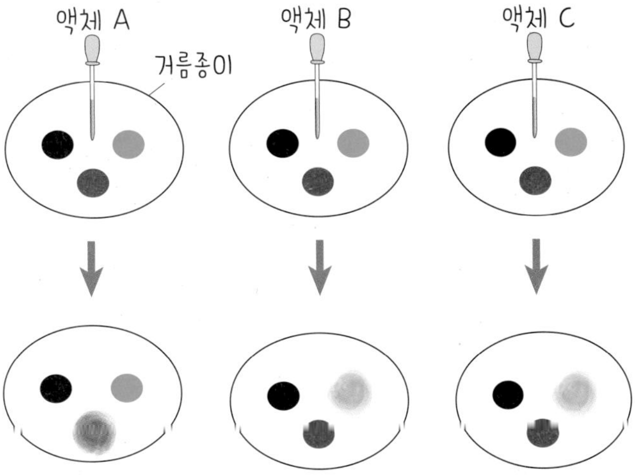

보기

ㄱ. 빨간색 사인펜의 잉크 색소는 액체 A를 사용하여 분리하기 어렵다.

ㄴ. 빨간색 사인펜의 잉크 색소는 액체 B와 C를 사용하여 분리할 수 있다.

ㄷ. 파란색 사인펜의 잉크 색소는 액체 A를 사용하여 분리할 수 있다.

ㄹ. 파란색 사인펜의 잉크 색소는 액체 B와 C를 모두 섞어서 사용해야 분리할 수 있다.

ㅁ. 검정색 사인펜의 잉크 색소는 액체 A, B, C를 사용해서는 분리하기 어렵다.

03 다음은 사고로 인해 뇌를 다친 환자 A, B, C, D, E의 증상이다. 그림을 보고 각 환자들의 손상된 부분의 기호와 명칭을 쓰시오.

- 유창성
- 융통성
- 독창성
- ✔ 정교성

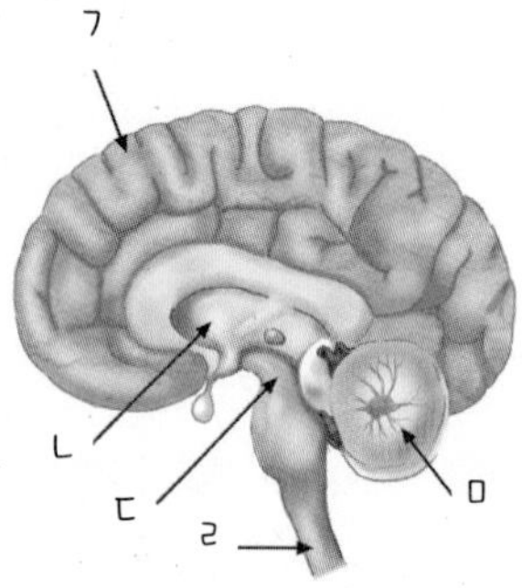

A. 기억을 잃고, 판단력이 떨어진다.

B. 심장 박동이 매우 불규칙하다.

C. 몸의 균형을 제대로 유지하기가 어렵다.

D. 체온 조절이 제대로 안된다.

E. 안구 운동에 심각한 장애가 온다.

대회 기출 유형

04 다음은 어느 날씨 기사에 실린 20XX년 6월 30일 목요일 일기예보의 일부분이다.

- ○ 유창성
- ✓ 융통성
- ○ 독창성
- ✓ 정교성

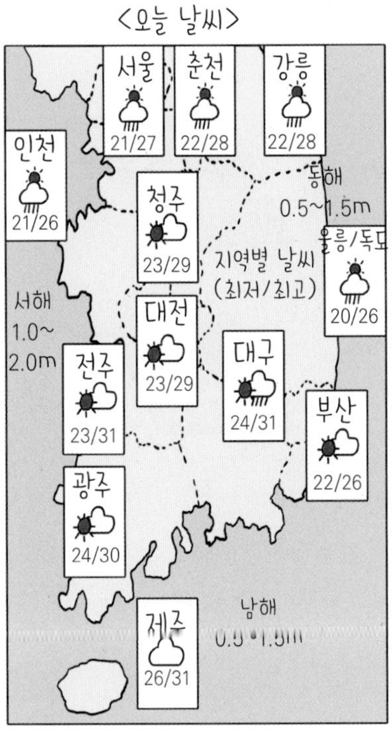

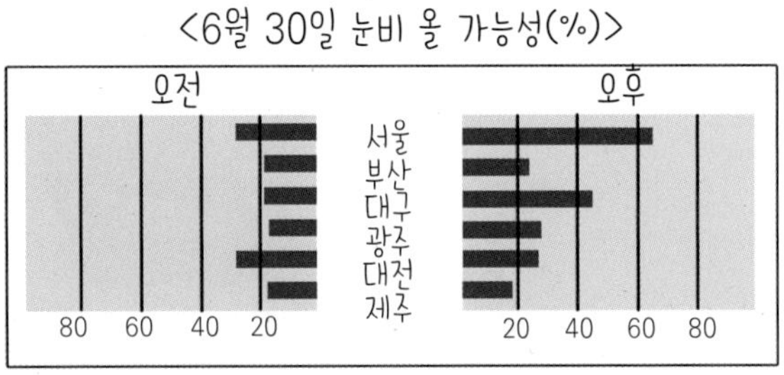

<주간 날씨>

	서울	강릉	대전	광주	부산	제주
1(金)	22/25	22/25	22/26	23/27	21/24	25/30
2(土)	22/29	23/26	22/28	23/28	20/24	24/28
3(日)	21/30	23/30	22/30	23/28	20/24	24/29
[redacted]						
5(火)	21/28	23/27	22/28	22/29	21/24	24/31

이 자료에 대한 설명으로 옳게 말한 학생을 다음 <보기>에서 모두 고르시오.

보기

건우 : 주말 야구 경기를 하기 좋은 지역은 광주와 부산이야.

재원 : 6월 30일 수도권이나 강원 지역에 사는 사람은 우산을 미리 준비해야 해.

주환 : 전국적으로 6월 30일 최저 기온과 최고 기온의 차이가 가장 큰 곳은 6℃ 차이야.

지혁 : 6월 30일 오전에 비가 올 가능성이 가장 높은 지역은 서울과 대전이야.

재일 : 당분간 전국적으로 맑은 날이 계속될거야.

05 그림과 같이 접촉면의 면적과 무게, 접촉면의 거친 정도를 달리하여 나무 도막을 서서히 잡아당기면서 나무 도막이 움직이는 순간에 용수철 저울의 눈금을 읽었다. 다음 물음에 답하시오.

- ◯ 유창성
- ✔ 융통성
- ◯ 독창성
- ✔ 정교성

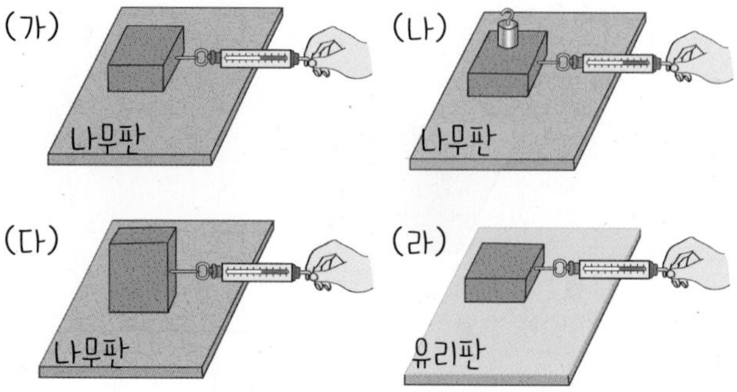

(1) (가), (나), (다), (라)의 용수철 저울의 눈금을 부등호(>, <, =)로 비교하시오.

(2) 위 실험을 통해 알 수 있는 것을 3가지 쓰시오.

대회 기출 유형

06 다음과 같이 (가)와 (나)는 깡통에 다른 양의 뜨거운 물을 넣고 온도계를 넣은 것이고, (다)는 종이컵에 (가)와 같은 양의 뜨거운 물을 넣고 온도계를 넣은 것이다. 물이 가장 빨리 식는 것을 고르고, 그 이유를 쓰시오.

- ○ 유창성
- ✔ 융통성
- ○ 독창성
- ✔ 정교성

(가) (나) (다)

II 영재성 검사
III 창의적 문제해결력
IV 심층 면접

07 상상이는 강낭콩의 싹을 틔우기 위해서 상온에서 다음과 같은 페트리 접시 위에 솜을 깔고, 강낭콩 씨앗을 놓았다. 물을 많이 주면 빨리 자랄 것이라 생각하여 씨앗이 잠기도록 물을 가득 부어 주었다. 그러나 일주일이 지난 후 물에 잠 잠긴 강낭콩이 썩어 있었다. 상상이가 무엇을 잘못하였는지 쓰시오.

- ○ 유창성
- ✓ 융통성
- ○ 독창성
- ✓ 정교성

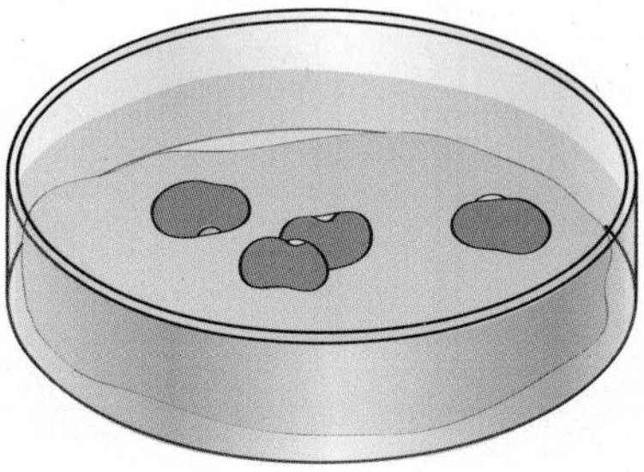

08 무한이는 달의 모양이 변하는 것을 이해하기 위해 친구들과 다음과 같은 실험을 하였다. 다음 물음에 답하시오.

◯ 유창성
◯ 융통성
◯ 독창성
✓ 정교성

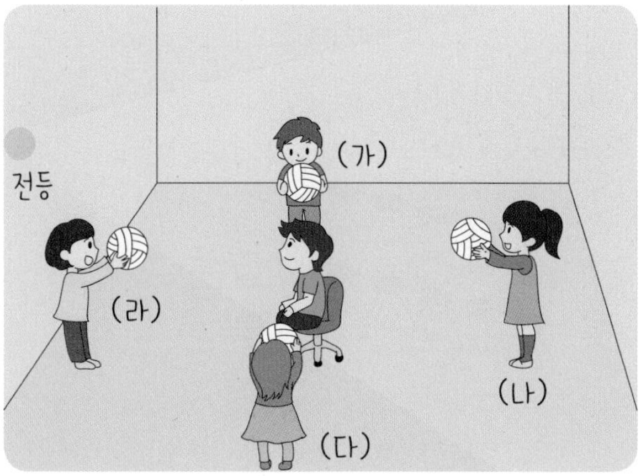

(1) 위 그림에서 전등, 공, 의자에 앉은 학생이 각각 의미하는 것이 무엇인지 쓰시오.

· 전등 :

· 공 :

· 의자에 앉은 학생 :

(2) 공이 (다) 위치에 있을 때, 의자에 앉아 있는 학생이 볼 수 있는 공의 모습을 달의 모양과 같이 그리시오.

(3) 달은 지구를 중심으로 공전한다. (가)를 기준으로 달은 달은 어느 방향으로 공전하는지 순서대로 써 보시오.

대회 기출 유형

09 다음 (가)는 같은 전원에서 10와트짜리 작은 전구 10개를 한 개의 전선으로 연결하여 켠 것이고, (나)는 같은 전원에서 100와트짜리 큰 전구 1개를 한 개의 전선으로 연결하여 켠 것이다. (가)와 (나) 중 어느 것이 더 밝을지 쓰고, 그 이유도 함께 써 보시오.

- ○ 유창성
- ○ 융통성
- ○ 독창성
- ✔ 정교성

(가)

(나)

대회 기출 유형

10 물이 어는 온도와 끓는 온도를 섭씨 온도로 나타내면 각각 0℃, 100℃ 이다. 세 명의 학생이 각각 다음과 같이 °R, °S, °U로 나타내는 새로운 온도 단위를 만들었다.

◯ 유창성
◯ 융통성
◯ 독창성
✔ 정교성

구분	학생 A	학생 B	학생 C
물이 끓는 온도	20°R	100°S	400°U
물이 어는 온도	-80°R	-50°S	200°U

이 단위들로 나타낸 온도 25°R, 25°S, 25°U 중 어떤 온도가 가장 높을지 가장 높은 온도부터 순서대로 쓰시오.

대회 기출 유형

11 도마뱀은 해가 뜰 무렵 굴 속에서 나와 해가 질 무렵 다시 굴 속으로 들어간다. 다음 그래프는 해가 뜰 때부터 해가 질 때까지의 주위의 온도와 도마뱀의 체온을 나타낸 것이다. 이 그래프를 보고, 물음에 답하시오.

- ○ 유창성
- ○ 융통성
- ○ 독창성
- ✔ 정교성

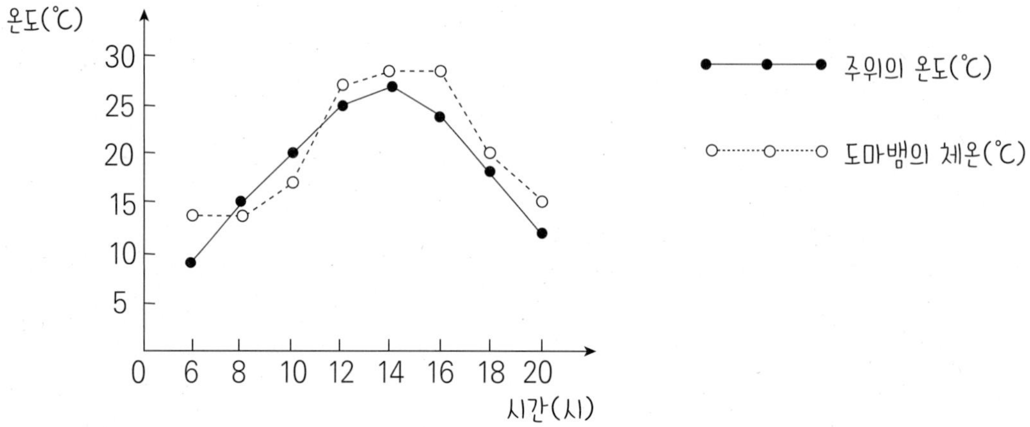

(1) 위 그래프를 보고, 주위 온도에 따른 도마뱀의 체온 그래프를 그리시오.

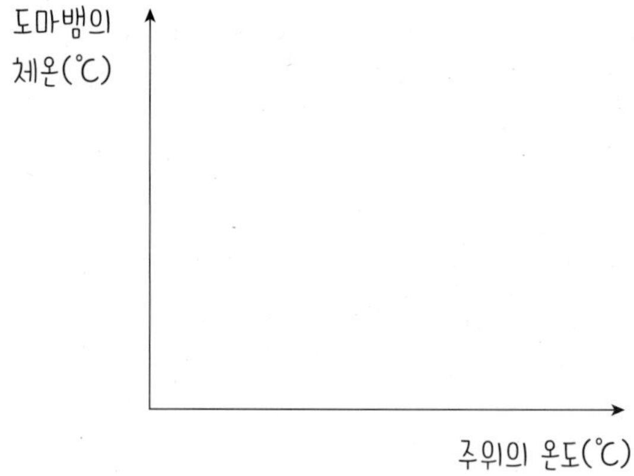

(2) 만약 도마뱀이 아니라 토끼라면, 주위의 온도에 따른 토끼의 체온 그래프를 그리시오.

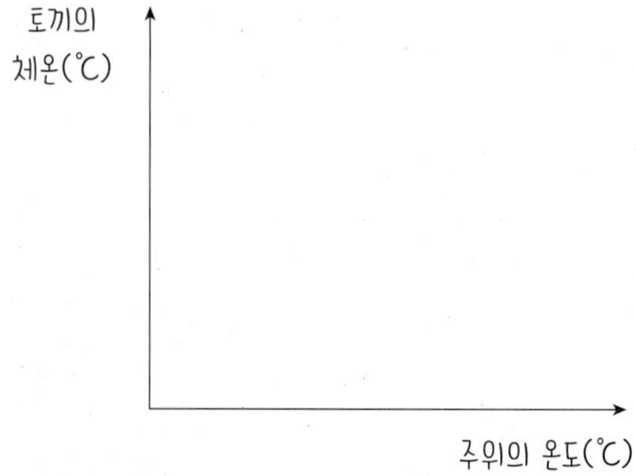

12 화산 활동은 우리 자연 환경에 큰 영향을 준다. 화산 활동이 우리에게 주는 피해와 화산 활동이 일어난 후 그 지형을 활용할 수 있는 방안을 각각 3가지씩 쓰시오.

- ✓ 유창성
- ○ 융통성
- ○ 독창성
- ○ 정교성

화산 활동이 우리에게 주는 피해	화산 활동을 활용할 수 있는 방안

13 무한이는 당근에 실을 걸어 어느 쪽으로도 치우치지 않고, 수평이 되는 부분을 찾아 칼로 잘랐다. 잘려진 두 개의 당근 (가)와 (나)의 무게를 측정하고, 잘려진 부분에서 무게 중심까지의 거리를 a와 b로 각각 나타내었다. (가)의 무게가 500g이라면 (나)의 무게는 (가)보다 클지 작을지 쓰고, 그렇게 생각한 이유도 함께 쓰시오.

- ○ 유창성
- ✓ 융통성
- ○ 독창성
- ✓ 정교성

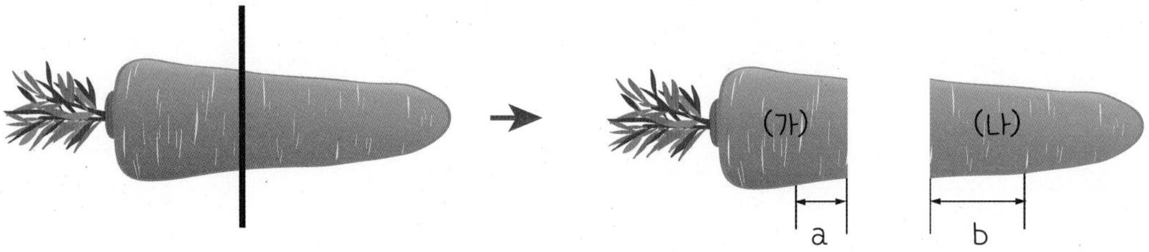

14 다음은 인도의 대표적인 이슬람 건축물인 타지마할 사원이다. 이 건축물 외부의 대리석은 오랜 세월 노출되어 손상되고 있다. 이처럼 대리석으로 만든 건축물이 손상되는 이유를 쓰고, 이 건축물을 보호하기 위한 대책을 2가지 쓰시오.

✔ 유창성
✔ 융통성
○ 독창성
○ 정교성

대회 기출 유형

15 무한이는 땅속에 있는 고구마와 감자를 보고 <보기>와 같이 생각하였다. 고구마와 감자에 대한 설명으로 옳은 것만을 <보기>에서 고르시오.

- 유창성
- ✓ 융통성
- 독창성
- ✓ 정교성

보기

ㄱ. 고구마의 덩이에 잔 뿌리가 있으므로 고구마 덩이는 뿌리이다.

ㄴ. 감자의 덩이는 땅속으로 뻗은 뿌리의 끝 부분이 굵어진 것이므로 뿌리이다.

ㄷ. 고구마와 감자의 덩이는 먹을 수 있으므로 두 식물은 꽃을 피우지 않는다.

16 상상이는 학교 숙제로 밤에 바닷가 근처의 모습을 그렸다. 그림에서 상상이가 잘못 그린 부분에 ○ 표 하고, 그 이유를 쓰시오.

☑ 유창성
☑ 융통성
○ 독창성
○ 정교성

17 다음은 무한이가 평면 거울 속의 자신의 모습을 보고 있는 그림이다. 다음 물음에 답하시오.

- ○ 유창성
- ✓ 융통성
- ○ 독창성
- ✓ 정교성

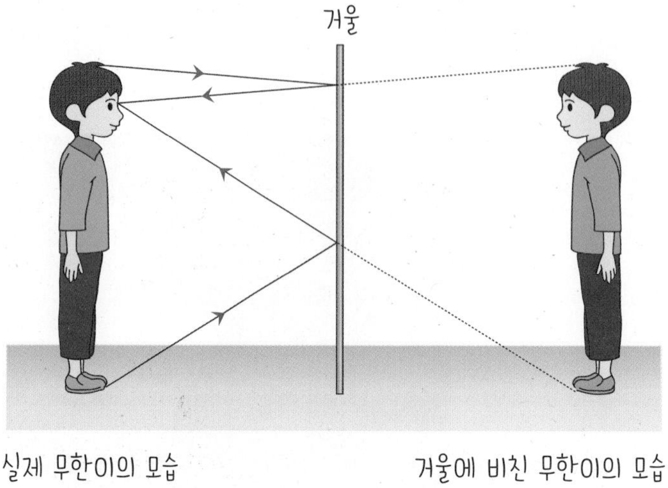

(1) 무한이가 자신의 몸을 전부 보기 위해서 필요한 거울의 길이를 위 그림의 거울에 표시하시오.

(2) 무한이가 위 그림에서보다 세 발자국 더 뒤로 간다면 자신의 몸을 전부 보기 위한 거울의 길이는 얼마나 줄어들지 쓰시오.

18 다음은 상상이가 한 재미있는 실험이다. 실험 결과를 보고, 물음에 답하시오.

- 유창성
- 융통성
- 독창성
- ✔ 정교성

[실험 방법]

① 작은 시험관에 물을 45mL 넣는다.

② ①의 시험관에 에탄올을 55mL 넣은 후 손가락으로 입구를 막아 뒤집는다.

[실험 결과]

① 물과 에탄올이 섞이면서 손가락이 시험관 안쪽으로 빨려 들어가는 느낌이 들었다.

② 시험관을 뒤집었더니 시험관이 아래로 떨어지지 않고 손가락에 달라붙어 있었다.

(1) 물과 에탄올 중 어떤 것이 용매이고, 어떤 것이 용질인지 쓰시오.

(2) 물과 에탄올이 섞일 때 손가락이 빨려 들어가는 느낌이 드는 이유를 쓰시오.

19 다음 ㄱ ~ ㅂ을 조건 반사와 무조건 반사로 구분하시오.

- ○ 유창성
- ✔ 융통성
- ○ 독창성
- ✔ 정교성

조건 반사는 과거 경험이 조건이 되어 나타나는 무의식적인 반응으로 대뇌가 기억하는 과거의 경험이 조건이 되어 나타난다. ㉠ 신 과일을 상상했을 때 침이 고인다.

무조건 반사는 자극에 대해 무의식적으로 빠르게 나타나는 반응으로 대뇌까지 자극이 전달되지 않기 때문에 반응 속도가 매우 빠르다. ㉠ 무릎에 자극을 주면 다리가 앞으로 움직인다.

보기

ㄱ. 하품을 하면 눈물이 나온다.

ㄴ. 떨어지는 자를 보고 재빨리 잡았다.

ㄷ. 오렌지를 보기만 해도 침이 고인다.

ㄹ. 청소를 하다 먼지가 코로 들어와 재채기를 했다.

ㅁ. 밥을 입에 넣었더니 침이 분비되었다.

ㅂ. 밥을 먹을 때마다 종소리를 들은 강아지는 종소리만 들어도 침을 흘린다.

· 조건 반사 :

· 무조건 반사 :

20 그림은 어느 지역의 등압선도를 나타낸 것이다. 다음 물음에 답하시오.

- ◯ 유창성
- ◯ 융통성
- ◯ 독창성
- ✔ 정교성

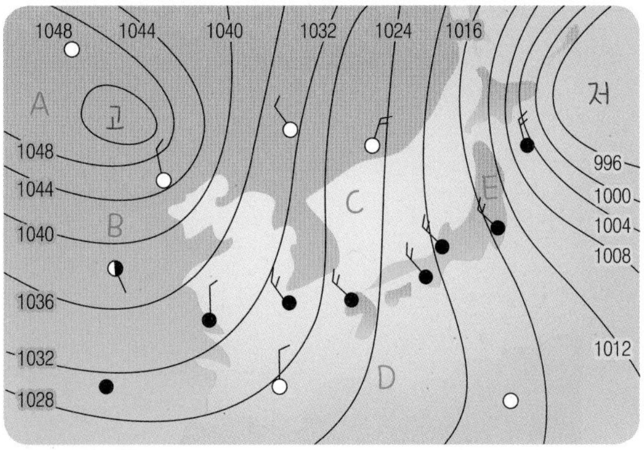

(1) 위 그림에서 지역 A ~ E 중 바람이 가장 강하게 부는 지역이 어느 지역인지 쓰고, 그 이유도 함께 쓰시오.

(2) 고기압과 저기압에서 바람이 부는 모습을 보면 바람은 등압선에 수직으로 불지 않고 휘어져 분다. 이와 같은 현상이 일어나는 가장 주요한 원인이 무엇인지 쓰시오.

대회 기출 유형

21 다음은 아주 평평한 길에서 두 어린이가 유모차를 밀고 있는 그림이다. 하나는 바퀴의 지름이 30cm인 유모차이고, 하나는 바퀴의 지름이 60cm인 유모차이다. 두 어린이가 각각 유모차를 끌고 똑같이 100m를 갈 때, 더 많은 힘을 주어야 하는 어린이는 어떤 유모차를 끌고 가는 어린이인지 쓰시오.

- ○ 유창성
- ○ 융통성
- ○ 독창성
- ✔ 정교성

대회 기출 유형

22 아래 부분이 잘린 1.5L 페트병 안에 고무장갑을 끼워 넣고, 고무장갑의 소매 부분을 뒤집어서 테이프로 페트병에 고정시켰다. 그 다음 페트병을 뚜껑으로 닫고, 손을 고무장갑에 넣어서 고무장갑을 페트병 밖으로 빼려고 하니 빠지지 않았다. 손을 넣은 고무장갑을 쉽게 뺄 수 있는 방법을 1가지 이상 쓰시오.

○ 유창성
✓ 융통성
○ 독창성
○ 정교성

23 다음은 식물의 잎맥인 그물맥과 나란히맥을 나타낸 것이다. 다음 물음에 답하시오.

- ◯ 유창성
- ✔ 융통성
- ◯ 독창성
- ✔ 정교성

▲ 그물맥

▲ 나란히맥

(1) 식물에 따라 잎맥 모양이 다른 이유를 쓰시오.

(2) 우리 몸에서 식물의 잎맥과 같은 역할을 하는 것은 무엇인지 쓰시오.

24 다음 (가)와 (나)는 각각 화산 활동으로 만들어진 현무암과 화강암을 나타낸 것이다. 다음 물음에 답하시오.

✔ 유창성
✔ 융통성
○ 독창성
○ 정교성

(가)

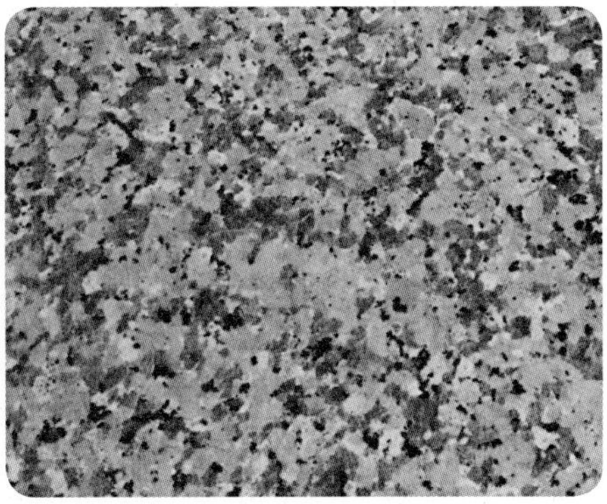

(나)

(1) (가)와 (나)를 비교하고, 그 차이점을 2가지 이상 쓰시오.

(2) (가)는 알갱이의 크기가 작고, (나)는 알갱이의 크기가 크다. 이렇게 입자 크기가 다른 이유를 생성 과정과 관련지어 쓰시오.

대회 기출 유형

25 다음은 TV에서 보는 축구 경기의 한 장면이다. 운동장에 선수의 그림자가 4방향으로 생겼을 때, 그림자에 대한 설명으로 옳은 것만을 <보기>에서 고르시오.

- ○ 유창성
- ○ 융통성
- ○ 독창성
- ✓ 정교성

보기

ㄱ. 그림자 A를 만든 조명은 그림자 B의 방향에 있다.

ㄴ. 조명의 높이가 모두 같다면, 그림자 C를 만든 조명이 가장 멀리 있다.

ㄷ. 이 선수가 B 쪽으로 이동하면 그림자 B는 더 길어진다.

예시 답안 / 평가표
p.117

26 표는 온도에 따른 포화 수증기량을 나타낸 것이다. 15℃의 공기 1㎥ 속에 수증기가 9.4g 포함되어 있을 때, 이 공기의 이슬점은 몇 ℃인지 쓰시오.

○ 유창성
○ 융통성
○ 독창성
✓ 정교성

· 이슬점 : 공기 중의 수증기가 응결하여 물체의 표면에 물방울이 생기기 시작하는 온도이다.

· 포화 수증기량 : 포화 상태의 공기 $1m^3$ 속에 들어 있는 수증기량이다.

온도(℃)	0	5	10	15	20
포화 수증기량(g/m^3)	4.8	6.8	9.4	12.8	17.3

대회 기출 유형

27 무한이와 상상이는 시냇가에 놀러갔다가 송사리를 각각 10마리씩 잡아서 키우고, 관찰하기로 하였다. 무한이는 1.5L 페트병에 시냇물을 1L 넣고, 송사리 10마리를 넣었다. 상상이는 크고 넓은 그릇에 시냇물 1L를 넣고, 송사리 10마리를 넣었다. 둘 다 뚜껑은 덮지 않고 거실에 두었을 때, 하루가 지났더니 무한이의 송사리는 모두 죽어 있었고, 상상이의 송사리는 모두 살아 있었다. 그 이유가 무엇일지 쓰시오.

○ 유창성
○ 융통성
○ 독창성
✓ 정교성

28 그림은 대기권의 높이에 따른 기온 분포를 나타낸 것이다. 그림에 대해 옳은 것만을 <보기>에서 있는 대로 고르시오.

- ◯ 유창성
- ◯ 융통성
- ◯ 독창성
- ✔ 정교성

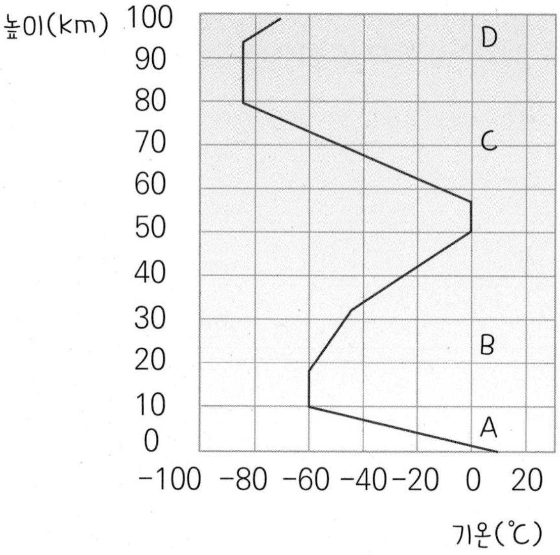

(1) 대류 현상이 일어나는 층을 쓰시오.

(2) 대류 현상이 일어나는 이유를 쓰시오.

29 그림은 무한이와 상상이가 무게를 모르는 무거운 물체에 끈을 매달아 함께 들어 올리는 모습이다. 물체가 위로 올라갈수록 사람이 끄는 힘의 크기는 어떻게 변하는지 쓰고, 그 이유도 함께 쓰시오.

- 유창성
- 융통성
- 독창성
- ✔ 정교성

30 물이 담겨 있는 유리 그릇에 달걀을 넣었더니 달걀이 가라앉았다. 달걀이 물에 뜨기 위해서 할 수 있는 방법을 2가지 쓰시오.

- ✔ 유창성
- ○ 융통성
- ✔ 독창성
- ○ 정교성

예시 답안 / 평가표
p.118

31 다음은 주전자에 물을 넣고 끓이는 모습을 나타낸 것이다. 다음 물음에 답하시오.

유창성
융통성
독창성
✔ 정교성

(1) 물을 계속 끓이면서 물의 온도를 측정했더니 100℃에 도달한 후 더 이상 온도가 올라가지 않았다. 그 이유가 무엇인지 쓰시오.

(2) 물이 끓을 때 나오는 하얀 김이 액체인지 기체인지 쓰시오.

32 다음은 태양계의 가족 구성원인 태양, 행성, 위성, 혜성 등의 모습을 나타낸 것이다. 태양계의 가족 구성원에 대한 설명으로 옳지 않은 것을 <보기>에서 모두 골라 바르게 고치시오.

- ◯ 유창성
- ◯ 융통성
- ◯ 독창성
- ✔ 정교성

보기

ㄱ. 태양계의 중심에는 지구가 있다.

ㄴ. 지구에서 가장 가까운 행성은 달이다.

ㄷ. 행성은 태양 주위를 도는 것이고, 위성은 행성 주위를 도는 것이다.

ㄹ. 태양계의 항성은 수성, 금성, 지구, 화성, 목성, 토성, 천왕성, 해왕성이다.

33 그림은 기름이 떨어지는 자동차가 달릴 때 떨어진 기름 방울의 모습이다. 기름은 2초 간격으로 지면에 떨어지고, 기름 방울이 떨어지기 시작한 O점으로부터 도로 표지판이 서 있는 S점까지의 거리는 180m이다. 다음 물음에 답하시오.

- 유창성
- 융통성
- 독창성
- ✓ 정교성

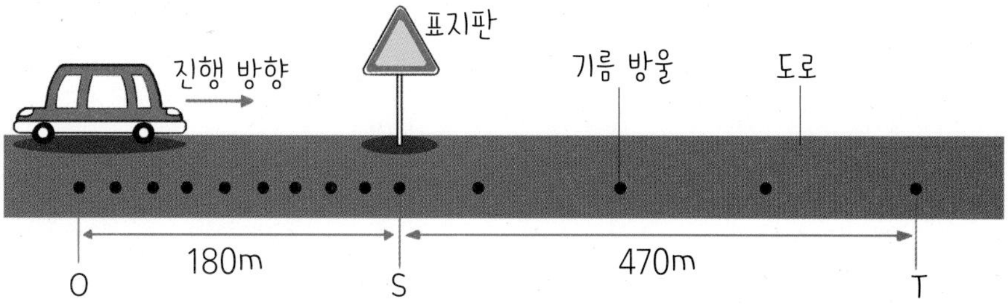

(1) O점으로부터 도로 표지판이 서 있는 S점 사이에서 자동차의 속력을 구하시오.

(2) O점에서 T점까지는 몇 초가 걸렸는지 쓰시오.

(3) O점에서 T점까지의 평균 속력을 구하시오.

34 다음은 자주색 양배추, 흰색 양배추, 백합, 가지 껍질, 포도 껍질을 이용하여 지시약을 만들기 위해 실험한 결과이다. 각 껍질을 잘게 잘라 물에 넣고 가열하여 우려낸 물을 산성 용액과 염기성 용액에 각각 넣었더니 다음과 같은 결과가 나왔다. 다음 물음에 답하시오.

☑ 유창성
○ 융통성
○ 독창성
☑ 정교성

지시약 재료	자주색 양배추	흰색 양배추	백합	가지 껍질	포도 껍질
산성 용액(pH 1)에 넣었을 때	빨간색	무색	무색	빨간색	분홍색
염기성 용액(pH 10)에 넣었을 때	초록색	무색	무색	초록색	연두색

* 지시약 : 용액의 액성에 따라 색깔이 변하는 물질이다.

(1) 자주색 양배추, 흰색 양배추, 백합, 가지 껍질, 포도 껍질 중 지시약으로 사용할 수 있는 것을 모두 쓰시오.

(2) 지시약으로 사용할 수 있는 물질의 공통점을 쓰시오.

대회 기출 유형

35 차가운 바다에서 사는 고래가 해안가로 떠밀려와 육지로 올라오게 되면 고래를 구출하는 과정에서 고래에게 물을 뿌려주어야 한다. 고래 피부 구조를 보고, 고래에게 물을 뿌려주는 이유를 써 보시오.

- ○ 유창성
- ○ 융통성
- ○ 독창성
- ✓ 정교성

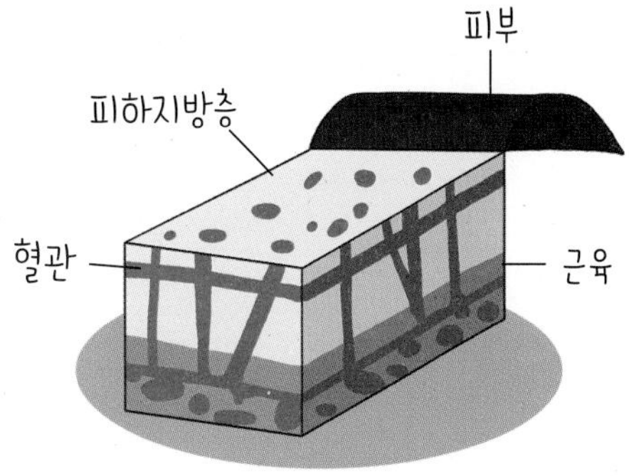

36 다음은 태양 표면에 나타난 불규칙한 모양의 검은 점이다. 이 점의 이름을 쓰고, 이 점이 검은색으로 보이는 이유를 쓰시오.

- ○ 유창성
- ○ 융통성
- ○ 독창성
- ✓ 정교성

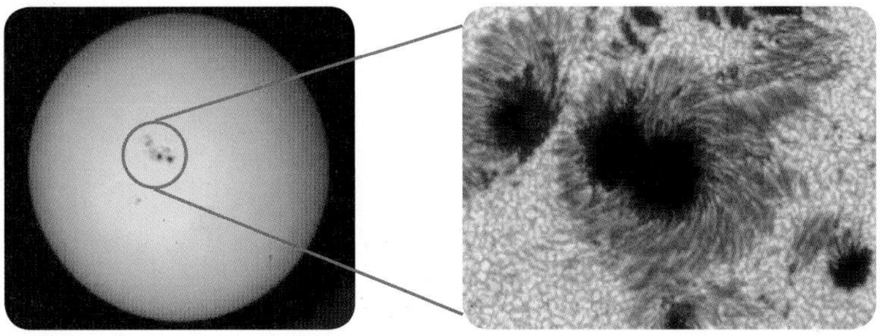

· 이름 :

· 검은색으로 보이는 이유 :

대회 기출 유형

37 다음 <보기>는 무한이가 6개의 자석으로 만든 모양이다. 6개의 자석 중 일부 자석으로 만들 수 있는 모양으로 옳은 것으로 고르시오. (단, 1 ~ 12는 자석의 극을 나타낸 것이다.)

○ 유창성
✓ 융통성
○ 독창성
✓ 정교성

보기

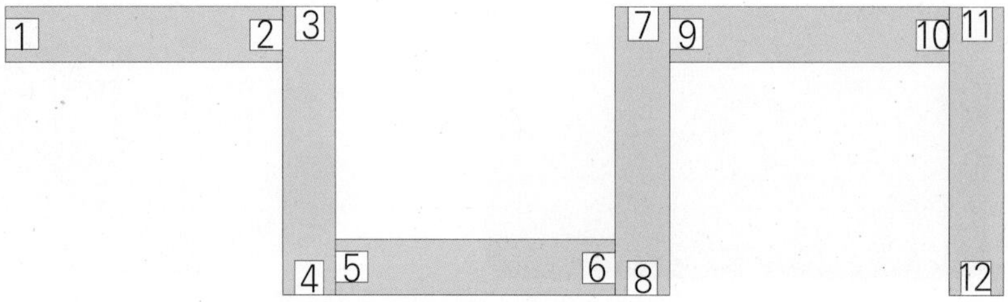

① 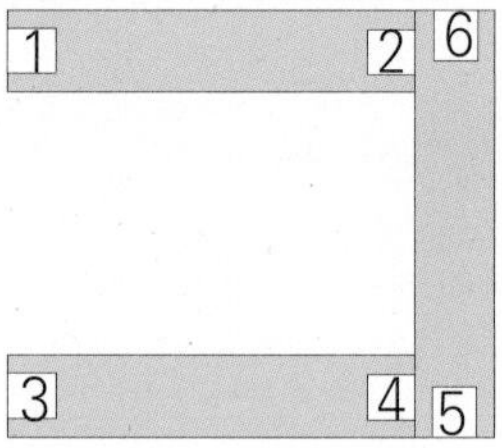

② 

③ 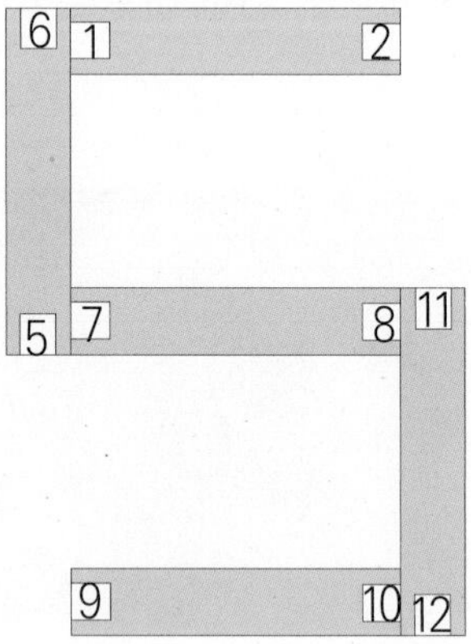

④ 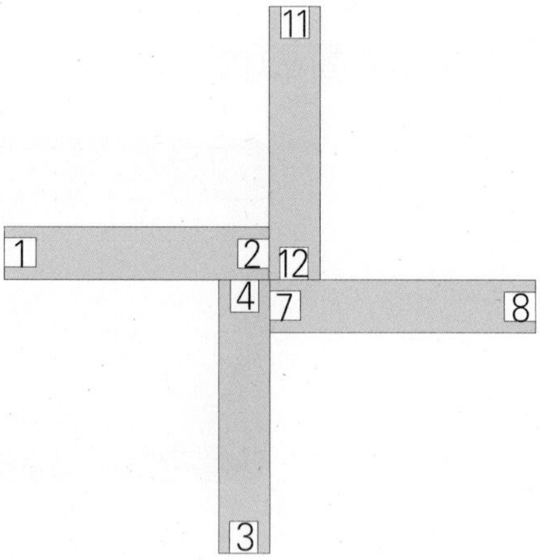

⑤ 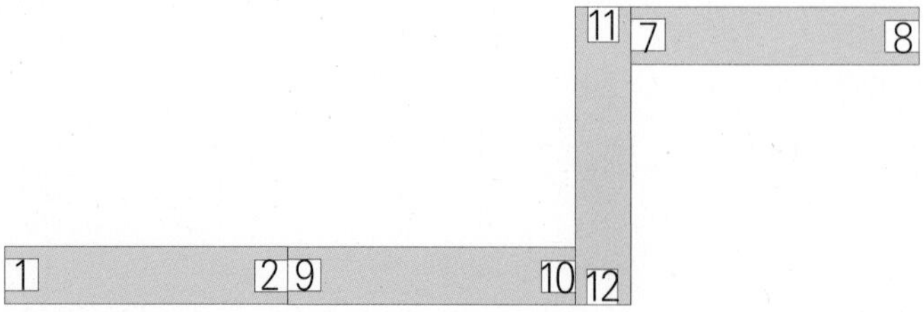

예시 답안 / 평가표
p.121

대회 기출 유형

38 상상이는 큰 수조에 식용유를 $\frac{1}{3}$까지 넣고, 여기에 식용유와 같은 양의 물을 넣었다. 1시간이 지난 후 빈 비커를 거꾸로하여 수직으로 물속에 잠기게 넣었다. 수조와 비커 안의 액체의 높이를 바르게 그린 것을 고르시오.

- ◯ 유창성
- ◯ 융통성
- ◯ 독창성
- ✓ 정교성

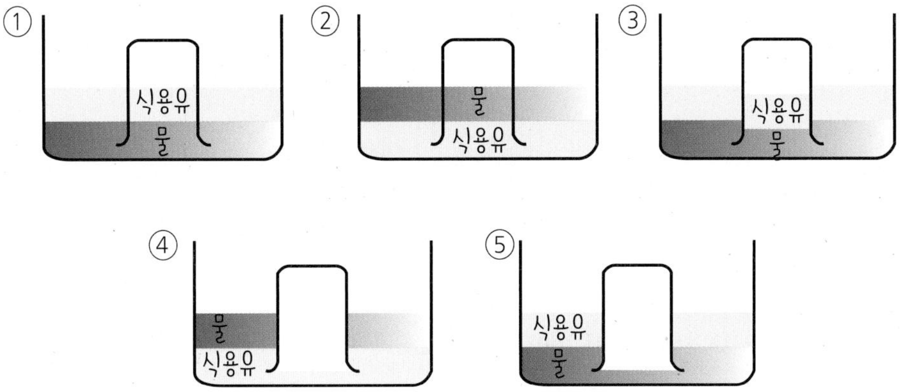

39 그림은 우리 몸속에 들어온 음식물의 소화 과정을 나타낸 것이다. 다음 물음에 답하시오.

- ◯ 유창성
- ✓ 융통성
- ◯ 독창성
- ✓ 정교성

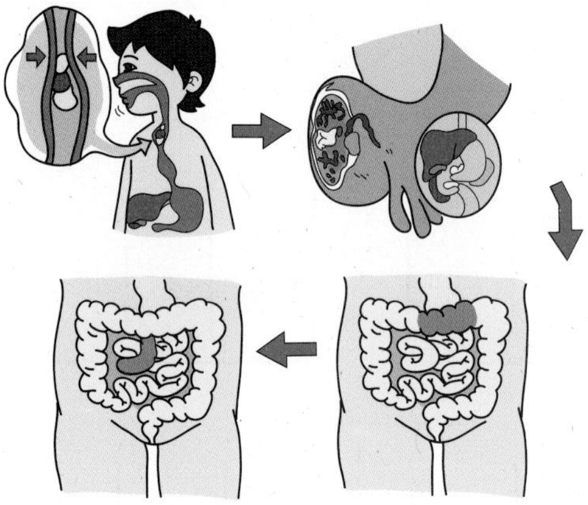

(1) 물구나무를 서서 음식을 먹어도 소화가 된다. 그 이유가 무엇인지 쓰시오.

(2) 소장은 가늘고 긴 관으로 벽에는 주름이 있다. 그 이유는 무엇인지 쓰시오.

40 그림은 어느 지역의 지질 단면도를 나타낸 것이다. 수평으로 나란한 지층을 가진 퇴적암이 그림과 같은 구조가 되는 과정에서 작용하는 힘을 순서대로 써 보시오.

○ 유창성
○ 융통성
○ 독창성
✔ 정교성

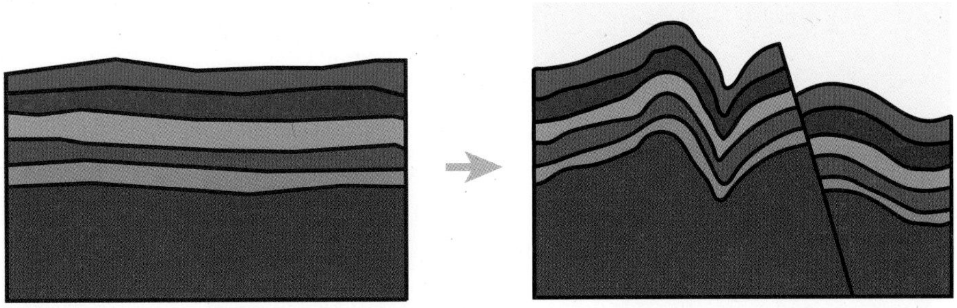

탐구력 문제

41 다음은 용수철을 이용한 저울 만들기 실험 과정을 나타낸 것이다. 다음 물음에 답하시오.

◯ 유창성
◯ 융통성
◯ 독창성
✓ 정교성

[준비물]

용수철, 실, 투명한 관, 흰색 테이프, 나무 막대, 접시, 추

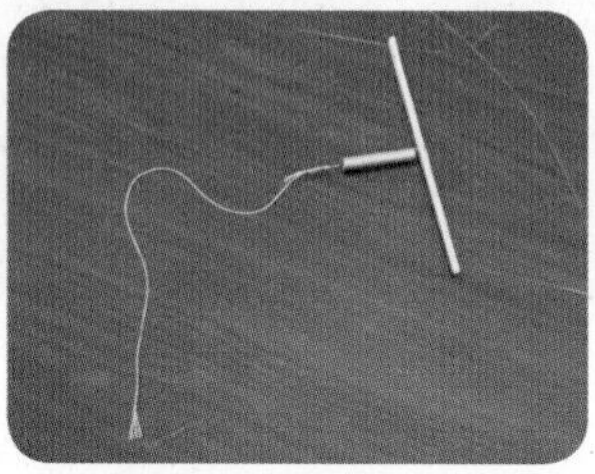

① 용수철을 나무 막대에 고정하고 다른 쪽 끝에 실을 맨다.

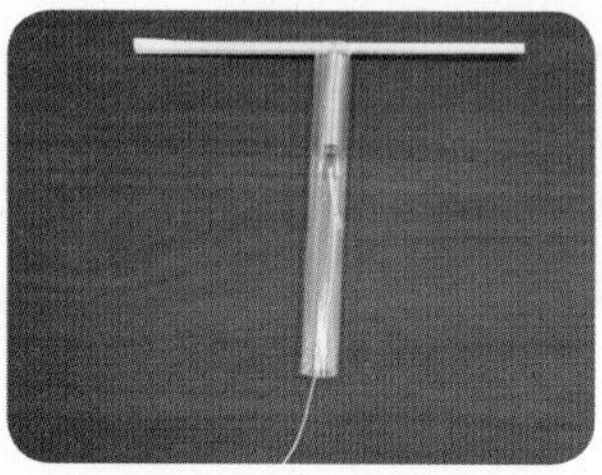

② 투명한 관에 흰색 테이프를 붙이고, 용수철을 집어 넣는다.

③ 실에 접시를 매단 후, 나무 막대를 스탠드에 고정한다.

④ 접시에 추를 한 개씩 올려 놓으면서 흰색 테이프에 용수철 끝의 위치를 표시한다.

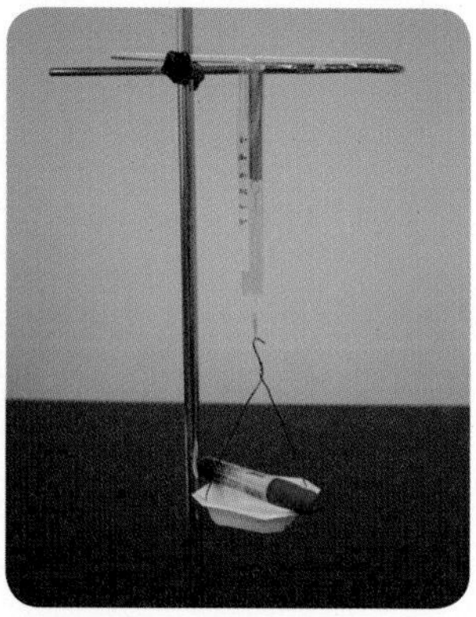

⑤ 완성된 용수철 저울에 물건을 올려 놓고 무게를 재본다.

(1) 과정 ④에서 추를 한 개씩 올려 놓으면서 흰색 테이프에 표시를 한 이유는 무엇인지 쓰시오.

(2) 더 무거운 물체의 무게를 재기 위해서 용수철 저울의 용수철을 바꾸려고 한다. 굵기와 탄성이 어떤 용수철로 바꾸는 것이 좋을지 써 보시오.

탐구력 문제

42 다음은 우유 속의 단백질을 분리하기 위한 실험이다. 다음 물음에 답하시오.

- 유창성
- 융통성
- 독창성
- ✓ 정교성

[준비물]

우유, 식초, 거름종이, 비커, 깔때기, 링클램프, 스탠드, 알코올램프, 삼발이

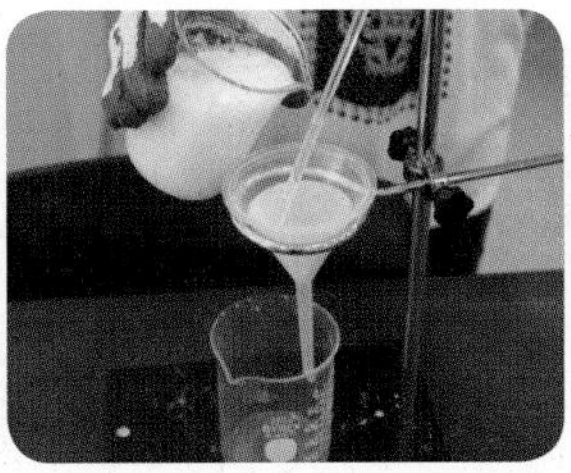

① 비커에 우유를 조금 붓고 가열한다.

② 우유가 끓으면 식초를 넣고 덩어리가 생길 때까지 저어주면서 가열한다.

③ 식초와 함께 끓인 우유를 거름장치로 거른다.

④ 거름장치에 걸린 흰색 물질을 확인한다.

(1) 거름종이 위에 생긴 흰색 물질은 무엇인지 쓰시오.

(2) 거름종이를 사용하여 물질을 분리할 때 이용된 물질의 성질 차이는 무엇인지 쓰시오.

탐구력 문제

43 다음은 들숨과 날숨의 성분 차이에 대해 알아보기 위한 두 가지 실험이다. 다음 물음에 답하시오.

- ○ 유창성
- ○ 융통성
- ○ 독창성
- ✔ 정교성

[준비물]

BTB 용액, 석회수, 비커, 빨대, 스포이트(또는 공기펌프)

(가)

① 2개의 비커에 같은 양의 BTB 용액을 넣는다.
② A 비커에는 빨대로 입김을 불어 넣고, B 비커에는 스포이트로 공기를 넣는다.
⇨ A 비커의 용액은 노란색으로 변하였고, B 비커의 용액은 색이 변하지 않았다.

(나)

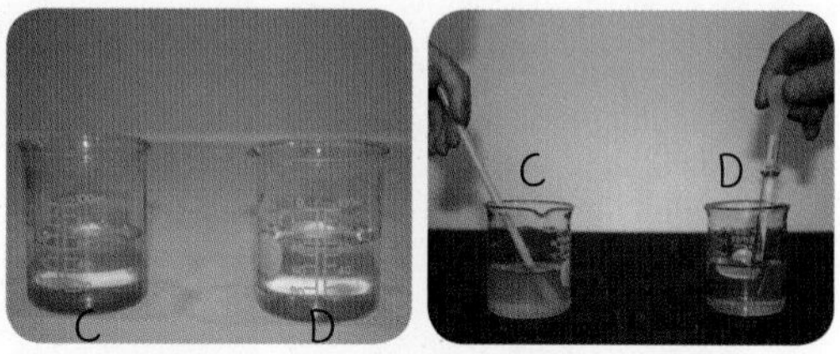

① 2개의 비커에 같은 양의 석회수를 넣는다.
② C 비커에는 빨대로 입김을 불어 넣고, D 비커에는 스포이트로 공기를 넣는다.
⇨ C 비커의 용액이 뿌옇게 변하였고, D 비커의 용액은 변화가 없었다.

(1) 빨대로 입김을 넣었을 때와 스포이트로 공기를 넣었을 때는 각각 들숨과 날숨 중 어떤 것에 해당하는지 쓰시오.

(2) 실험 (가)에서 A 비커의 BTB 용액 색이 변하고, 실험 (나)에서 C 비커의 용액이 뿌옇게 변한 이유는 무엇인지 쓰시오.

탐구력 문제

44 다음은 바람이 부는 원리에 대한 실험이다. 다음 물음에 답하시오.

◯ 유창성
◯ 융통성
◯ 독창성
✓ 정교성

[준비물]

대류상자, 비커, 향, 모래, 얼음

① 뜨겁게 가열한 모래를 준비한다.
② 소금을 뿌린 얼음을 준비한다.
③ 왼쪽 그림과 같은 장치를 한다.
④ 얼음과 모래 사이에 향을 피운 후 향 연기의 움직임을 관찰한다.

(1) 모래와 얼음 사이에 피워 놓은 향 연기의 움직임은 어떤지 쓰시오.

(2) 향 연기가 움직이는 이유를 기압을 이용하여 설명하시오.

탐구력 문제

45 다음은 시간 기록계로 속력을 측정한 실험이다. 다음 물음에 답하시오.

○ 유창성
○ 융통성
○ 독창성
✔ 정교성

[준비물]

시간 기록계, 종이 테이프

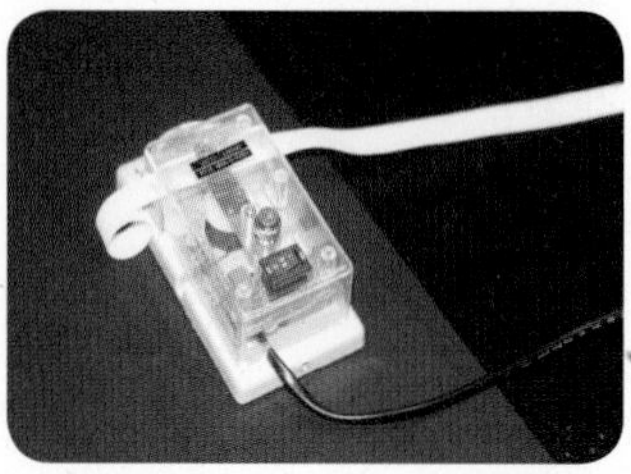

① 60Hz 시간 기록계를 실험대에 고정시키고, 종이 테이프를 끼운다.
② 시간 기록계를 작동시킨 다음, 종이 테이프의 끝을 손으로 잡고 일정한 속력으로 잡아당긴다.
③ 종이 테이프를 6타점 간격으로 잘라 연속적으로 모눈종이에 세로로 붙인다.
④ 종이 테이프를 잡아당기는 속력을 2 ~ 3단계 변화시키면서 동일한 실험을 하여 결과를 비교한다.

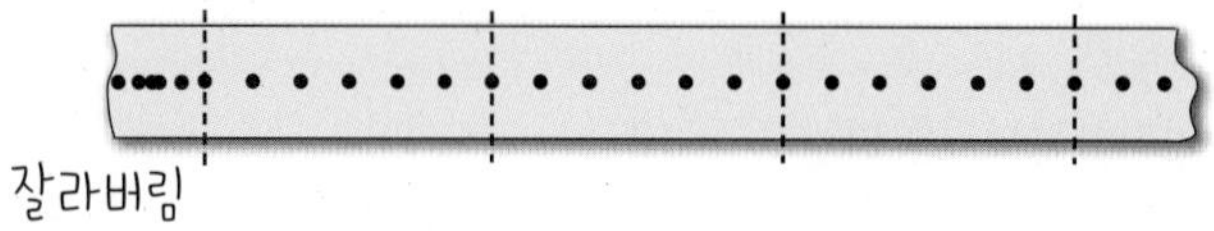

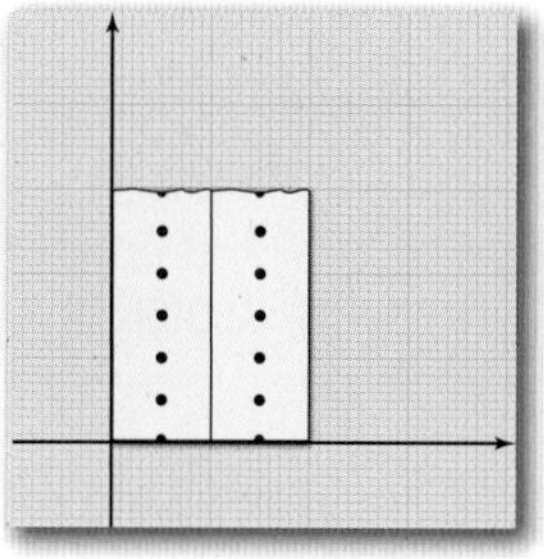

(1) 종이 테이프를 세로로 붙이는 이유가 무엇일지 생각해서 써 보시오.

(2) 종이 테이프를 6타점 간격으로 자른 이유가 무엇인지 써 보시오.

탐구력 문제

46 다음은 산과 염기의 중화 반응에 대한 실험이다. 다음 물음에 답하시오.

○ 유창성
○ 융통성
○ 독창성
✓ 정교성

[준비물]

묽은 염산 용액, 묽은 수산화 나트륨 용액, 페놀프탈레인 용액, 시험관, 스포이트, 알코올램프 가열장치

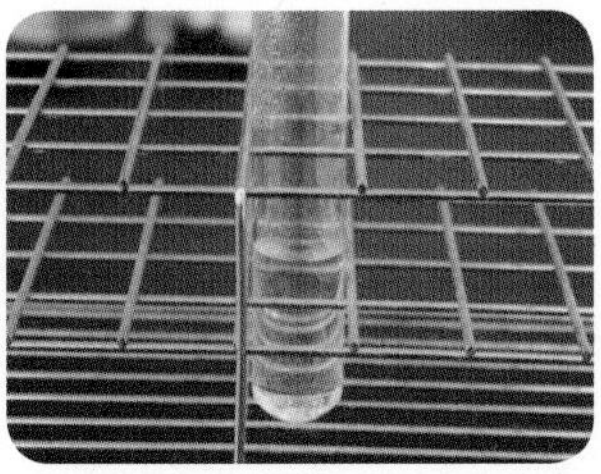

① 시험관에 묽은 염산 용액을 5mL 넣은 후 페놀프탈레인 용액을 2 ~ 3 방울 떨어뜨린다.

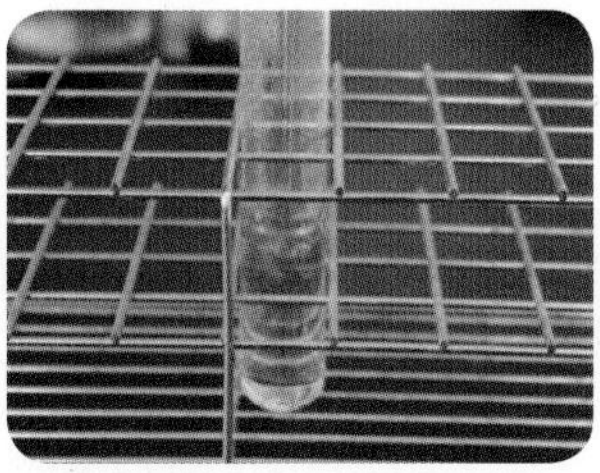

② 용액 전체가 옅은 붉은색을 띨 때까지 묽은 수산화 나트륨 용액을 조금씩 떨어뜨려 섞어 준다.

③ 반응이 끝난 용액을 가열장치에 올려 물을 증발시킨다.

(1) 용액이 붉게 변한 순간 용액의 액성을 쓰시오.

(2) 묽은 수산화 나트륨 용액을 용액이 붉게 변할 때까지 넣는 이유는 무엇인지 쓰시오.

(3) 가열장치의 증발접시 위에 남은 하얀 가루는 무엇인지 쓰시오.

탐구력 문제

47 다음은 콩나물을 기르는 실험이다. 다음 물음에 답하시오.

- ○ 유창성
- ○ 융통성
- ○ 독창성
- ✔ 정교성

[준비물]

콩, 페트병, 검은 비닐

① 콩을 물에 불려 준비한다. (4 ~ 12시간)

② 페트병 바닥에 구멍을 뚫은 후 불린 콩을 넣는다.

③ 검은 비닐을 씌운 후, 물을 자주 주면서 관찰한다.

(1) 싹이 트는 데 필요한 조건 3가지를 쓰시오.

(2) 검은 비닐을 씌운 후, 콩나물이 다 자란 모습은 오른쪽 사진과 같다. 만약, 검은 비닐을 씌우지 않았다면 어떤 결과가 나올지 쓰시오.

탐구력 문제

48 다음은 용암 모형을 만드는 실험이다. 다음 물음에 답하시오.

유창성
융통성
독창성
✓ 정교성

[준비물]

삼각 플라스크, 식용 소다, 약숟가락, 액체 세제, 식초, 밀가루, 스포이트, 아이오딘-아이오딘화 칼륨 용액

① 삼각 플라스크를 밀가루 반죽으로 덮어 산 모양으로 만든다.

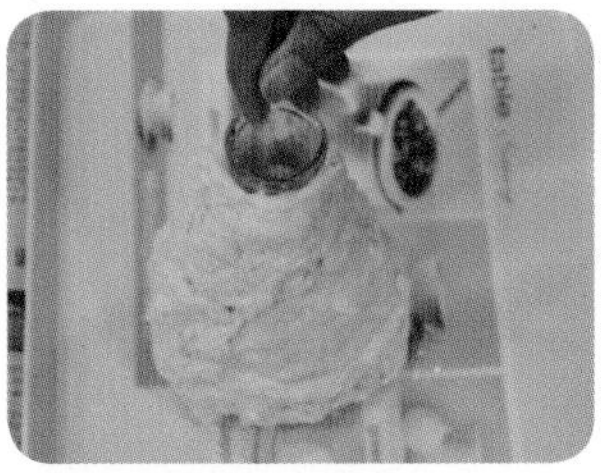

② 삼각 플라스크에 뜨거운 물을 붓고, 식용 소다 5숟가락, 액체 세제, 아이오딘-아이오딘화 칼륨 용액을 몇 방울 넣은 다음 저어준다.

③ 식초를 삼각 플라스크에 떨어뜨린다.

(1) 삼각 플라스크에서 거품이 터지면서 붉은 액체가 흘러나오는 모습은 오른쪽 사진과 같다. 이 붉은 액체와 거품이 의미하는 것은 무엇인지 각각 쓰시오.

(2) 이 화산 실험과 실제 화산이 다른 점을 2가지 쓰시오.

탐구력 문제

49 다음은 윗접시 저울로 질량을 재는 실험이다. 다음 물음에 답하시오.

- ◯ 유창성
- ◯ 융통성
- ◯ 독창성
- ✓ 정교성

[준비물]

윗접시 저울, 분동, 핀셋, 여러 가지 물건

<참고 사항>

- 양쪽 접시 밑의 영점 조절 나사를 돌려서 바늘이 중심을 가리키도록 한다.
- 손에서 이물질이 묻거나 분동이 녹이 슬어 무게가 달라질 수 있기 때문에 분동을 손으로 잡지 않는다.

① 바닥이 평평한 곳에 윗접시 저울을 놓고, 영점을 맞춘다.

② 한쪽 접시 위에 물건을 올려 놓고, 다른 접시에 수평이 될 때까지 분동을 올려 놓는다.

③ 수평이 되면 접시 위의 분동 질량을 모두 더한다.

(1) 수평이 이루어진 후, 분동의 질량과 물체의 질량이 같은지 다른지 쓰고, 그 이유도 함께 쓰시오.

(2) 다음은 컵을 올렸을 때 접시에 올렸던 분동이다. 컵의 질량은 얼마인지 쓰시오.

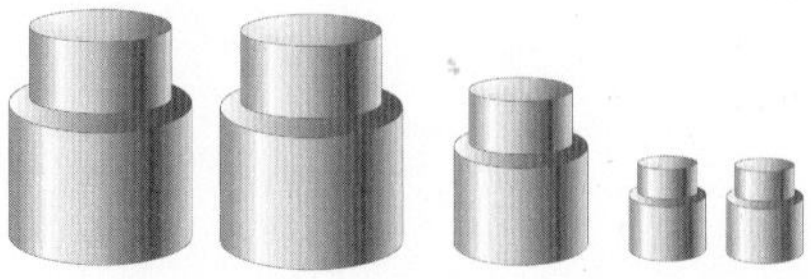

100g 100g 50g 10g 10g

탐구력 문제

50 다음은 용액의 다른 성질에 대한 실험이다. 다음 물음에 답하시오.

- 유창성
- 융통성
- 독창성
- ✓ 정교성

[준비물]

수조, 유성 물감(마블링 물감), 종이, 이쑤시개

① 수조에 물을 담고 유성물감을 몇 방울 떨어뜨린 후, 이쑤시개로 저어 무늬를 만든다.

② 종이를 유성 물감(마블링 물감) 아래쪽으로 넣어 들어 올린다.

③ 꺼낸 종이를 그늘에서 말린다.

(1) 위 실험은 유성 물감(마블링 물감)의 어떤 성질을 이용한 것인지 쓰시오.

(2) 물 대신 아세톤을 사용하면 어떤 결과가 나올지 써 보시오.

(3) 물 - 유성 물감 대신에 기름 - 수성 물감을 사용한다면 위 실험과 같은 결과를 얻을 수 있을지 그 이유와 함께 써 보시오.

PART IV

심층 면접

나는 면접에서 나의 창의성을
마음껏 발휘할 수 있을까?

단원 살짝 엿보기

01 인성 면접 문제 유형
기출문제를 통한 인성 면접 문제 유형 익히기

02 창의성 면접 유형
기출문제를 통한 창의성(일반, 수학, 과학) 면접 문제 유형 익히기

03 토론 면접 유형
기출문제를 통한 토론면접 문제 유형 익히기

[심층 면접 Tip]

① 자기소개서의 내용 숙지가 필요하다. 자기소개서에 쓴 내용과 상반된 내용을 말하거나 외운 내용을 확인하는 것처럼 말하면 다른 영역이 뛰어나도 합격이 어렵다.

② 문장의 어미 사용을 보다 명확하게 사용하는 것이 좋다. '~ 인 것 같습니다.' 보다는 '~ 입니다.' 등의 자신감 있는 표현으로 이야기 하는 것이 좋다.

③ 심층 면접은 정답이 따로 정해져 있지 않은 문제로 창의성과 과제 집착력을 평가하는 것이다. 따라서 틀릴까 봐 머뭇거리지 말고 자신감 있게, 그러면서도 신중하게 생각했다는 인상을 줄 수 있도록 대답하는 태도가 필요하다.

④ 수학 면접의 경우 수학을 배워야 하는 이유, 평소 자신이 배우는 수학이 실생활에 어떻게 활용되는지, 어디에 적용되는지 등의 자신만의 경험을 정리해 보고 이를 숙지해 가는 것이 바람직하다.

⑤ 과학 면접은 과학적 지식을 묻는 질문에서 생활 속에서 과학과 관련 내용을 어떤 동기로 알게 됐는지에 대한 것으로 바뀌고 있고 면접관들은 개성 있는 경험을 듣고 싶어 한다. 선행 개념을 바탕으로 답을 하는 경우, 궁금증에 의해 자발적으로 탐구해 인지했음을 밝히는 것이 좋다.

⑥ 지원자들을 그룹을 지어 특정 주제에 대해 토론을 시키는 방식인 토론 면접의 경우 면접관은 이것을 지켜보면서 여러 지원자들의 지식 수준, 리더쉽, 적극성, 협동성, 발표력, 진실성, 의사소통능력, 표현 능력, 위기 상황에서의 대처능력 등을 평가한다. 따라서 타인의 발언을 경청하고, 어떠한 상황이든지 자신감 있게 행동하고 차분하게 자신의 주장을 논리적으로 이야기하는 것이 좋다. 너무 튀어보이려고 하는 태도나 반대로 너무 소극적인 태도도 바람직하지 않으며, 지나친 흥분이나 과격한 언행도 피해야 한다.

1 인성 면접 유형

영재교육원 기출문제로 구성하였습니다.

01 자기 소개를 해보시오.

02 과학영재교육원에 응시한 이유를 말해보시오.

03 과학영재교육원에서 어떤 형식, 내용의 교육을 받았으면 좋을지 말해보시오.

04 해당 분야(수학, 물리 등)에 응시한 이유를 말해보시오.

05 자신이 영재라고 생각하는지와 그 이유가 무엇인지 말하시오. 그리고 자신이 생각하는 영재는 어떤 학생을 지칭하는 것인지 말하시오.

06 다른 친구들과 차별화된 나만의 공부 방법을 말해보시오.

07 친구가 화를 내고 있을 때, 풀어줄 수 있는 방법을 말해보시오.

08 평소 잘난척이 심하고, 수업 시간에 질문을 많이 하여 수업 시간을 줄이는 친구가 있다. 반 아이들은 이 친구를 매우 싫어한다. 바람이 많이 불고 추운 어느 날, 이 친구가 환기를 한다며 창문을 열었다. 아이들은 창문을 닫으라고 소리를 질렀으나 자신이 보기에는 환기가 꼭 필요한 상황이었다. 본인은 어떻게 행동할 것인지 말해보시오.

09 모둠 발표가 있어 발표 준비를 할 때, 내가 친구들에게 줄 수 있는 도움은 무엇인지 말해보시오.

10 실험 도중 나와 의견이 안맞는 친구와 계속 말다툼을 해서 도저히 계속 같이 실험하기 싫어진다면 어떻게 할 것인지 말해보시오.

11 30년 후 나는 어떤 직업을 가지고 있을지 생각해 보고, 그 직업이 다른 사람들에게 어떤 도움을 줄 수 있는지 3가지 이상 말해보시오.

12 모둠 활동시 혼자서 다 하려고 고집부리는 친구가 있을 때 어떻게 대처할 것인지, 본인의 의견은 무시되어도 괜찮은지 말해보시오.

13 최근에 사회적으로 일어난 사건 중에 관심 있는 사건과 그 이유를 말해보시오.

14 지금까지 가장 슬펐던 때와 기뻤던 때는 언제인지 그 이유와 함께 말해보시오.

15 다른 사람이 나에게 해 주는 말 중 가장 많이 듣는 말이 무엇인지 말해보시오.

16 자신의 장래 희망을 이루기 위해 필요한 습관 3가지와 그 이유를 말해보시오.

17 지금까지 부모님의 제외하고 가장 자신에게 영향을 끼친 사람은 누구인지 그 이유와 함께 말해보시오.

18 다음 글을 읽고 물음에 답하시오.

> 우리 모둠은 역할 놀이를 하려고 한다. 그런데 우리 모둠의 일원인 무한이는 역할 놀이가 싫다며 그림만 그리고 있다. 선생님께서는 모든 모둠원이 참여하여 역할 놀이를 하라고 하셨다. 우리 모둠원들이 무한이와 함께 하자고 다시 말하자 짜증을 내며 울기까지 하였다. 우리 모둠원들은 어떻게 할지 몰라 그런 무한이를 바라보고만 있었다.

모둠원들이 무한이에게 어떻게 하면 좋을지 이야기해 보시오.

19 요즘 비둘기는 유해 동물에 포함되는데, 날개를 다친 비둘기가 길바닥에 있다면 어떻게 할 것인지 말해보시오.

20 다음 주 월요일에 아주 중요한 시험이 있어서 이번 주말에 시험 준비를 반드시 해야 한다. 그런데 이번 주 토요일에 영재교육원 수업이 있다. 본인이라면 어떻게 할 것인지, 그 이유와 함께 말해보시오.

21 과학영재원 과제로 프로젝트 준비를 해야 한다. 선생님께서는 혼자서 프로젝트 준비를 하거나 여러 명이 함께 프로젝트를 준비해도 된다고 말씀하셨다. 본인은 두 방법 중 어떤 방법이 더 바람직하다고 생각하는 지 그 이유와 함께 말해보시오.

22 당신이 상상이라면 다음 상황을 어떻게 해결할지 말해보시오.

> 상상이네 집에서 경복궁까지 지하철로 서른 정거장을 가야 한다. 상상이네 집에서 가장 가까운 지하철역은 환승역이라 사람들이 붐벼 자리에 앉아 갈 수 없다. 상상이와 친구는 앉아가기 위해 경복궁역 반대 방향으로 두 정거장 갔다. 그 결과 상상이와 친구는 자리에 앉아 갈 수 있었다. 그런데 얼마 지나지 않아 갓난 아이를 안은 아주머니가 상상이와 친구의 가운데 앞에 섰다.

23 좋아하는 과목과 싫어하는 과목을 말하고, 그 이유를 말해보시오.

24 '지는 것이 이기는 것이다.' 라는 말을 자신의 경험을 통해서 말해보시오.

25 영재교육원에 들어오면 좋은 점 3가지를 말해보시오.

26 누군가에게 도움을 주었던 일 중 가장 인상 깊게 기억나는 경험을 말해보시오.

27 영재교육원의 합격 여부에 따른 나의 계획은 어떻게 되는지 말해보시오.

28 친한 친구의 장점에 대해서 말해보시오.

29 다음 글을 읽고, 물음에 답하시오.

무한이네 학급에서는 체육 대회 때 응원상을 받아 생긴 학급비로 무엇을 할까 회의를 하였다. 결국 교실에서 모두가 함께 쓸 수 있는 휴지를 사서 쓰기로 하였다. 그런데 휴지를 산지 얼마되지 않아서 다 써버렸다. 그 이유는 학급 휴지를 쓸 때 아껴 쓰지 않아 개인 휴지를 쓸 때보다 휴지가 빨리 떨어졌기 때문이다.

위 사례와 같은 문제가 나타난 이유와 이를 해결하기 위한 방법을 말해보시오.

30 자신의 꿈을 이루는 과정에서 영재교육(수학, 과학)은 왜 필요하다고 생각하는지 말해보시오. (단, 꿈이 수학자, 과학자 등이 아닌 경우도 생각해 본다.)

31 자기 소개서에 기록된 내용 중 남들과 다른 부분이 있다면 어떤 것인지, 그리고 왜 그렇게 생각하는지 말해보시오.

32 자신의 지원 분야(수학, 과학 등)에 언제부터 관심을 가지게 되었는지 말해보시오.

33 자신의 장점, 단점을 하나씩 쓰고, 장점을 키우기 위해 어떻게 할 것인지, 단점을 고치기 위해서는 어떻게 노력할 것인지 써 보시오.

2 창의성 면접 유형

영재교육원 기출문제로 구성하였습니다.

01 무언가를 지울 수 있는 방법을 3가지 이상 말해보시오.

02 유기견을 도와줄 수 있는 방법을 말해보시오.

03 다룰 줄 아는 컴퓨터 프로그램과 그 프로그램의 특징을 말해보시오.

04 원형 트랙이 있는데 바깥쪽에서 도는 것이 유리한지, 안쪽에서 도는 것이 유리한지 그 이유와 함께 말해보시오.

05 자신이 생각하기에 우리 삶을 가장 편리하게 해주는 발명품은 무엇인지 그 이유와 함께 말해보시오.

06 A4 용지로 교실을 빈 공간 없이 덮을 때 몇 장이 필요할지 어림하여 계산하려고 한다. 어떤 방법으로 할 것인지 말해보시오.

07 오리가 있는 논에는 왜 농약을 뿌리지 않아도 되는지 아는대로 말해보시오.

08 화재 시 교실에서 탈출하는 방법을 순서 대로 써 보시오.

09 겨울이 오면 눈과 코에 오는 증상에 대해 말해보시오.

10 만약 대통령이 된다면 지금 당장 무엇을 가장 먼저 할 것인지 말해보시오.

11 가로 7cm, 세로 5cm, 두께 2mm 철판으로 할 수 있는 것은 무엇인지 말해보시오.

12 시계에는 숫자가 적혀 있다. 시계에서 규칙을 찾아 말해보시오.

13 숫자 '0'과 '곱셈'이 우리 생활에 꼭 필요한 이유를 각각 말해보시오.

14 다음 수학적 개념을 실생활 속에서 활용할 수 있는 예를 각각 한 가지씩 말해보시오.

나눗셈, 도형의 넓이, 반올림

15 3 × 4 의 계산법을 자유롭게 말해보시오.

16 직사각형의 넓이는 가로 × 세로이다. 왜 그런지 설명하시오.

17 삼각형의 세 내각의 합이 왜 180도인지 여러 가지 방법으로 설명하시오.

18 수학이란 무엇이고, 우리가 수학을 배워야 하는 이유는 무엇인지 말해보시오.

19 '0'이 짝수인지 홀수인지 말하고, 왜 그렇게 생각하는지 설명하시오.

20 다음 중 성냥개비 4개를 움직여 모양과 크기가 같은 사각형 3개를 만드시오.

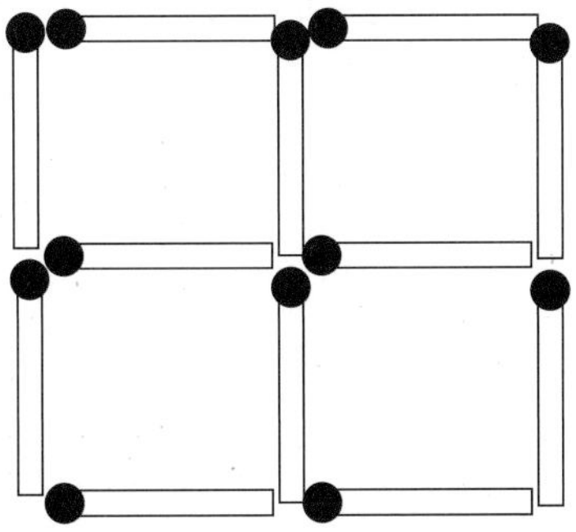

21 그림과 같이 성냥개비 열 두 개로 똑같은 정사각형 세 개를 만들었다. 성냥개비를 세 개만 옮겨서 정사각형이 다섯 개가 되도록 해 보시오. (단, 정사각형이 모두 같은 크기일 필요는 없다.)

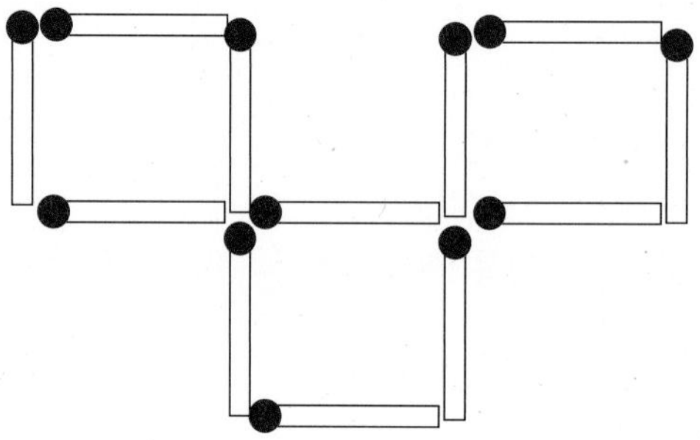

22 1부터 10까지의 숫자 중 3개를 더해서 이 3개의 수로 나누어지는 수를 예로 3가지 써 보시오.

23 운동 경기에서 경기를 진행하는 방식은 리그 방식과 토너먼트 방식이 있다. 리그 방식은 모든 팀이 서로 경기를 해야 하는 방식이고, 토너먼트 방식은 서로 2팀이 경기를 하여 이긴 팀이 상위 단계로 올라는 방식이다.

<4개 반일 때 리그 전 예시>

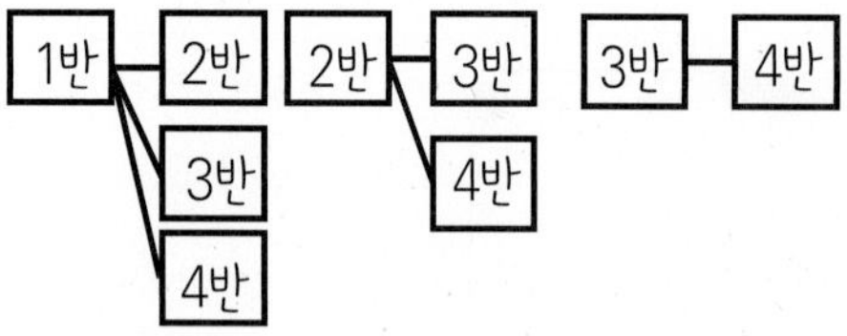

<4개 반일 때 토너먼트 예시>

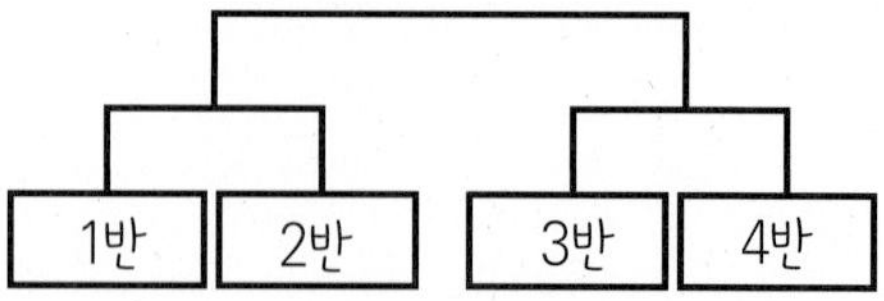

영재네 학교 5학년 8개 반이 리그 방식과 토너먼트 방식으로 축구 경기를 한다면 몇 번의 경기를 진행하야 하는지 각각 구해 보시오. (단, 토너먼트 방식의 경우 순위를 정하기 위해 진 팀끼리도 경기를 해서 모든 팀의 순위가 나와야 한다.)

24 상상이는 집에서 학교를 가려고 한다. 아래의 지도를 보고, 가장 빠르게 도착할 수 있는 길을 찾고, 이 때 걸리는 시간을 적어 보시오. (단, 지도의 숫자는 걸리는 시간(분)을 의미한다.)

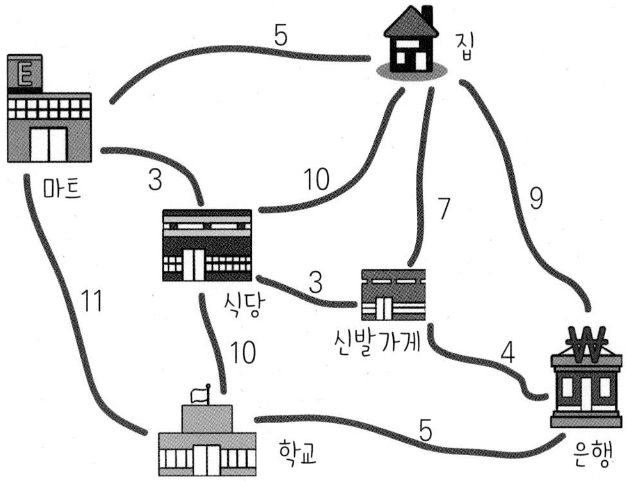

거쳐가는 곳	가장 빠르게 가는 방법	걸리는 시간(분)
(예시) 은행	집 - 은행 - 학교	14
(1) 신발가게		
(2) 식당		
(3) 모든 장소를 거쳐 학교 가기		

25 다음 6개의 숫자 카드가 있다. 이 숫자 카드를 이용하여 다음 식을 완성하시오. (단, 각 문제당 숫자 카드는 한 번씩만 사용 가능하고, 카드를 돌리거나 뒤집을 수 없다.)

0	1	2	5	6	8

(1)

$\square + \square = \square\square$

(2)

$\square + \square + \square = \square$

(3)

$\square + \square - \square = \square$

(4)

$\square \times \square = \square\square$

26 다음은 네모 칸에 5개의 수를 넣어 덧셈, 뺄셈, 곱셈을 이용하여 가운데에 있는 수를 만든 것의 예이다.

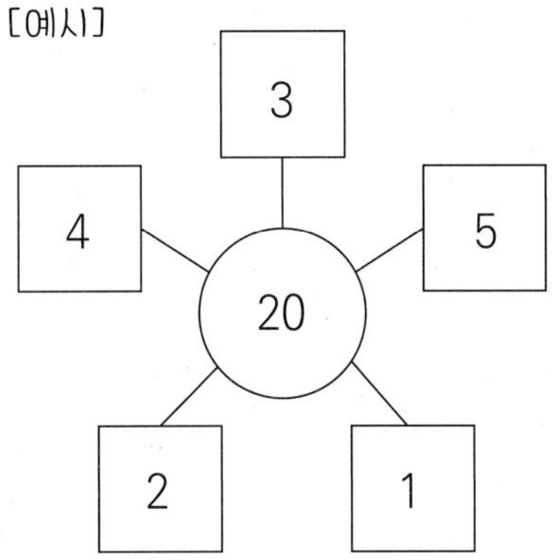

[예] 4 × 3 + 5 + 2 + 1 = 20

위의 예시처럼 아래 조건을 참고하여 가운데에 있는 수가 35가 되도록 네모 칸을 채우고 계산식을 만드시오.

조건 1. 네모 칸에는 1 ~ 9 까지의 숫자만 적는다.

조건 2. 하나의 그림에 같은 숫자를 두 번 이상 적을 수 없다.

조건 3. 곱셈을 사용할 경우 곱셈 계산을 제일 먼저 해야 한다.

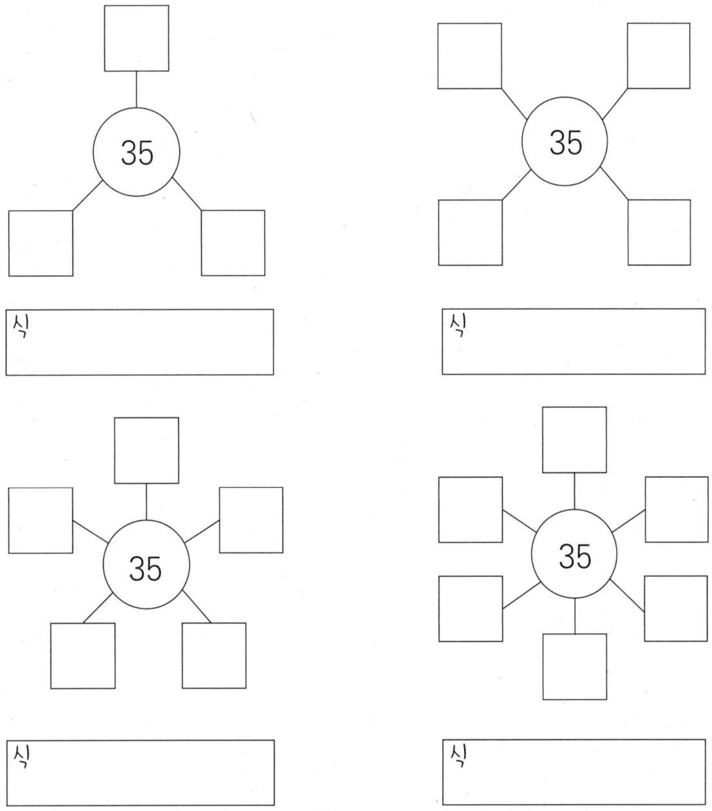

2 창의성 면접 유형

27 영재는 하나의 큰 정사각형(네 변의 길이가 같은 도형)을 작은 정사각형 조각으로 나누어 보려고 한다. 정사각형을 다양하게 나누면 <보기>와 같은 모양이 만들어진다.

보기

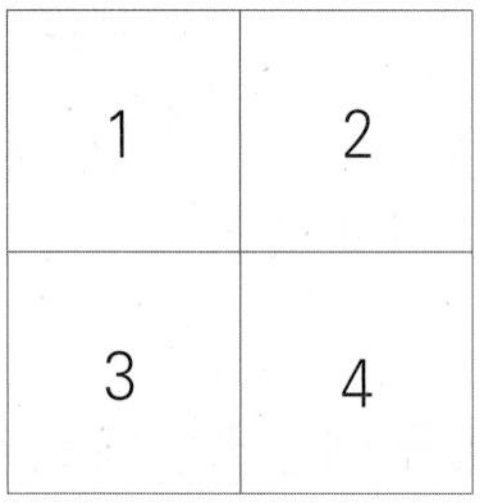

<4조각>

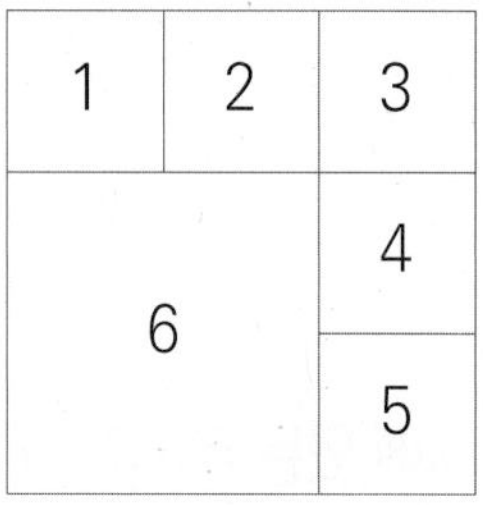

<6조각>

<9조각>

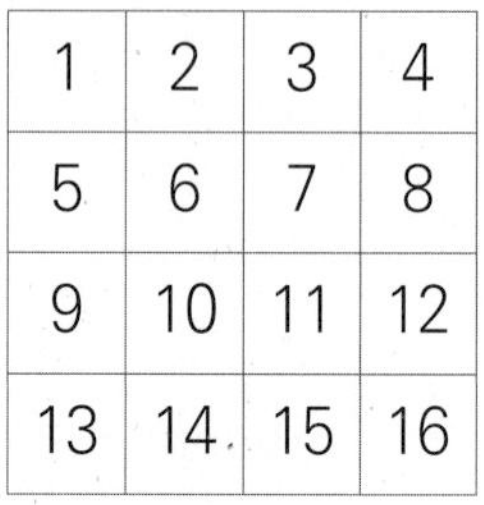

<16조각>

위 <보기>의 정사각형을 참고하여 조각 수에 맞게 정사각형을 나누고 숫자를 적으시오.

<7조각>

<8조각>

<10조각>

<13조각>

28 지구에서 달을 볼 때 같은 면만 보이는 이유를 말해보시오.

29 물방울이 동그란 모양을 유지하는 이유를 말해보시오.

30 만약 사람이 광합성을 한다면 생활하는 것이 어떻게 바뀔지 말해보시오.

31 무인도에 표류하게 되었는데 갈증을 느낄 때 바닷물을 먹어서는 안 된다. 어떻게 물을 섭취하여 살아남을 것인지 써 보시오.

32 생활 속 편리한 물건을 1개 말하고, 그것을 과학적으로 설명하시오.

33 아침에 교실 창문에 김이 서린 이유를 설명하시오.

2 창의성 면접 유형

34 과학의 재미있는 부분이 무엇인지 말하고, 그 이유도 말해보시오.

35 공룡, 펭귄, 비버, 곰, 여우가 한 곳에서 살 수 없는 이유를 말해보시오.

36 동물이 겨울이 오기 전에 먹이를 많이 먹어서 두꺼운 지방층을 만드는 이유가 무엇인지 말해보시오.

37 동물들이 겨울을 나기 위해 만드는 두꺼운 지방층과 같은 역할을 하는 사물 두 가지를 말하시오.

38 달나라를 여행하는 우주선에 탑승할 때 입는 우주복에 있어야 할 기능을 7가지 써 보시오.

39 물이 얼었다가 녹았을 때 무게는 변하는지 변하지 않는지 쓰고, 왜 그렇게 생각하는지도 함께 쓰시오.

40 다음은 식물의 잎에서 만들어지는 물질이 무엇인지 알아보는 실험 과정이다. 실험 과정에서 발생할 수 있는 안전사고를 예상하여 실험자가 지켜야 할 안전수칙을 5가지 설명하시오.

(가) 식물의 잎을 알루미늄박으로 씌운 다음, 햇빛이 잘 드는 창가에 2 ~ 3일 동안 놓아둔다.

(나) 알코올이 담긴 작은 비커에 알루미늄박으로 씌운 잎과 씌우지 않은 잎을 넣는다.

(다) 작은 비커를 물이 든 큰 비커에 넣고 알코올램프로 가열한다.

(라) 가열한 잎을 따뜻한 물로 헹군다.

(마) 아이오딘 - 아이오딘화 칼륨 용액을 떨어뜨려 잎의 색깔 변화를 관찰한다.

2 창의성 면접 유형

41 다음은 여러 가지의 가을 열매 사진이다. 제시된 가을 열매를 두 가지로 무리지어 보시오. (단, 무리를 나눈 이유를 쓰고, 한 가지 기준에 따라 8개의 열매가 모두 무리에 들어가야 한다.)

무리지은 이유	무리 1	무리 2

42 **다음 사진에서 한 개의 식물을 골라 식물의 생김새나 특징을 말하고, 생활 속에서 응용하는 예를 설명하시오.**

식물은 여러 장소에서 다양한 모습으로 주변 환경에 적응하며 살아가고 있고, 우리는 이러한 식물의 특성을 여러 가지 방법으로 응용하고 있다.

연잎 | 도깨비바늘 | 단풍나무 씨앗 | 부레옥잠

3 토론 면접 유형

영재교육원 기출문제로 구성하였습니다.

01 다음 글을 읽고 질문에 답하시오.

무한이네 학급은 오늘 미술 시간에 협동화 그리기를 했다. 그러나 무한이는 자기가 맡은 그림에 색칠도 안하고 놓기만 했다. 끝날 시간이 되자 모둠 아이들은 마음이 급한 나머지 무한이의 그림까지 함께 색칠해서 제출했다. 선생님은 무한이네 모둠의 협동화가 가장 멋있다고 칭찬을 해 주시며 모둠원 전체에게 스티커를 한 장씩 주셨다. 모둠원들은 무한이가 협동화 그리기는 하지 않고, 장난만 치고 스티커를 받았다는 사실을 선생님께 말씀드려야 할지 고민했다.

모둠원들이 무한이의 행동을 선생님께 말씀드려야 할지에 대해 자신의 입장을 정리하여 토론하시오.

02 환경보존과 경제개발의 관계에 대하여 토의하시오.

03 책을 사용하는데 있어 디지털 책과 종이책에 대하여 어떤 종류의 책이 좋을지 쓰고, 디지털 책에 대한 찬성 또는 반대 의견을 써 보시오.

04 다음은 두 나라에 대해 설명하는 글이다.

(가) 우리가 사는 나라는 원의 나라야. 우리나라는 모든 물건이 원 모양이야. 우리가 타고 다니는 자동차, 공부하는 책상, 집에서 보는 TV까지 모든 것이 다 원 모양이야.

(나) 우리나라는 사각형의 나라야. 우리나라에서 보이는 모든 물건이 사각형이야. 우리 학생들은 매일 이런 노래를 불러. "네모난 문을 열고 네모난 테이블에 앉아 네모난 조간신문을 본 뒤 네모난 책가방에 네모난 책들을 넣고 … "

우리나라에 보이는 모든 물건의 모양을 원과 사각형 중에서 하나로 선택해야 한다면 어떤 것이 좋을지 다양한 예를 들어 토론하시오.

05 다음 글을 읽고 물음에 답하시오.

인공지능(AI)은 컴퓨터에서 사고하고 생각하고 학습하고 판단하는 논리적인 방식을 사용하는 인간지능을 본 딴 고급 컴퓨터 프로그램을 말한다.

유럽의 바둑 챔피언을 꺾은 구글의 인공지능 알파고가 2016년 3월 바둑기사 이세돌에게 도전장을 내밀며 연일 매스컴에 오르내렸다.

인공지능은 우리 대다수의 사람들이 하고 있는 가장 반복적이고 지루한 작업을 대신 해 줄 것이기 때문에 인간에게 더욱 편리한 미래를 제시할 것이다.

하지만 이와 반대로 점차 발전해가는 인공지능(AI)이 인간의 일자리를 빼앗고 인간을 지배하지는 않을지에 대한 우려도 커지고 있다.

미래 인공지능(AI)에 대해 어떤 입장을 선택할지 한 가지를 선택하고, 적절한 근거를 들어 설명하시오.

- 입장 1 : 인공지능(AI)이 적용된 미래는 긍정적이라 생각한다.
- 입장 2 : 인공지능(AI)이 적용된 미래는 부정적이라 생각한다.

정답 및 해설
예시 답안

나의 문제 해결력이 맞는지 체크하고
창의력 점수를 매겨보자.

II 영재성 검사

01 일반 창의성

1. 각 문제의 배점은 5점이며, 각 평가표에 점수 기준이 있습니다. / 각 단원 말미에서 성취도 등급을 확인하세요.
2. 학생들 샘플 답안은 서울시 서초구 소재의 한 초등학교 학생들이 직접 푼 것입니다.

문제 01 p22

문항 분석 및 **평가표**

◆ 문항 분석 : 주어진 내용이 잘 전달될 수 있도록 자세하게 표지판을 표현하였는지를 통해 정교성을, 재미있고 신선하게 그렸는지를 통해 독창성을 평가하는 문항이다.

◆ 평가표

내용 전달이 미흡하고, 단순하게 그린 경우	3점
주어진 내용과 그림이 잘 맞는 경우	5점

학생들 **샘플 답안**

문제 02 p22

문항 분석 및 **평가표**

◆ 문항 분석 : 그림의 상황에 맞고, 재미있고 새로운 아이디를 낼 수 있는지를 통해 독창성을 평가하는 문항이다.

◆ 평가표

말풍선만 채운 경우	2점
가운데 들어갈 상황과 말풍선을 모두 채우고, 상황이 자연스럽게 연결되는 경우	5점

출제자 예시 답안

어린 아이가 발이 닿지 않는 높은 의자에 앉아서 아래를 쳐다보고 있다가 바닥으로 내려가려고 시도해 보았는데 혼자서는 할 수 없어 양손을 들고 엄마, 아빠를 부르고 있다. 말풍선에는 "엄마! 아빠!"를 넣는다.

학생들 샘플 답안

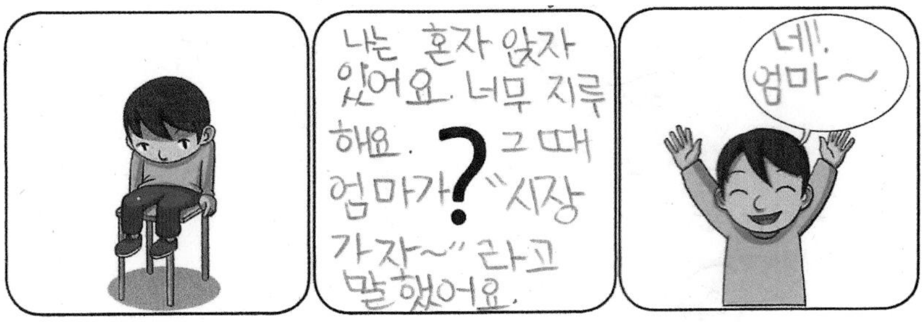

문제 03 p 23

문항 분석 및 평가표

◆ 문항 분석 : 정해진 도형으로 우리 주변의 모습에서 볼 수 있는 모양을 그리는데, 다양하고 신선하며 독특한 그림을 그리는 것을 통해 융통성과 독창성을 평가하는 문항이다.

◆ 평가표

동그라미만 사용하여 3 ~ 5개를 그린 경우	2점
동그라미만 사용하여 6개를 모두 그린 경우	5점

출제자 예시 답안

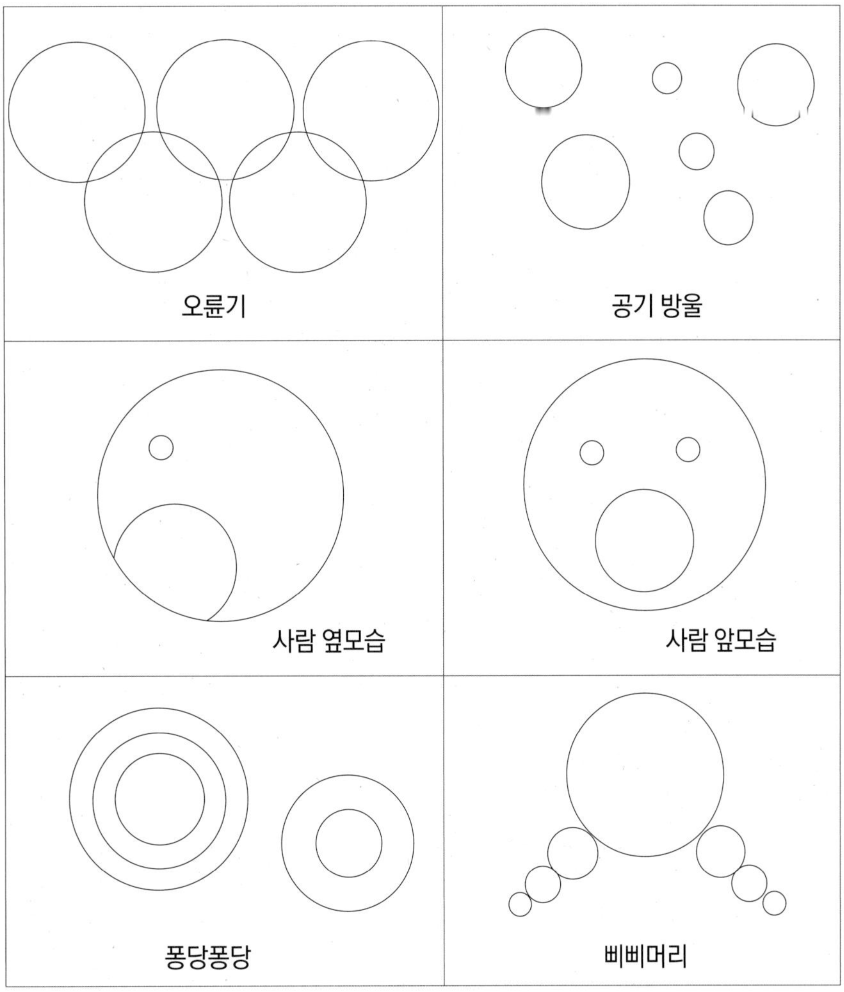

학생들 샘플 답안

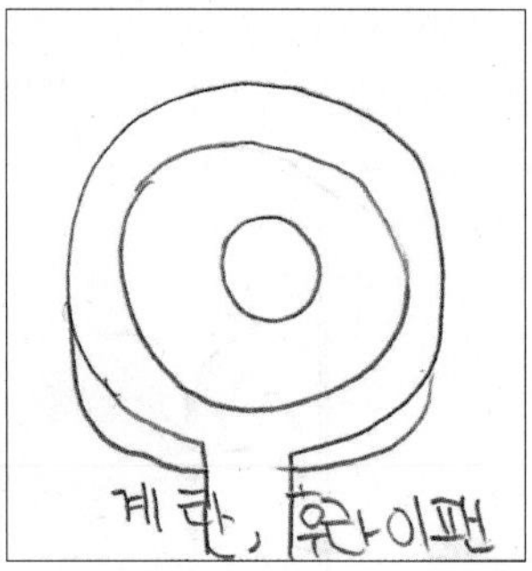

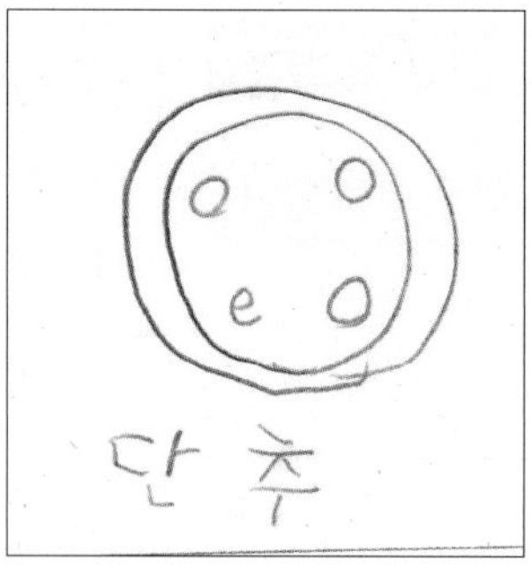

문제 04 p24

문항 분석 및 평가표

◆ 문항 분석 : 주어진 문제점을 이해하고, 그에 대한 대책을 다양한 관점에서 제시하며, 얼마나 많은 양의 아이디어를 내는지를 통해 융통성과 유창성을 평가하는 문항이다.

◆ 평가표

방법을 2 ~ 3가지만 쓴 경우	3점
방법을 5가지 쓴 경우	5점

출제자 예시 답안

· 쓰레기 버리는 사람에게 벌금을 부과한다.
· 넓은 쓰레기장을 만든다.
· 본인 쓰레기를 모두 정리하여 잘 버리고 인증샷을 SNS에 남기면 이벤트를 통해 기프티콘을 준다.
· 청소를 하지 않는 사람들에게는 청소보증금을 받는다.
· 다른 사람이 버리고 간 쓰레기도 같이 치우는 사람에게 해변 이용료 할인권을 준다.

학생들 샘플 답안

○쓰래기를 발견하면 직접 줍는다.
○사람들에게 쓰래기를 버리지 말라고 말한다.
○해변에 쓰래기를 버리는 사람을 보면 112에 신고한다.
○쓰래기를 버리지 말자는 표지판을 세운다.
○자신도 쓰래기를 버리지 않는다.

1. 종이컵과 종이접시는 쓰지 않는다.
2. 쓰레기를 원료로 하는 발전소를 만든다.
3. 쓰레기를 쓰레기통에 발로 차서 넣는 게임을 만들어 상금을 준다.

문제 05 p24

문항 분석 및 평가표

◆ 문항 분석 : 주어진 문제점을 이해하고, 그에 대한 대책을 다양한 관점에서 제시하며, 얼마나 많은 양의 아이디어를 내는지를 통해 융통성과 독창성을 평가하는 문항이다.

◆ 평가표

1 가지 작성	2 가지 작성	3 가지 작성	4 가지 작성	5 가지 작성
1점	2점	3점	4점	5점

출제자 **예시 답안**

· 실내에서는 실내 슬리퍼를 신는다.
· 실내에서는 천천히 걷는다.
· 충격을 흡수하는 매트를 깐다.
· 방음벽을 세운다.
· 서로 배려한다.
· 큰 소리가 나는 일은 시간을 정해놓고 한다.
· 윗집에 올라가서 대화를 통해 조율한다.

학생들 **샘플 답안**

화내지 않고 윗집과 옆집에 가서 조용히 해달라고 한다.
상대방을 존경해주라고 말한다.
괜찮으면 조금 참는다.

문제 06 p25

문항 분석 및 **평가표**

◆ 문항 분석 : 정해진 답을 가지고 얼마나 다양한 관점의 퀴즈를 내는지를 통해 융통성을, 독특하고 신선한 퀴즈를 내는지를 통해 독창성을 평가하는 문항이다.

◆ 평가표

1 ~ 2가지를 쓴 경우	3점
3가지 이상 쓴 경우	5점

출제자 **예시 답안**

· 껍질이 깨졌을 때 2개의 동그라미가 나오는 것은 무엇인가?
· 에디슨이 어렸을 때 닭을 만들기 위해 품었던 것은?
· 찜질방에서 주로 먹는 간식으로 맥반석에서 구워 나오는 것은?
· 계란의 다른 말은?
· 닭이 낳는 알은?

학생들 **샘플 답안**

식초에 넣으면 껍질이 녹아서 조란이 되는 것은?

· 깨질 수도 있고, 깨고 나올 수도 있는 것은?
· 키울 수도 있고 먹을 수도 있는 것은?

문제 07 p25

문항 분석 및 **평가표**

◆ 문항 분석 : 주어진 문제점을 이해하고, 그에 대한 방안을 얼마나 다양하게 쓸 수 있는지를 통해 유창성을 평가하는 문항이다.

◆ 평가표

1 ~ 2 가지를 쓴 경우	2점
3 가지 이상 쓴 경우	5점

출제자 예시 답안

· 작아져서 입지 못하는 옷을 모아서 보낸다.
· 반 친구들도 힘을 모을 수 있게 아프리카에 대한 포스터를 만든다.
· 아프리카에 사는 어린 아이들의 놀거리나 축구공 등을 보낸다.

학생들 샘플 답안

o 직접 자원봉사를 나선다.
o 매달 만 원씩 후원한다.
o 그들의 고통을 알아야 한다.

1 유니세프나 다른 자선업체에 기부를 한다
2 언론에 도움을 받아서 사이트나 인터넷에 글을 올린다,
3 아프리카, 캄보디아 같은 나라에 관한 소식, 기사 등을 본다

문제 08 p26

문항 분석 및 평가표

◆ 문항 분석 : 두 물건의 생김새, 활용 방법 등으로 공통점을 다양하게 찾는 것을 통해 융통성을 평가하는 문항이다.

◆ 평가표

각각 2 가지씩 쓴 경우	3점
각각 3 가지씩 쓴 경우	5점

출제자 예시 답안

칫솔과 전구
· 닳으면 쓸 수 없다.
· 이름이 두 글자이다.
· 매일 쓴다.
· 주기적으로 갈아주어야 한다.

크레파스와 건전지
· 닳으면 쓸 수 없다.
· 원기둥 모양이다.
· 여러 개를 한꺼번에 쓸 수 있다.

학생들 샘플 답안

칫솔과 전구
· 곳곳마다 물질이 다르다.
· 칫솔은 이를, 전구는 방을 밝게 해준다.
둘다 화장실에 필요하다.
캠핑갈 갈때 사용한다.
· 사람들의 실생활을 도와준다

크레파스와 건전지
· 만드는 회사가 다양하다.
· 묶음으로 살 수 있다.
둘다 큰 마트에 판다.
다쓰면 버린다.
길죽한 모양이다

문제 09 p26

문항 분석 및 평가표

◆ 문항 분석 : 주어진 물건의 사용법으로 주변에서 볼 수 있는 물건을 다양하게 찾을 수 있는지를 통해 유창성을 평가하는 문항이다.

◆ 평가표

1 ~ 2 가지를 쓴 경우	2점
3 가지 이상 쓴 경우	5점

출제자 예시 답안 금고, 도어락, 휴대폰, 이메일 로그인, 캐리어 잠금장치 등이 있다.

문제 10 p27

문항 분석 및 평가표 ◆ 문항 분석 : 두 가지 물건을 결합하여 발명된 물건의 독특한 발명 이유와 사용법을 자세하게 설명하는 것을 통해 독창성과 정교성을 평가하는 문항이다.

◆ 평가표

결합한 물품을 2가지 이상 쓴 경우	3점
결합한 물품을 모두 쓴 경우	5점

학생들 샘플 답안

발명품의 이름	결합한 물품	발명한 이유
측정세탁기	세탁기 + 체중계	일정 무게 이상 빨래가 모이면 저절로 세탁기가 돌아간다. 빨래가 많이 쌓이지 않도록 하기 위해 발명하였다.
열 리모콘	주전자 + 리모콘	물을 끓이는 열로 리모콘을 작동한다.
미니 장화	운동화 + 비닐	운동화에 비닐을 씌워서 장화 용도가 된다.
아이스백	가방 + 아이스팩	언제 어디서나 시원한 아이스크림을 즐길 수 있는 가방이다.

발명품의 이름	결합한 물품	발명한 이유
세체기	세탁기 + 체중계	일정 무게 이상 빨래가 모이면 저절로 세탁기가 돌아간다. 빨래가 많이 쌓이지 않도록 하기 위해 발명하였다.
주리콘	주전자 + 리모콘	TV를 보다가 춥거나 더울경우 물을 마실 수 있다
운비화	운동화 + 비닐	길을 가다가 비가 왔을때 비닐로 비를 막을 수도 있고 쓰레기가 생기면 비닐에 버릴수있다.
아가팩	가방 + 아이스팩	가방에 아이스크림을 넣어도 안녹고 아이스크림을 먹고싶을때 꺼내 먹을수있다.

문제 11 p27

문항 분석 및 평가표

◆ 문항 분석 : 우리나라를 알릴 수 있는 음식을 고르고, 그 음식을 알리는 다양하고 신선한 방법을 통해 융통성과 독창성을 평가하는 문항이다.

◆ 평가표

음식을 골랐으나 방법이 단순한 경우	3점
음식을 고르고 방법이 독특하고 현실적인 경우	5점

출제자 예시 답안

· 음식 이름 : 김밥
· 세계에 알릴 수 있는 방법 : 항공사의 기내식으로 김밥을 선보인다. 세계인들이 보는 TV 프로그램에 협찬한다. 유튜브나 SNS에 김밥의 다양성을 올려 홍보한다. 등

학생들 샘플 답안

음식 이름 : 잡채
세계에 알릴 수 있는 방법 :
외국인들이 많이 오는 곳에 잡채를 홍보하는 전단지를 붙인다.

문제 12 p28

문항 분석 및 평가표

◆ 문항 분석 : 하나의 물건을 다양한 장소에서 다양하게 사용하는 방법을 얼마나 독특하고, 새롭게 표현하였는지를 통해 융통성과 독창성을 평가하는 문항이다.

◆ 평가표

1 ~ 2가지 작성	3 가지 작성	4 가지 작성	5 가지 작성	6 가지 작성
1점	2점	3점	4점	5점

학생들 샘플 답안

내 방에서	부엌에서
책받침대로 이용하기 친구와 같이 팽이 놀이 한다.	음식이 식지 않도록 그릇위에 놓기 라면을 뚜껑에 덜어서 먹는다.
거실에서	**교실에서**
냄비 뚜껑을 뒤집어, 고정시킨 후 팽이 돌리기 TV 볼때 더우면 뚜껑 유리 쪽으로 볼을 댄다.	쉬는시간에 구슬치기 음악시간에 심벌즈로 쓴다.
운동장에서	**바다에서**
피구를 할때 선으로 비가 올때 냄비 뚜껑을 쓴다.	조개 모을때 모래성을 만들때 냄비 뚜껑으로 모양을 만든다.

문제 13 p29

문항 분석 및 평가표

◆ 문항 분석 : 주어진 조건으로 문제점과 해결 방안을 상황에 맞게, 자세하게 설명하였는지를 통해 융통성, 정교성을 평가하는 문항이다.

◆ 평가표

문제점에 대한 해결 방안이 구체적이지 않은 경우	3점
타당한 문제점과 정확한 해결 방안을 제시한 경우	5점

출제자 예시 답안

· 문제점 : 무한이와 상상이는 다리의 힘이 다르기 때문에 각각 다른 사람이 달린 자전거로는 성능을 비교할 수 없다.

· 해결 방안 : 두 대의 자전거를 한 사람이 타서 같은 힘으로 탄 거리를 비교한다.

이외에도 자전거의 기아가 다를 수 있고, 바퀴 안의 공기의 양 등이 문제점이 될 수 있다.

학생들 샘플 답안

· 문제점 : 3번

· 해결 방안 : 만약 무한이와 상상이중 무한이가 힘이 세고 상상이의 성능이 더 좋다면 그건 잘못된 방법이다

문제 14 p30

문항 분석 및 평가표

◆ 문항 분석 : 자석이 생활에 사용되는 예를 얼마나 다양하고, 많이 생각할 수 있는지를 통해 유창성을 평가하는 문항이다.

◆ 평가표

3 ~ 5 가지 작성	6 ~ 9 가지 작성	10 가지 이상 작성
2점	3점	5점

출제자 예시 답안

냉장고 문, 도난방지 시스템, 자석 드라이버, 냉장고에 붙이는 오프너, 자동문, 자석 보드판, 차량 거치대, 자기부상열차, 넥타이 핀, 버스카드, 가방 문, 신용카드, 필통 뚜껑 등이 있다.

문제 15 p30

문항 분석 및 평가표

◆ 문항 분석 : 단순한 그림으로 연상되는 것을 다양하고, 독특하게 제시하는 것을 통해 융통성과 독창성을 평가하는 문항이다.

◆ 평가표

1 ~ 2 가지 작성	3 가지 작성	5 가지 이상 작성
1점	3점	5점

출제자 예시 답안

양궁과녁, 컬링, 계란 후라이, 도넛, 바퀴, 모자를 위에서 봤을 때 모습, 양동이를 위에서 본 모습, 잘라 놓은 파인애플, 폴로 사탕, 구절판 등이 있다.

학생들 샘플 답안

다트판, 선풍기, 훌라우프, 안경

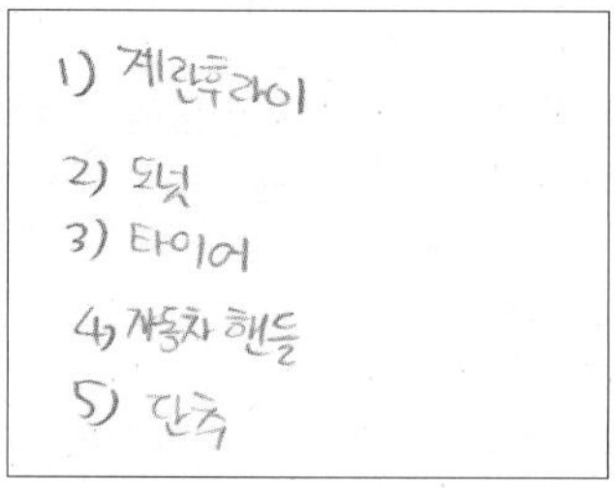

문제 16 p31

문항 분석 및 평가표

◆ 문항 분석 : 주어진 선으로 다양한 그림을 그릴 수 있는지, 우리가 아는 그림을 S 자에 맞추어 자세하게 그릴 수 있는지를 통해 융통성과 정교성을 평가하는 문항이다.

◆ 평가표

S선에 맞게 그림을 그린 경우	5점

출제자 예시 답안

학생들 샘플 답안

문제 17 p31

문항 분석 및 평가표

◆ 문항 분석 : 칸을 채워서 자신이 좋아하는 모양을 표현할 수 있는지를 통해 독창성과 정교성을 평가하는 문항이다.

◆ 평가표

자신이 그리고자 한 모양을 잘 나타낸 경우	5점

출제자 예시 답안

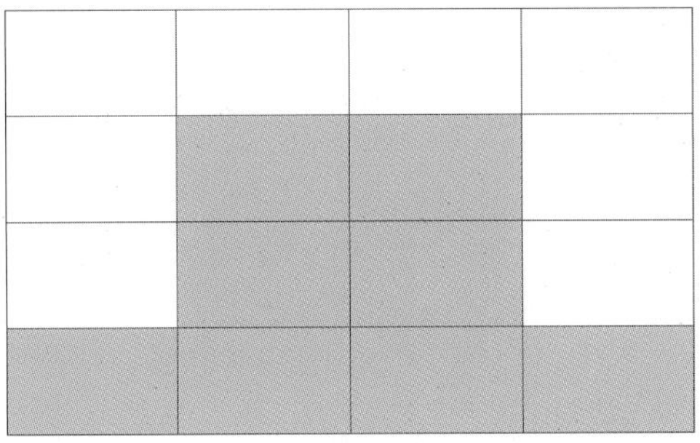

모자

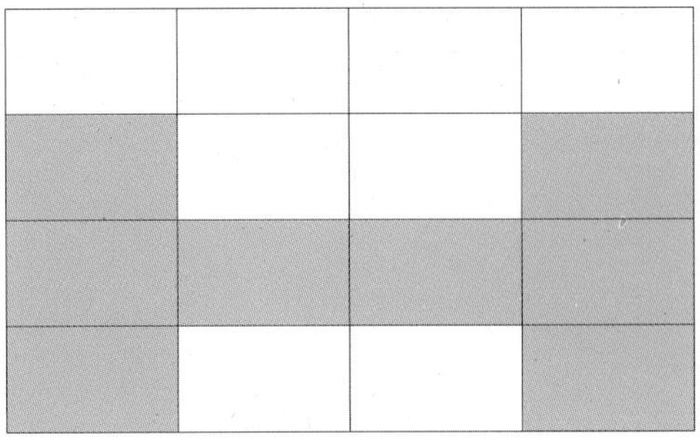

아령

학생들 샘플 답안

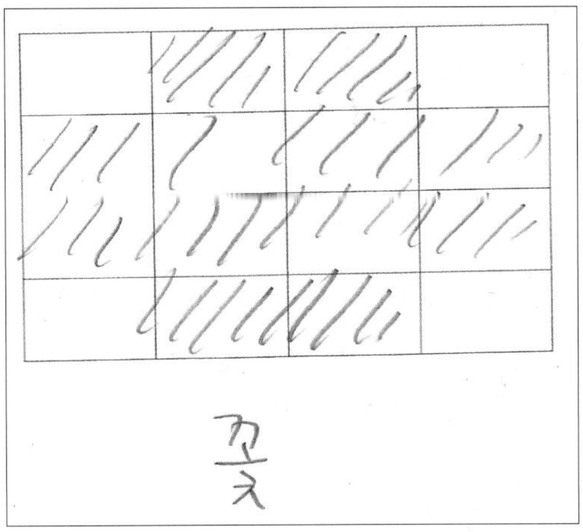

문제 18 p32

문항 분석 및 평가표

◆ 문항 분석 : 예시를 이해하고, 주어진 보기를 얼마나 독특한 아이디어로 표현했는지를 통해 융통성, 독창성을 평가하는 문항이다.

◆ 평가표

2 ~ 3 가지만 완성한 경우	3점
4 가지 모두 완성한 경우	5점

출제자 예시 답안

① 동그란 오렌지를 네모난 접시에 놓았다. 보름달을 창문 밖으로 내다 보았다.
② 뒷자석에 6명이 앉고 앞좌석에 3명이 앉아 총 9명이 차를 타고 출발하였다.
③ 장미꽃 5송이가 묶인 꽃다발을 4다발 샀을 때 장미꽃은 총 20송이다.
④ 산에 올라가 반달을 보았다. 삼각김밥을 먹으면서 알파벳 D로 시작하는 단어를 외웠다.

학생들 **샘플 답안**

샘플 1.

① 동그란 얼굴에 네모난 몸통을 가진 인형을 하나 샀다.
② 김밥 6줄이 담긴 박스에 누나가 실수로 김밥 3줄을 더 넣어서 모두 김밥 9줄이 박스 안에 담겨 있다.
③ 계란 20개를 4명에게 5개씩 나눠줄 수 있다.
④ 반원 모양 얼굴과 세모 모양 턱수염을 그렸다.

샘플 2.

① 종이를 ○랗게 접은후 폐휴지 □함에 넣었다
② 도시락에 소시지가 6개 있었는데 친구가 3개를 주어 9개가 되었다
③ 색종이가 5가지씩 4묶음이 있어 20장이 되었다.
④ △난 삼각 김밥 주물렀더니 D 모양이 됐다

문제 19 p33

문항 분석 및 **평가표**

◆ 문항 분석 : 숫자 1부터 9를 포함한 생활 속 모습을 얼마나 기발하고, 독특하게 표현하는지를 통해 융통성과 독창성을 평가하는 문항이다.

◆ 평가표

1 ~ 9 중 5개 이상을 사용한 경우	3점
1 ~ 9를 모두 사용한 경우	5점

출제자 **예시 답안**

무한이가 한강에서 종이로 만든 배를 타고 가는 경주 시합에 나갔다. 무한이는 5번 선수이다.

학생들 샘플 답안

문제 20 p33

문항 분석 및 평가표

◆ 문항 분석 : 그림을 보고 관계있는 사물을 생각하는 것을 통해 융통성과 독창성을 평가하는 문항이다.

◆ 평가표

3 문제 중 연관된 사물을 2 문제만 쓴 경우	3점
3 문제 모두 연관된 사물을 쓴 경우	5점

출제자 예시 답안

· ◎ 이 자동차 핸들이라면 ／ 은 와이퍼이다. / 속도계 바늘이다. / 안전벨트이다.

● 이 알이라면 ⊔ 은 둥지이다. / 달걀 바구니이다. / 알 삶는 냄비이다.

· □ 이 책이라면 ∩ 은 책가방이다. / 도서관 입구이다. / 도서관 창문이다.

학생들 샘플 답안

샘플 1.

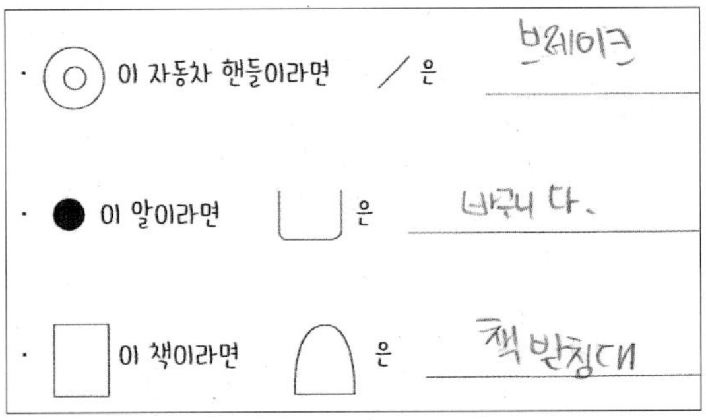

샘플 2.

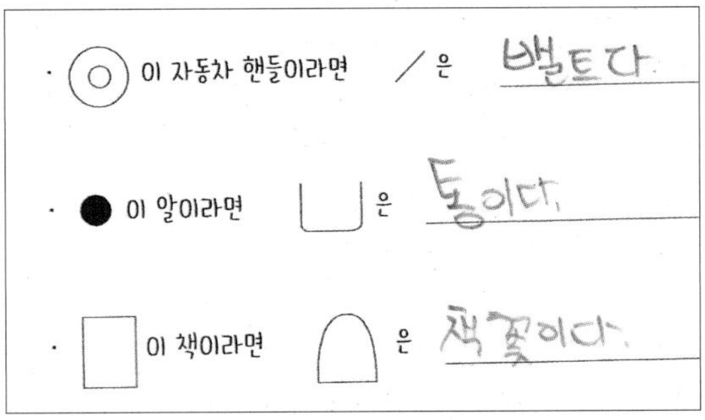

문제 21 p34

문항 분석 및 평가표

◆ 문항 분석 : 미완성된 그림을 보고 다양한 그림을 생각해 보고, 선을 연결하여 독특하고 신선한 그림을 그리는 것으로 융통성과 독창성을 평가하는 문항이다.

◆ 평가표

단순히 선만 연결하고 제목을 쓴 경우	2점
선을 연결하고 꾸며서 신선한 그림을 그린 경우	5점

학생들 샘플 답안

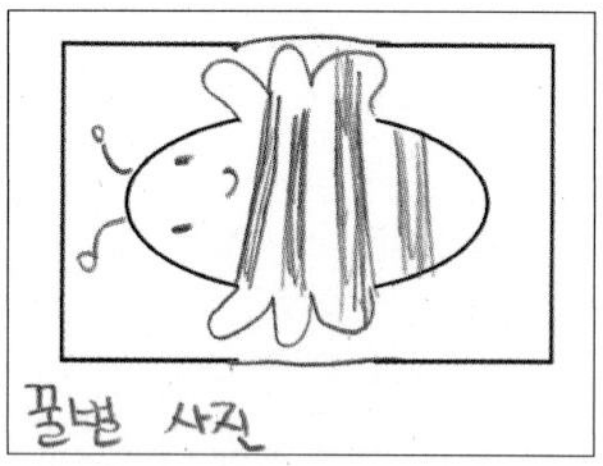

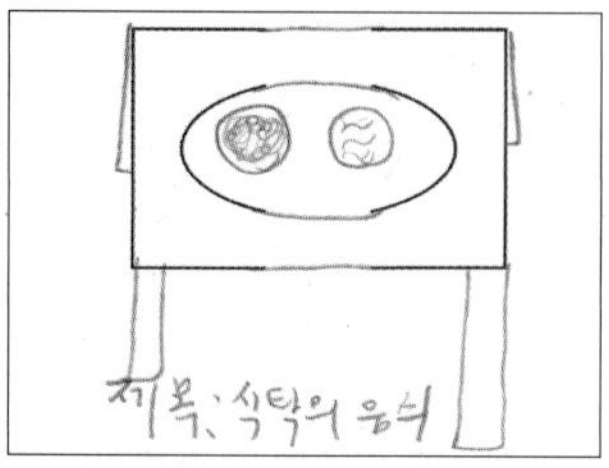

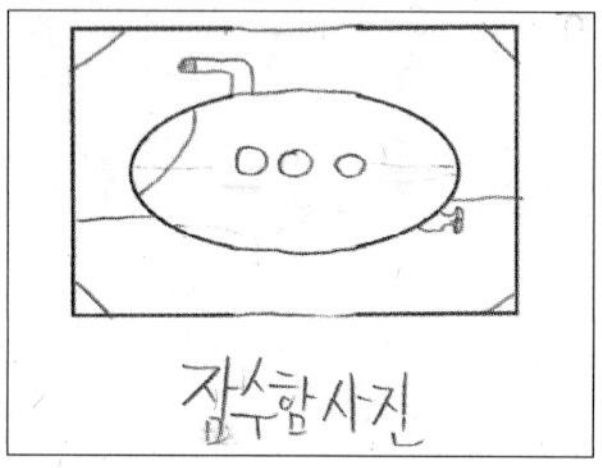

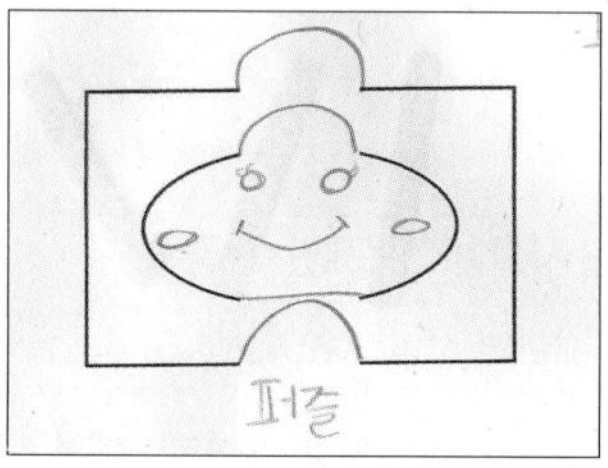

문제 22 p34

문항 분석 및 평가표

◆ 문항 분석 : 그래프를 보고 B가 증가할수록 A가 증가하다가 일정해지는 것을 이해하고, 생활 속에서 A와 B가 될 수 있는 다양하고, 신선한 답을 통해 융통성과 독창성을 평가하는 문항이다.

◆ 평가표

그래프에 맞게 A와 B를 각각 쓴 경우	5점

출제자 예시 답안

· A는 내 생각, B는 장난감 개수
장난감이 많으면 많을수록 처음에는 점점 많은 것처럼 느껴지다가 일정 개수 이상일 때는 더 이상 많다는 생각이 들지 않는다.
· A는 발 사이즈, B는 나이
어릴 때는 나이가 들수록 발 사이즈가 커지지만 청소년기를 겪으면서 발 사이즈가 더 이상 커지지 않는다.
· A는 물의 온도, B는 가한 열
열을 가하면 가할수록 물의 온도는 점점 증가하지만 끓는점(100℃)에 도달하면 더 이상 온도가 올라가지 않는다.

문제 23 p35

문항 분석 및 평가표

◆ 문항 분석 : 길이가 다른 3개의 막대의 길이를 빨리 비교하기 위해 얼마나 다양하고 기발한 아이디어를 낼 수 있는지를 통해 융통성과 독창성을 평가하는 문항이다.

◆ 평가표

1 가지를 쓴 경우	2점
2 가지를 쓴 경우	3점
3 가지 이상 쓴 경우	5점

출제자 예시 답안

· 자로 잰다.
· 종이를 하나의 막대와 길이가 같게 자르고, 자른 종이를 나머지 막대와 비교한다.
· 막대보다 길이가 짧은 도구를 가지고 막대가 도구의 몇 배인지 판단한다.

학생들 샘플 답안

세로로 세워 길이를 대 본다.

문제 24 p35

문항 분석 및 평가표

◆ 문항 분석 : 미래의 모습이 현재의 모습과 얼마나 달라질지 다양하게 생각하는 것을 통해 융통성, 신선하고 독특한 변화를 생각하는 것을 통해 독창성을 평가하는 문항이다.

◆ 평가표

1 가지를 쓴 경우	2점
2 가지를 쓴 경우	3점
3 가지 이상 쓴 경우	5점

출제자 예시 답안

· 칠판 없이 선생님께서 컴퓨터에 필기를 해주시면 각자 가지고 있는 패드에 필기가 떠 글씨를 볼 수 있을 것이다.
· 과목별 책을 가지고 다닐 필요 없이 책상 위에 책 내용이 시간마다 바뀌어 공부할 수 있을 것이다.
· 한 반의 학생이 5 ~ 10명 정도로 토론 수업 위주로 공부할 것이다.
· 과학이나 사회 시간에는 3D 입체 구조로 생물이나 지형을 실제 보는 듯하게 수업할 것이다.

학생들 샘플 답안

샘플 1.

1. 로봇들이 청소를 해서 교실 청소 당번이 없다.
2. 책상을 터치하면 교과서가 화면으로 떠서 교과서가 필요하지 않다.
3. 급식시간에 급식은 급식 당번이 아닌 로봇들이 급식을 준다.

샘플 2.

교실이 넓고 문이여러개이다.
책상이 길다. 자기자리에 선풍기가 있다.

문제 25 p36

문항 분석 및 평가표

◆ 문항 분석 : 나에게 새로운 상황이 벌어졌을 때, 내가 어떠한 일을 할 수 있는지 구체적이고, 신선한 생각하는 것을 통해 정교성과 독창성을 평가하는 문항이다.

◆ 평가표

구체적이지 않은 간단한 답을 쓴 경우	2점
구체적이고, 문제에 적합한 답을 쓴 경우	5점

출제자 예시 답안

· 맛있고 다양한 급식 메뉴를 시도하여 입학생들의 관심을 끈다.
· 운동장에 새로운 놀이 시설을 설치한다.
· 벼룩시장, 캠핑, 운동회 등 다양한 행사를 많이 추진한다.

학생들 샘플 답안

선생님과 회의를 해 광고를 내고, 아니면 학생이 많은 곳으로 학교를 다른곳으로 이사하고, 이사를 한 후 선생님들을 어려명 구한다.

깨끗한 환경과 학생들을 어떻게 잘 가르칠지 선생님(교사)들과 회의를 한다.

문제 26 p36

문항 분석 및 평가표

◆ 문항 분석 : 주어진 상황이 왜, 어떻게 일어났는지 그 이유를 신선하고, 독특하게 생각하고, 구체적으로 설명하는 것을 통해 독창성과 정교성을 평가하는 문항이다.

◆ 평가표

구체적이지 않은 간단한 답을 쓴 경우	2점
두 아이의 상황을 구체적으로 잘 표현한 경우	5점

출제자 예시 답안

운동장에서 울고 있는 아이는 지갑을 잃어버려서 울고 있고, 웃고 있는 아이는 오늘 상을 받아 엄마에게 칭찬받을 생각에 기뻐서 웃고 있다.

학생들 샘플 답안

앉아서 울고 있는 아이는 서서 웃고있는 아이를 괴롭혀서 선생님한테 혼났고 서서웃고 있는 아이는 참 잘됐다는 생각을 하고 웃고 있다.

문제 27 p37

문항 분석 및 평가표

◆ 문항 분석 : 상황을 이해하고, 꾀를 부리던 겁쟁이 개에게 늑대가 할 수 있는 말을 얼마나 재미있고 신선하게 상상했는지를 통해 융통성과 독창성을 평가하는 문항이다.

◆ 평가표

상황에 맞게 늑대가 할 수 있는 말을 쓴 경우	5점

출제자 예시 답안

· 배고픈데 잘 됐다! 둘 다 먹을 수 있겠다!
· 주인님이 네가 닭을 잘 지키는지 보고 오라고 했는데, 꾀를 부리다니! 너 데리고 가야겠다!

학생들 샘플 답안

샘플 1.

나를 위해 닭을 주려고 하였니? 널 잡아먹지 말아야 겠어. 마음씨 착한 개야, 나랑 친구할래?

샘플 2.

덫에 걸렸군, 그럼 내가 문을 열던지 너를 잡아먹을지 생각해야 겠군. 만약내가 닭을 못잡으면 내가 너를잡아먹고 내가닭을잡으면 너를 잡아먹지 않을게

문제 28 p.37

문항 분석 및 평가표

◆ 문항 분석 : 미래에 일어날 수 있는 일을 가정하였을 때, 그 상황을 이해하고 어떻게 삶이 변화되었는지를 일기로 쓰는 것을 통해 융통성과 독창성을 평가하는 문항이다.

◆ 평가표

일기 형식으로 쓰지 않은 경우	2점
상황에 맞게 일기 형식으로 쓴 경우	5점

출제자 예시 답안

아침에 일어나니 갑자기 집이 없어졌다. 밥을 해먹을 수가 없어서 가족이 다같이 식당에 가서 밥을 먹고, 텐트로 집을 만들었다. 처음에는 화장실도 없고, 전기도 안들어와서 불편했지만 엄마와 아빠가 화장실은 공용 화장실로, 전기는 전봇대에서 끌어와서 생활하게 되었다. 엄마, 아빠께서는 사람은 적응의 동물이라고 말씀하셨다. 내 생각도 그런 것 같다. 내일은 아빠와 불을 어떻게 사용할지 같이 고민해 봐야겠다.

학생들 샘플 답안

갑자기 집이 없어졌다. 그럴 줄은 몰랐다.
내일당장 집을 사야겠다. 그런데 돈이 부족하다.
그러면 옷을 조금 남겨두고 남은옷은 팔아야 겠다.
그래도 부족하면 음식도 팔아야겠다. 조금남겨두고
그래도 부족하면 구걸을 해서 돈을구해야 겠다.
집이 없어 참속 상하다.

문제 29 p38

문항 분석 및 평가표

◆ 문항 분석 : 지구에 대해 쉽게 알릴 수 있는 물건이 무엇일지 생각하고, 그 이유를 자세하게 설명하는 것으로 독창성과 정교성을 평가하는 문항이다.

◆ 평가표

물건을 선택한 이유가 지구를 알리는데 적합하지 않은 경우	2점
물건을 선택한 이유가 지구를 알리는데 적합한 경우	5점

출제자 예시 답안

카메라가 달려 있는 드론 - 드론의 카메라로 지구에서만 볼 수 있는 풍경을 찍고, 바쁜 사람들의 모습을 찍어서 보여주면 지구의 자연과 사람들의 삶을 모두 보여줄 수 있을 것이다.

학생들 샘플 답안

샘플 1.

쉽게 구할수 있는 지도 를 주고 싶습니다.
그 이유는 지도에는 많은 곳을 알수 있기 때
문입니다.

샘플 2.

나는 외계생명체에게 옷을 선물하고 싶다.
이유는 외계생명체들은 옷을 안 입을 것
같은데 옷을 보면 신기하다며 지구에
올 것 같아서.

문제 30 p38

문항 분석 및 평가표

◆ 문항 분석 : 주어진 상황에서 내에게 생기는 변화를 얼마나 신선하고, 독특하게 표현하는지를 통해 독창성을 평가하는 문항이다.

◆ 평가표

나의 변화가 아닌 다른 변화를 쓴 경우	2점
나에게 생기는 직접적인 변화를 쓴 경우	5점

출제자 예시 답안

· 2주가 연기되어서 아쉬웠지만 그 동안 새로운 옷을 사서 소풍에 입고 갔다.
· 2주 전에는 건강했는데 몸살 감기가 와서 2주 후에 소풍에 가지 못했다.

학생들 샘플 답안

1. 옷이 바뀐다.
2. 밤에 설레서 잠을 못 자서 피곤하다.
3. 흥분했을 것이다.

문제 31 p39

문항 분석 및 평가표

◆ 문항 분석 : 그림을 보고 어떤 상황인지 확인하고 들을 수 있는 소리를 다양하고, 신선하게 표현할 수 있는지를 통해 융통성과 독창성을 평가하는 문항이다.

◆ 평가표

4 가지 이하만 쓴 경우	3점
5 가지 이상 쓴 경우	5점

출제자 예시 답안

빵빵, 삐용삐용, 따르르릉, 쾅, 끼익, 여보세요?, 어머어머 등

학생들 샘플 답안

에에에엥~. 삐삐삐~ 차콰~! 쾅! 삐용삐용~

문제 32 p39

문항 분석 및 평가표

◆ 문항 분석 : 주어진 상황에서 선생님의 키를 알 수 있는 방법을 얼마나 신선하고, 독특하게 생각해 내는지를 통해 융통성과 독창성을 평가할 수 있는 문항이다.

◆ 평가표

단지 추측하거나 확실하지 않는 방법을 쓴 경우	2점
비교하거나 물어보는 등 다양하고 신선한 방법을 쓴 경우	5점

출제자 예시 답안

· 지나가는 친구의 키와 선생님의 키를 비교한다.
· 정수기와 선생님의 키를 비교한다.

학생들 샘플 답안

지나가는 학생들 중 내가 아는 애가 지나가고, 내가 그애의 키를 알면 어 그애로 키를 알수있다.

문제 33 p40

문항 분석 및 평가표

◆ 문항 분석 : 주어진 상황에서 조건에 맞는 신선하고, 재미있는 방법을 제시할 수 있는지를 통해 독창성을 평가하는 문항이다.

◆ 평가표

조용하기만 한 방법을 제시한 경우	2점
조용하지 않고 재미있기만 한 방법을 제시한 경우	2점
조용하고 재미있는 방법을 제시한 경우	5점

학생들 샘플 답안

각자 휴대폰으로 노래를 틀고 이어폰을 꽂는다.

문제 34 p40

문항 분석 및 평가표

◆ 문항 분석 : 그림 속 상황에서 친구의 행동을 추측하고, 그에 맞는 나의 행동을 어떻게 표현하는지를 통해 융통성과 독창성을 평가하는 문항이다.

◆ 평가표

친구의 상황을 배려하지 않고 나의 행동만 쓴 경우	2점
친구의 상황에 맞게 나의 행동을 쓴 경우	5점

출제자 예시 답안

· 친구들과 어울리지 못하는 한 친구가 화단에서 흙에 물을 주고 있으므로 그 친구의 의견을 물어보고 같이 어울릴 수 있는 놀이를 한다.
· 화단의 흙을 정리하는 친구는 화단 청소 당번이므로 도와줄 것이 없는지 물어본다.

학생들 샘플 답안

다리가 아파서 피구를 못한다.
같이 다리를 쓰지 않은 놀이를 한다.

문제 35 p41

문항 분석 및 평가표

◆ 문항 분석 : 대화가 통하지 않는 상황에서 얼마나 신선하고, 독특한 방법으로 정보를 정확하게 전달하는지를 통해 융통성과 독창성을 평가하는 문항이다.

◆ 평가표

몸으로 표현하는 답을 쓴 경우	2점
얼음이나 어떤 물체를 던져서 뜨거움을 알려주는 경우	4점
또 다른 새로운 발상으로 답을 쓴 경우	5점

학생들 샘플 답안

차가운 물을 먼저 만지게 한다.

문제 36 p41

문항 분석 및 평가표

◆ 문항 분석 : 표정에 따른 상황을 신선하게 표현하는지와 얼마나 자세하게 설명하는지를 통해 독창성과 정교성을 평가하는 문항이다.

◆ 평가표

표정에 맞는 설명이 없거나 자연스럽지 않은 경우	2점
그림 3개를 골라 3개의 표정에 맞는 상황을 쓴 경우	5점

출제자 예시 답안

①-③-④ : 친구랑 같이 걸어가던 무한이는 돌부리에 걸려 넘어지려 하다가 친구가 잡아주어 넘어지지 않았고, 다행이라며 안도의 웃음을 지었다.
①-②-⑤ : 좋아하는 티비 프로그램을 보고 있던 무한이는 슬픈 장면을 보며 눈물을 흘리고 있었는데, 동생이 마음대로 채널을 바꾸어 기분이 나빠졌다.

학생들 샘플 답안

시험이 50점인줄 알았는데
선생님이 갑자기 100점이라고
해서 신났다.

문제 37 p42

문항 분석 및 평가표

◆ 문항 분석 : 촉감만으로 어떠한 물체인지 얼마나 다양하고, 재미있는지를 통해 유창성, 융통성과 독창성을 평가하는 문항이다.

◆ 평가표

3 ~ 4 가지만 쓴 경우	3점
5 가지 이상 쓴 경우	5점

출제자 예시 답안

어묵, 가래떡, 핫케이크, 뱀, 지렁이, 껍질 벗긴 삶은 달걀, 호빵 등이 있다.

문제 38 p42

문항 분석 및 평가표

◆ 문항 분석 : 지도에 주어진 건물이나 다양한 배경으로 주민들의 직업을 추측해 보고, 얼마나 다양하게 쓸 수 있는지를 통해 유창성과 융통성을 평가하는 문항이다.

◆ 평가표

3 ~ 5 가지를 쓴 경우	2점
6 ~ 10 가지를 쓴 경우	5점

출제자 예시 답안

공무원, 초등학교 선생님, 도서관 점원, 편의점 알바생, 경비원, 목사, 갈비집 사장님, 농부, 스님, 여관 주인, 건물주, 땅 주인, 버스기사, 학생, 사회복지사, 목수, 가구 디자이너 등이 있다.

학생들 샘플 답안

아이들 : 희망의 싹을 키우는 학생

어른들 : 친절한 여관 주인, 냄세폴폴 풍기는 갈비집 사장
편의점의 착한 주인, 교회의 웃긴 전도사님들과 목사
그리고 집사님들, 일진 스님, 도서관 주인, 등

문제 39 p43

문항 분석 및 평가표

◆ 문항 분석 : 주어진 상황에서 할 수 있는 말을 얼마나 재미있고 독특하게 썼는지, 상황에 잘 어울리는지를 통해 독창성과 융통성을 평가하는 문항이다.

◆ 평가표

재미있지만 앞뒤 문맥이 자연스럽지 않은 경우	2점
재미있고 앞뒤 문맥이 자연스러운 경우	5점

학생들 샘플 답안

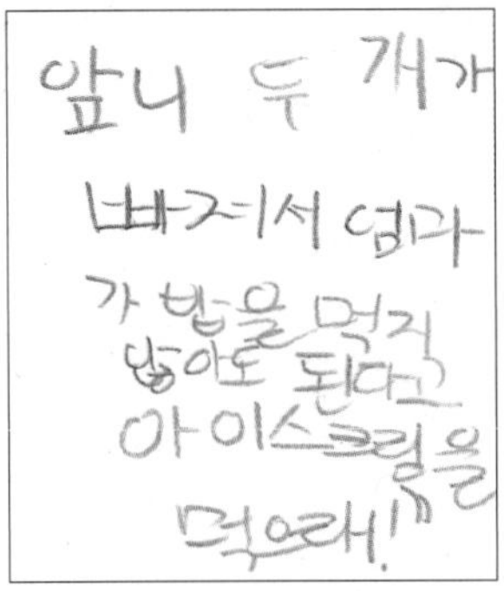

문제 40 p43

문항 분석 및 평가표

◆ 문항 분석 : 해결책이 필요한 상황에서 얼마나 독특하고, 기발한 생각으로 해결해 내는지를 통해 독창성을 평가하는 문항이다.

◆ 평가표

사탕이 바닥에 떨어지는 상황을 쓴 경우	2점
사탕이 바닥에 떨어지지 않으면서 가운데 별사탕을 꺼낼 수 있는 방법을 쓴 경우	5점

출제자 예시 답안

· 양쪽 호스를 끼우고 돌려서 끝에 별사탕이 오면 빼먹는다.
· 양쪽을 테이프로 막고 가운데를 칼로 잘라 별사탕을 꺼내 먹는다.

학생들 샘플 답안

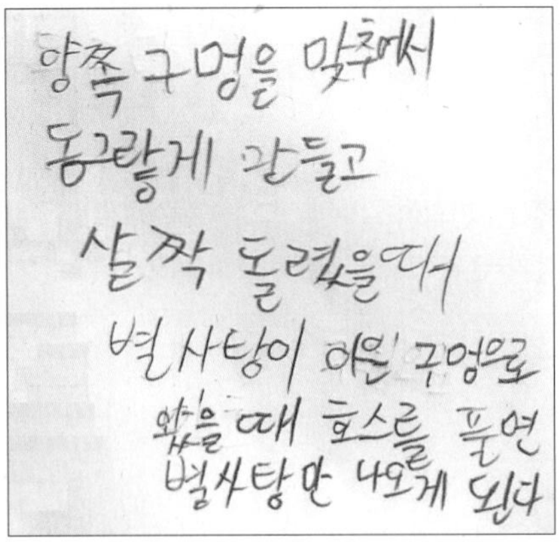

점수 통계

각 문항별 평균 점수

문항	1	2	3	4	5	6	7	8	9	10	11	12	13	14	15	16	17	18	19	20
학생들 평균 점수(점)	4.4	4.0	4.4	3.5	2.3	1.6	3.9	3.6	2.6	4.4	4.1	4.2	2.3	2.7	4.2	4.4	3.3	1.8	1.4	3.1

문항	21	22	23	24	25	26	27	28	29	30	31	32	33	34	35	36	37	38	39	40
학생들 평균 점수(점)	3.3	0.9	2.2	3.2	3.4	3.7	4.2	1.8	4.6	1.6	4.1	3.7	2.7	3.3	2.0	3.0	1.9	2.8	4.0	2.8

총점 평균 125.1/200점

점수에 따른 성취도 등급

등급	1등급	2등급	3등급	4등급	5등급
평가	160점 이상	130점 이상 ~ 159점 이하	100점 이상 ~ 129점 이하	50점 이상 ~ 99점 이하	49점 이하

II 영재성 검사

02 언어 / 추리 / 논리

1. 각 문제의 배점은 5점이며, 각 평가표에 점수 기준이 있습니다. / 각 단원 말미에서 성취도 등급을 확인하세요.
2. 학생들 샘플 답안은 서울시 서초구 소재의 한 초등학교 학생들이 직접 푼 것입니다.

문제 01 p44

◆ 평가표

1 ~ 4 가지를 쓴 경우	2점
5 ~ 9 가지를 쓴 경우	3점
10 가지 이상을 쓴 경우	5점

출제자 예시 답안

거울, 규율, 거위, 가위, 경위, 고양, 고위, 교육, 근엄, 고요, 가야, 게임, 간염, 금연, 개요, 공유, 기아, 고아, 거인, 과일, 고인, 경영, 관우, 관용 등이 있다.

학생들 샘플 답안

고아 각인 감염 강인 게임 기억 기여 군인
기아 굴욕 공용 간암 가야 거인 가위 공약
국악 국어 교육 거위 기역 고인 공유 곤약

문제 02 p44

◆ 평가표

정답을 맞춘 경우	5점

정답 및 해설

답 ③ 별자리

해설 주어진 자음과 모음을 조합하면 염소자리라는 것을 알 수 있다. 따라서 이 낱말을 포함하는 단어는 ③ 별자리이다.

문제 03 p45

◆ 평가표

〈보기〉와 같이 연결되지 않고 단어만 만든 경우	2점
〈보기〉와 같이 모두 앞뒤 단어가 연결되는 경우	5점

출제자 예시 답안

(1) 백합 – 꽃 – 가루 – 비누 – 방울 – 토마토 – 껍질
(2) 충치 – 예방 – 주사 – 위 – 국 – 물 – 맛
(3) 자동 – 차 – 유리 – 공예 – 작품 – 전시 – 회

해설 네모 칸 안에 있는 글자는 앞에 단어와 연결해도 한 단어로 사용할 수 있고, 뒷 단어와 연결해도 한 단어로 사용할 수 있어야 한다. 예를 들어 백합꽃과 꽃가루는 두 단어 모두 사용할 수 있으므로 백합과 가루 사이에는 꽃을 넣을 수 있다. 하지만 백합과 가루 사이에 쌀이라는 단어를 넣으면 쌀가루는 한 단어가 될 수 있지만 백합쌀은 한 단어가 될 수 없으므로 적절하지 않다.

문제 04 p45

◆ 평가표

주어진 규칙과 같은 규칙으로 단어를 채운 경우	5점

출제자 예시 답안 책 – 신발 – 공부 – 양말 – 학교 – 덧신

해설 주어진 단어 변화를 보면 사이사이에 있는 단어끼리 연관되어 있다. 나침반은 방향, 표지판과 연관이 있고, 자는 길이, 키와 연관이 있다. 예술은 영화, 배우와 연관이 있고, 명절은 추석, 송편과 연관이 있다. 이러한 규칙을 먼저 찾아내고 이 규칙에 맞는 단어를 생각해서 써 넣으면 된다.

학생들 샘플 답안

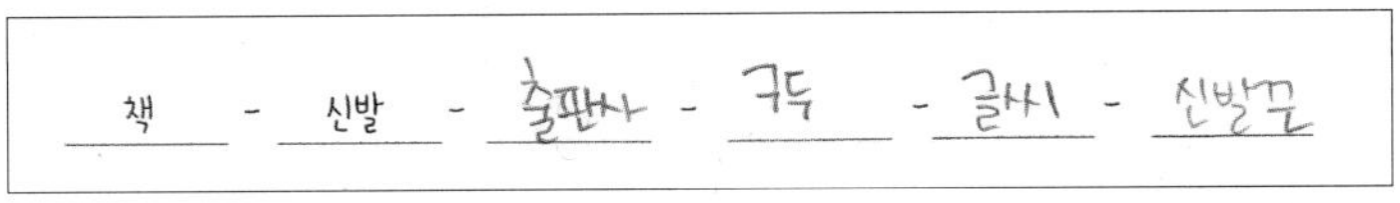

문제 05 p46

◆ 평가표

운동화와 비행기 중 하나만 완성한 경우	2점
운동화와 비행기로 연상되는 단어를 각각 10개씩 모두 채운 경우	5점

출제자 예시 답안

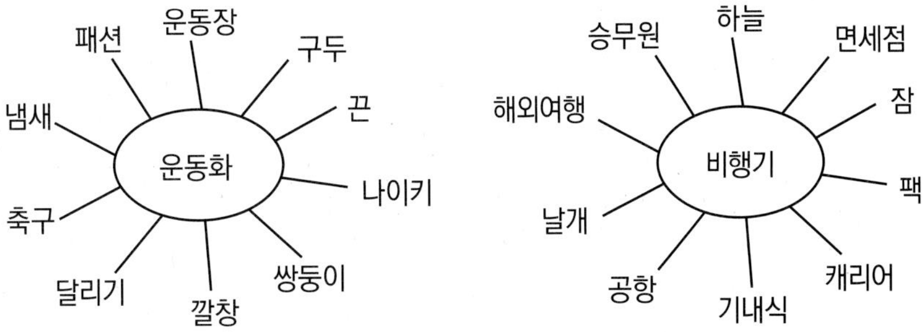

학생들 샘플 답안

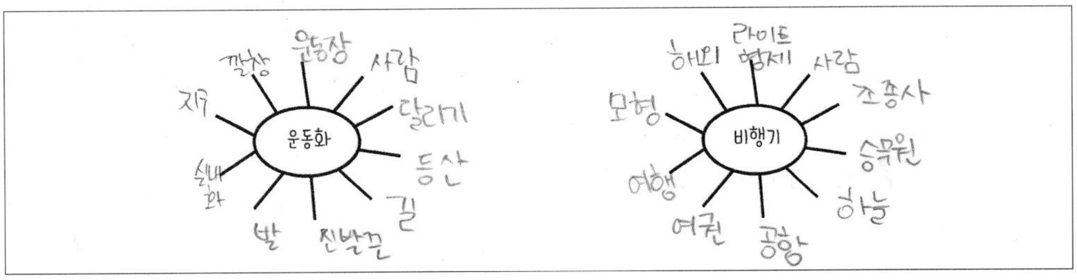

문제 06 p47

◆ 평가표

1개	2개	3개	4개	5개 이상
1점	2점	3점	4점	5점

출제자 예시 답안 바구니, 달력, 토기, 고소, 나사, 학당, 배지

학생들 샘플 답안

바구니, 배달, 마사지, 기력

문제 07 p47

◆ 평가표

규칙을 이해하여 ① ~ ④ 까지 채웠으나 ⑤ ~ ⑩까지 채우지 못한 경우	3점
규칙을 이해하여 ① ~ ⑩까지 모두 채운 경우	5점

출제자 예시 답안 ① 참 ② 차자잠 ③ 짬 ④ 짜잠 ⑤ 빵 ⑥ 빠방 ⑦ 빠바방 ⑧ 캉 ⑨ 캬강 ⑩ 캬가강

문제 08 p48

◆ 평가표

각각 조건에 맞는 생각을 해서 쓴 경우	5점

출제자 예시 답안

(1) USB메모리 : 실제 크기는 작지만 안에 담을 수 있는 데이터의 양은 크다.
줄자 : 크기는 작지만 큰 물건의 길이를 잴 수 있다.
씨앗 : 씨앗은 크기는 작지만 심어 키우면 큰 나무가 된다.
(2) 바다거북 : 육지에서는 매우 느리지만 바다 속에서 헤엄칠 때는 매우 빠르다.
달 : 우리가 볼 때는 느리게 움직이지만 실제로는 빠르게 지구 주위를 돌고 있다.
세월 : 어린 아이가 느끼기에는 느리지만 어른이 느끼기에는 빠르다.
시간 : 기다리는 사람에게는 느리고, 바쁜 사람에게는 빠르다.

학생들 샘플 답안

샘플 1.

(1) 작고도 큰 것 : 행복 : 사람들에게는 작다고 생각하지만 가지면 크다

(2) 느리고도 빠른 것 : 노력 : 자신이 노력을 하지 않으면 자신의 꿈을 느리게 가지만 노력을 하면 자신의 꿈이 목표에 빨리 간다

샘플 2.

(1) 작고도 큰 것
마음 : 사람의 마음은 때때로 작아 질 수 있고 커질 수 있다
(2) 느리고도 빠른 것
인생 : 우리가 볼 땐 느리게 지나가지만 막상 보면 빠르다

샘플 3.

(1) 작고도 큰 것
여우 : 몸집은 작지만 머리속 잔꾀는 크다
사람 : 자신은 작지만 욕심은 크다
(2) 느리고도 빠른 것
거북이 : 책에서는 느리고 하지만 실제로는 빠르다

문제 09 p48

◆ 평가표

(1), (2) 중 한 가지만 쓴 경우	2점
(1), (2) 모두 적절한 비유로 쓴 경우	5점

출제자 예시 답안

(1) 컴퓨터
많은 것을 알려주시기 때문이다.
(2) 로보트
다양한 배역으로 변신할 수 있기 때문이다.

학생들 샘플 답안

샘플 1.

(1) 선생님은 [책] 와/과 같다.
왜냐하면 새로운 지식과 뜻을 알 수 있기 때문이다.
(2) 연예인은 [만화책] 와/과 같다.
왜냐하면 우리로 재미와 감동을 줘 때문이다.

샘플 2.

(1) 선생님은 [엄마] 와/과 같다.
왜냐하면 엄마와 성격이 같기 때문
(2) 연예인은 [마법사] 와/과 같다.
왜냐하면 우리를 끌어 들이기 때문이다

문제 10 p49

◆ 평가표

정답을 맞춘 경우	5점

정답 및 해설

답 친구와 영화를 보았다 또는 영화를 친구와 보았다

해설 뒤죽박죽 섞여 있는 글자카드를 바르게 세우고, 카드 배열을 바꾸면서 한 문장을 만들면 '친구와 영화를 보았다' 또는 '영화를 친구와 보았다' 는 문장을 만들 수 있다.

문제 11 p50

◆ 평가표

1 ~ 2 문장이 미흡한 경우	3점
다른 의미의 단어 2개로 각각 2 문장씩 만든 경우	5점

출제자 예시 답안

· 수상
동생은 상을 수상했다. / 삼촌은 수상스키를 즐겨탄다. / 수상하게 생긴 사람이 오고 있다.
· 배
배가 아프다. / 배를 타고 낚시를 하러 갔다. / 마트에는 맛있는 배를 판다.
· 눈
하늘에서 눈이 온다. / 눈이 아파서 안과를 갔다. / 나무에 눈이 났다.
· 가지
3 가지 화분이 있다. / 가지는 볶아 먹으면 더 맛있다. / 시장에는 갖 가지 채소가 있다.

학생들 샘플 답안

· 수상
나는 어제, 수상을 탔다.
나는 수상스키를 탔다.

· 배
배를 타고 떠났다,
2의 2배는 4다.

· 눈
눈이 아프다.
눈이 쌓여서 같이 눈싸움 했다

· 가지
종류에는 여러 가지가 있다.
나는 가지를 먹기싫다.

문제 12 p51

◆ 평가표

7개 단어를 모두 사용하였으나 문맥 연결이 미흡한 경우	3점
7개 단어를 모두 사용하고, 문맥 연결이 자연스러운 경우	5점

출제자 예시 답안

아침에 우유를 마시며 구름 사이로 비친 햇살을 볼 때
내가 살고 있는 섬이 가장 아름다운 시간
똑딱똑딱 시계 소리도 친구의 자전거 벨소리도 들리지 않는다.

학생들 샘플 답안

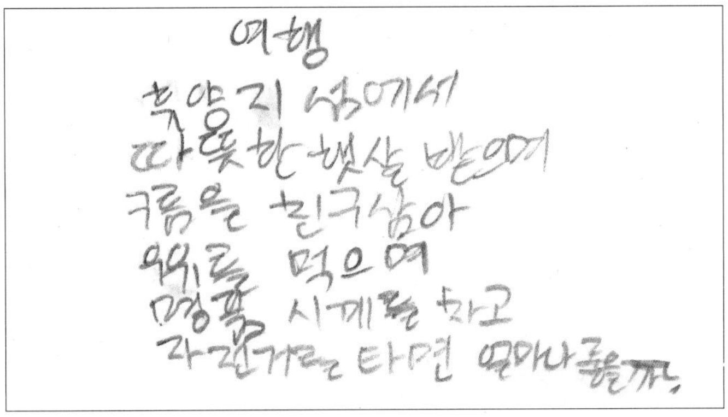

문제 13 p51

◆ 평가표

주어진 조건에 맞는 (가), (나), (다), (라)를 쓴 경우	5점

출제자 예시 답안

(가) 식물, (나) 생물, (다) 동물, (라) 강아지

학생들 샘플 답안

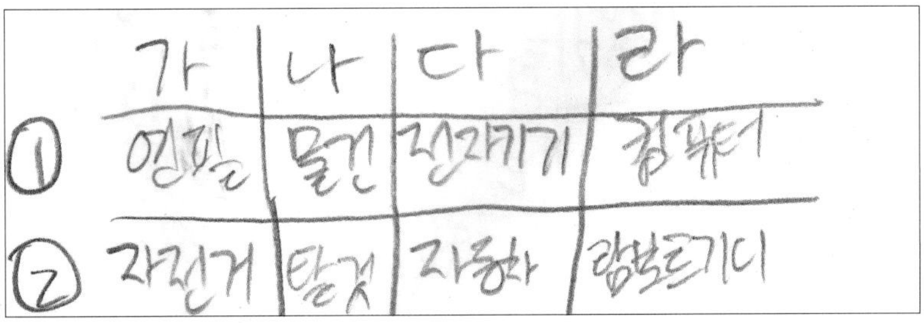

문제 14 p52

◆ 평가표

(1), (2)에서 결론인 문장을 맞힌 경우	2점
삼단논법에 맞는 문장을 만든 경우	3점

출제자 예시 답안

(1) 무한이는 떡볶이를 먹지 않습니다. (○)
(2) 핸드폰은 눈에 좋지 않습니다. (○)

채소는 몸에 좋다.
무는 채소이다.
무는 몸에 좋다.

문제 15 p53

◆ 평가표

정답을 맞춘 경우	5점

정답 및 해설

답 바다로 가야 한다.

해설 늪의 말이 진실이라면 바다는 거짓이고, 산이 거짓이다. 늪, 동굴, 계곡의 말이 진실이 되므로 2개의 표지판만 진실이라는 조건에 부합하지 않는다.
동굴의 말이 진실이라면 늪의 말이 진실이 되므로 조건에 부합하지 않는다.
계곡의 말이 진실이라면 동굴, 늪의 말이 진실이 되므로 조건에 부합하지 않는다.
따라서 산과 바다가 진실을 말하고 있고, 무한이와 상상이는 바다로 가야 한다.

문제 16 p54

◆ 평가표

(1) 채점 기준

무한이와 상상이에게 주어진 단어를 모두 맞춘 경우	2점

(2) 채점 기준

답이 맞는 경우	3점

정답 및 해설

답 (1) · 무한이에게 주어진 단어 : 감, 인, 막
· 상상이에게 주어진 단어 : 시, 담
(2) 술잔

해설 주어진 조건에 맞는 끝말잇기 놀이는 다음과 같다.
교실 – 실내화 – 화장 – 장난감 – 감독 – 독주 – 주인 – 인도 – 도시 – 시험 – 험담 – 담요 – 요지 – 지각 – 각막 – 막대기 – 기술 – 술잔

문제 17 p55

◆ 평가표

순서가 2개 이하로 틀린 경우	3점
모두 맞추었을 경우	5점

정답 및 해설

답 1등 : 자메이카, 2등 : 미국, 3등 : 멕시코, 4등 : 대한민국, 5등 : 독일, 6등 : 일본

해설 일본 선수는 독일 선수 바로 뒤에 결승선을 통과했으므로 독일 – 일본 순이다. 멕시코 선수는 미국 선수와 대한민국 선수 사이에 들어왔으므로 미국 – 멕시코 – 대한민국 또는 대한민국 – 멕시코 – 미국 순이다. 대한민국 선수는 일본 선수보다 먼저 들어왔고, 미국 선수는 자메이카 선수보다 늦게 들어왔으며, 미국 선수는 대한민국 선수보다 먼저 들어왔으므로 자메이카 – 미국 – 멕시코 – 대한민국 – 독일 – 일본 순의 등수를 매길 수 있다.

문제 18 p55

◆ 평가표

정답을 맞춘 경우	5점

정답 및 해설 답 나 – 라 – 가 – 다

해설 다에서 우유 배달을 취소하려고 했던 것을 후회한다고 하였으므로 미리 연락을 받지 못한 것이다. 따라서 아침 10시에 우유가 오지 않은 것을 먼저 알아서 우유 배달을 취소하려고 생각한 것이고, 그리고 나서 오후에 배달을 못할 것 같다는 연락을 받은 것이 이야기가 더 자연스럽다.

문제 19 p56

◆ 평가표

정답을 맞춘 경우	5점

정답 및 해설 답 14

해설 마지막 셋째 딸에서 나머지 금화의 절반과 한 개를 더 주었을 때 남은 금화가 없어야 하므로 금화의 절반을 주었을 때 한 개가 남은 것을 알 수 있고, 그 한 개가 금화의 절반임을 알 수 있다. 따라서 셋째 딸에게 주기 전 남은 금화는 2개이다. 둘째 딸에게 주기 전에는 $(2+1) \times 2 = 6$개, 첫째 딸에게 주기 전에는 $(6+1) \times 2 = 14$개이다. 따라서 왕이 처음에 가지고 있던 금화는 총 14개이다.

문제 20 p56

◆ 평가표

두 가지 소원을 모두 이룰 수 있는 방법을 제시한 경우	5점

출제자 예시 답안 아내가 낳은 딸을 어머니가 볼 수 있게 해주세요.

학생들 샘플 답안 샘플 1.

아내의 배 속에서 눈을 뜨게 할 수 있는 약을 들고 있는 여자 갓난아이가 나오게 해주세요.

샘플 2.

> 아내가 딸을 나와 우리가족모두가
> 딸을 볼 수 있게 해주세요.

문제 21 p57

◆ 평가표

3개만 맞는 경우	3점
모두 맞는 경우	5점

정답 및 해설

답

태어난 달	아이의 이름	아이가 사는 층
1월	은우	5
2월	준서	2
3월	지후	4
4월	유연	1
5월	수빈	3

해설 1층에 사는 아이는 지후보다 나중에 태어났고, 1층에 사는 아이와 지후는 은우보다 늦게 태어났으므로 순서는 은우 - 지후 - 1층에 사는 아이이다. 준서는 지후보다 먼저 태어났지만 가장 먼저 태어나지도, 가장 늦게 태어나지도 않았으므로 은우와 지후 사이에 태어났다. 따라서 순서는 은우 - 준서 - 지후 - 1층에 사는 아이이다. 4월에 태어난 유연이는 1층에 산다고 했으므로 은우 - 준서 - 지후 - 유연이는 각각 1월, 2월, 3월, 4월에 태어났다. 3층에 살고 있는 수빈이는 3월에 태어난 아이와 한 층 차이이므로 3월에 태어난 지후가 2층 또는 4층이다. 5층, 2층, 4층에 사는 아이들은 순서대로 연이어 태어났으므로 은우가 5층, 준서가 2층, 지후가 4층에 사는 것을 알 수 있다. 남은 5월은 수빈이가 태어난 달이 된다.

문제 22 p58

◆ 평가표

(1)과 (2) 중 하나만 맞추었을 경우	3점
모두 맞추었을 경우	5점

정답 및 해설

답 (1) 쥐 (2) 닭

해설 (1) a △ b는 a의 2칸 아래에 있는 동물을 말하므로 (강아지 ☆ (가))는 코끼리 2칸 위에 있는 닭이다. a ☆ b는 a와 b 사이에 있는 동물을 말하고, 강아지와 쥐 사이에 닭이 있으므로 (가)는 쥐이다.
(2) a □ b는 b의 3칸 위에 있는 동물을 말하므로 돼지 □ 닭은 돼지이고, 돼지 △ 호랑이는 강아지이고, 강아지 △ 쥐는 닭이다.

문제 23 p59

◆ 평가표

(1) 또는 (2) 중 하나만 맞춘 경우	2점
(1), (2) 모두 맞춘 경우	5점

정답 및 해설　답 (1) 상상이　(2) 무한 : 31kg, 상상 : 33kg, 영재 : 36kg

해설 (1) 무한이가 거짓말을 하지 않은 사람이라면 영재의 거짓말이 2개가 된다. 영재가 거짓말을 하지 않은 사람이라면 무한이의 거짓말이 2개가 되므로 거짓말을 하지 않은 사람은 상상이가 된다.
(2) 상상이의 말이 모두 참이므로 무한이는 31kg이고, 무한이와 2kg 차이가 난다. 만약 상상이가 29kg이라면 두 번째로 무거워야 하고 영재가 가장 가벼워야 하므로 성립되지 않는다. 따라서 상상이는 33kg이고, 영재가 36kg이 된다.

무한 : 나는 영재보다 가벼워. (참)
영재의 몸무게는 38kg 이래. (거짓)
상상이는 영재보다 3kg 더 가볍대. (참)

상상 : 무한이의 몸무게는 31kg 이래. (참)
무한이와 내 몸무게는 2kg 차이가 나. (참)
나는 두 번째로 무거워. (참)

영재 : 나는 상상이보다 3kg 더 무서워. (참)
나는 무한이보다 4kg 더 가벼워. (거짓)
내 몸무게는 36kg 이야. (참)

문제 24 p60

◆ 평가표

(1) 또는 (2) 중 하나만 맞춘 경우	2점
(1), (2) 모두 맞춘 경우	5점

정답 및 해설　답 (1) 1, 2, 3, 4　(2) 3, 4

해설 (1) 10대 여성이 저녁에 책을 얼마나 읽는지 조사하려면 사람들의 나이, 성별, 책을 읽는 시간, 책을 읽는 시간대를 모두 알아야 하므로 1, 2, 3, 4번 설문이 필요하다.
(2) 책을 많이 읽는 사람이 책을 읽는 시간을 조사하려면 책을 읽는 시간, 책을 읽는 시간대를 알아야 하므로 3, 4번 설문이 필요하다.

문제 25 p61

◆ 평가표

주어진 상황과 문맥이 자연스럽게 이야기를 쓰고, 제목을 정한 경우	5점

출제자 예시 답안

· 이야기 : 그리고 엄마는 미역국을, 아빠는 케이크를 사오셨다. 알고보니 오늘이 상상이 생일이었다. 할머니께서는 특별히 생일 선물이라며 평소보다 많은 용돈을 주신 것이다. 상상이는 너무 기뻐서 할머니께 뽀뽀를 해 드렸다.
· 제목 : 상상이의 생일

· 이야기 : 그래서 내가 "할머니 왜 이렇게 돈을 많이 주세요?" 라고 여쭤보았다. 할머니께서는 "상상아 슈퍼에 가서 우유랑 식빵을 사오거라~"라고 말씀하셨다. 용돈을 많이 주신 줄 알고 기대했다가 상상이는 할머니의 말씀을 듣고 실망하며 돌아섰다.
· 제목 : 좋다 말았네...

문제 26 p62

◆ 평가표

그림과 이야기에 맞는 교훈을 쓴 경우	5점

출제자 예시 답안

상대방을 배려해야 한다. 본인이 먹는 것을 상대방에게 주는 것은 상대방의 취향이나 성향을 배려하지 않은 것이고, 그로 인해 헤어지게 되었으므로 상대방을 배려하여 행동해야 한다.

문제 27 p62

◆ 평가표

정답을 맞춘 경우	5점

정답 및 해설

답 ③

해설 학교가 새롭게 정의되고 있긴하지만 학생들에게 기본적으로 공부하는 방법, 사회성을 배울 수 있게 해주는 역할은 필수적이므로 이 부분은 바뀌지 말아야 한다는 의미가 담겨있다.

문제 28 p63

◆ 평가표

의미만 정확하게 쓴 경우	2점
의미를 쓰고, 의미가 같은 문장을 만든 경우	5점

출제자 예시 답안

의미 : 수다스럽게(과장되게) 말을 떠벌린다.

· 우울해 하고 있는 친구의 기분을 풀어주기 위해 너스레를 떨기 시작했다.
· 선생님께 칭찬을 받은 반장은 별 것 아니라며 너스레를 떨었다.

문제 29 p63

◆ 평가표

(1) 문맥에 맞는 말을 쓴 경우	2점
(2) 내용에 맞는 속담을 쓴 경우	3점

출제자 예시 답안

(1) 얇은 책을 한 권 읽고 독후감을 쓰자!
읽는 데까지 읽어보자!
(2) 하늘이 무너져도 솟아날 구멍이 있다.
시작이 반이다.

문제 30 p64

◆ 평가표

(1) 글쓴이가 말하고자 하는 것을 쓴 경우	2점
(2) 이야기를 만든 경우	3점

출제자 예시 답안

(1) 아무리 귀한 것도 알아보지 못하는 사람에게는 소용이 없다.
(2) 할아버지께서 손자에게 오래된 도자기를 선물로 주었다. 이 도자기는 선조때부터 사용된 고가의 물품이였지만 손자는 쓸모없다고 생각하여 창고 구석에 놓았다.

문제 31 p65

◆ 평가표

문장의 의미를 알고 옳게 바꾼 경우	5점

출제자 예시 답안

옳지 않다.
27년 후에는 무한이가 38살이고, 아버지 또한 나이를 더 먹으므로 27년 후 아버지는 65살이 된다. 따라서 "27년 후의 내 나이는 올해 아버지의 나이와 같아"라고 해야 옳다.

문제 32 p65

◆ 평가표

문장의 의미를 알고 답을 쓴 경우	5점

출제자 예시 답안

계산이 잘못되었다. 주인이 5천원을 깎아 주어서 25000원을 내고, 직원에게 2천원을 주어 총 27000을 낸 것이다. 세 학생이 낸 27000원에 2000을 더하는 것은 계산이 잘못되었다. 따라서 천원이 어디 간 것이 아니라 세 학생이 낸 돈에서 직원이 받은 이천원을 더해서 생긴 문제이다.

문제 33 p66

◆ 평가표

문맥에 맞는 성격을 각각 1 가지씩 쓴 경우	3점
문맥에 맞는 성격을 각각 2 가지씩 쓴 경우	5점

출제자 예시 답안

· 양복쟁이
1. 이봐, 그 나귀를 가지고 와서 개울을 좀 건너게 해 주게/나는 이 마을 군청에 계신 관리일세. ⇒ 권위적이다.
2. 백성이 관리 어른을 위해 수고하는 것은 당연한 일이지! ⇒ 위세 부린다.
3. 그런데 당나귀가 사납지는 않은가? ⇒ 겁이 많다.
· 당나귀 주인
1. 어떤 사람인지 보자는 생각에 "네에~"하고 양복쟁이 앞으로 갔다. ⇒ 영리하다. 영악하다. 의뭉스럽다.
2. 당나귀의 엉덩이를 뾰족한 나무막대로 찔러 당나귀가 앞다리를 들게 하는 순간~ ⇒ 복수심이 있다.
3. 이 당나귀는 돌당나귀라서 관리 어른을 알아보지 못했나 봅니다. ⇒ 빈정거린다. 비꼰다.

문제 34 p67

◆ 평가표

논리적으로 자신의 생각을 표현한 경우	5점

출제자 예시 답안

요즘 범죄가 끊임없이 발생하고 있기 때문에 가장 살기 좋은 지역에 가장 중요한 것은 범죄 건수라고 생각합니다. 두 번째로 중요한 것은 낮은 물가라고 생각합니다. 범죄 건수가 가장 적은 지역은 전북이고, 전북의 버스비용이 다른 지역과 비교했을 때 가장 낮지는 않지만 1100원 대로 낮은 편에 속하기 때문에 우리나라에서 가장 살기 좋은 지역은 전북이라고 생각합니다.

문제 35 p68

◆ 평가표

(1) 채점 기준

타당한 이유를 쓴 경우	2점

(2) 채점 기준

대화가 자연스럽게 이어지도록 빈칸을 채운 경우	3점

출제자 예시 답안

(1) 서로 본인이 하고 싶은 말만 하고 있다.
(2) 상상 : 갑자기 왜?
상상 : 아~ 맞다! 그럼 우리 같이 찾아보자! 나는 가볼만한 곳이 있는지 먼저 찾아볼게~

문제 36 p69

◆ 평가표

자신의 의견을 쓰고 방법을 1 가지만 제시한 경우	3점
자신의 의견을 쓰고 방법을 2 가지 이상 제시한 경우	5점

출제자 예시 답안

어머니한테 말을 안하고 지갑에 있는 돈을 가져간 것은 어떤 이유라도 옳은 일이 아니다.
· 돈을 주는 것 보다는 어머니와 같이 장을 보러 가서 과일이나 과자, 라면 등을 조금 넉넉하게 사고 지은이에게 같이 먹자고 한다.
· 어머니께 사실대로 이야기하고, 집에 초대해서 같이 식사를 한다.

문제 37 p70

◆ 평가표

욕심은 화가 된다는 의미의 깨달음을 표현한 경우	2점
깨달음을 표현하고 깨달음에 맞는 속담을 1 가지 쓴 경우	5점

출제자 예시 답안

부자는 가진 것이 많음에도 작은 것 하나 나눌 줄 몰랐고, 꾀를 부리다가 본인 꾀에 넘어가 버렸다. 가진 자일수록 나눌 줄 알아야 하고, 배풀 줄 알아야 한다. 욕심은 화가 될 수 있으니 과한 욕심은 버려야 한다.
속담 : 바다는 메워도 사람의 욕심은 못 채운다.
아흔아홉 가진 사람이 하나 가진 사람보고 백 개 채워달라 한다.

문제 38 p71

◆ 평가표

(1) 의도를 파악한 경우	3점
(2) 의도에 맞게 액수를 고치면서 답장을 썼을 경우	2점

출제자 예시 답안

(1) 빌린 액수가 틀렸다는 것을 알고 제주 상인이 직접 본인이 빌린 돈의 액수를 쓰고 갚겠다는 대답을 답장으로 받고 싶어 편지를 보냈다.
(2) 내가 빌린 돈은 5000냥이 아니라 500냥이오. 이번 가을에는 꼭 갚겠습니다.

문제 39 p72

◆ 평가표

(1) 내용을 파악할 수 있는 제목을 지은 경우	2점
(2) 황새와는 다른 방법으로 여우가 깨달을 수 있게 혼내 준 경우	3점

출제자 예시 답안

(1) 혼밥인 듯 혼밥 아닌 혼밥같은
(2) 여우가 납작한 접시에 담아 준 스프를 어떻게든 먹으려고 하면서 바닥에 그릇을 떨어뜨린다. 그릇이 깨지고, 바닥에 스프를 다 쏟은 후에 이야기 한다. "내가 식사할 때 쓰던 그릇이 아니라서 실수했네요, 미안합니다."

문제 40 p73

◆ 평가표

장님이 구분할 수 있는 방법을 제시한 경우	5점

출제자 예시 답안

· 흰 것과 검은 것을 각각 만져볼 때 검은 항아리에 바닥을 살짝 긁어놓고 다시 확인할 때 만져보았다.
· 알고보니 검은 항아리와 흰 항아리에 그려진 모양이 서로 달랐다. 촉감에 민감한 장님은 그것을 바로 알아챌 수 있었다.
· 낮이여서 검은색 항아리가 더 따뜻했다.(검은색이 빛을 더 잘 흡수한다.)

점수 통계

각 문항별 **평균 점수**

문항	1	2	3	4	5	6	7	8	9	10	11	12	13	14	15	16	17	18	19	20
학생들 평균 점수(점)	3.3	3.2	0.9	2.0	4.8	4.3	2.4	3.6	3.6	3.8	4.4	4.0	1.8	1.1	2.7	1.5	3.8	3.3	1.1	3.7

문항	21	22	23	24	25	26	27	28	29	30	31	32	33	34	35	36	37	38	39	40
학생들 평균 점수(점)	2.8	2.0	1.8	1.5	3.7	3.8	4.0	3.3	2.4	3.6	4.8	1.8	3.6	4.3	3.7	3.6	2.4	3.3	4.0	3.8

총점 평균 123.5/200점

점수에 따른 **성취도 등급**

등급	1등급	2등급	3등급	4등급	5등급
평가	160점 이상	130점 이상 ~ 159점 이하	100점 이상 ~ 129점 이하	50점 이상 ~ 99점 이하	49점 이하

II
영재성
검사

03 수리논리

1. 각 문제의 배점은 5점이며, 각 평가표에 점수 기준이 있습니다./ 각 단원 말미에서 성취도 등급을 확인하세요.
2. 학생들 샘플 답안은 서울시 서초구 소재의 한 초등학교 학생들이 직접 푼 것입니다.

문제 01 p74

정답 및 해설　답 5

해설 주어진 수를 보면 1, 2 1 , 2 3 2 1, 2 3 4 3 2 1, 2 3 4 5 4 3 2 1, 2 3 4 5 6 5 4 3 2 1 과 같은 규칙으로 숫자가 나열되어 있다. 따라서 25번째에 나올 숫자는 5이다.

문제 02 p74

◆ 평가표

1개만 맞춘 경우	1점
2개만 맞춘 경우	3점
모두 맞춘 경우	5점

정답 및 해설　답 ㉠ : 001001 ㉡ : 100100 ㉢ : 1300

해설 (1) 11이 끝에서 왼쪽으로 이동하고, 왼쪽 끝까지 이동하면 101이 왼쪽으로 이동하며, 101이 왼쪽 끝까지 이동하면 1001이 왼쪽으로 이동하므로 ㉠은 001001이고, ㉡은 100100이다.
(2) 전자시계와 같다. 첫 번째 괄호는 1분씩 증가하여 11:59 다음 12:00가 되었고, 두 번째 괄호는 30분씩 증가, 세 번째 괄호는 20분씩 증가하였으므로 ㉢은 13:00이다.

문제 03 p75

◆ 평가표

답만 쓰고 맞춘 경우	2점
답은 맞추었으나 방법이 틀린 경우	3점
모두 맞춘 경우	5점

정답　4, 삼각형 위에 있는 숫자와 왼쪽 아래 숫자를 곱하고, 오른쪽 아래 숫자를 빼면 삼각형 안에 들어 있는 숫자가 된다.

문제 04 p75

정답 및 해설 답 27마리

해설 사과 2개가 마술기계에 들어가면 5개가 되고, 오리 7마리는 15마리가 되고, 연필 16자루는 33자루가 된다. 따라서 마술기계는 (× 2 + 1) 을 해주는 기계로 소 13마리가 들어가면 13 × 2 + 1 = 27마리가 된다.

문제 05 p76

정답 및 해설 답 30개

해설 두 개의 통 안에 물이 가득 차 있을 때, 이 물을 모두 옮기려면 6개의 주전자가 필요하다. 따라서 두 개 통 = 6개 주전자이고, 주전자 1개 = 컵 10개이다. 한 개의 통은 3개의 주전자와 같으므로 이 물을 컵에 모두 옮기려면 10 × 3 = 30개의 컵이 필요하다.

문제 06 p76

정답 및 해설 답 빨간 공 < 파란 공 < 노란 공

해설 파란 공은 빨간 공보다 무거우므로 빨간 공 < 파란 공이다. 빨간 공 2개와 노란 공 1개의 무게가 같고, 빨간 공 2개는 파란 공 1개보다 무거우므로 파란 공 < 노란 공이다. 따라서 빨간 공 < 파란 공 < 노란 공이다.

문제 07 p77

정답 및 해설 답 73

해설

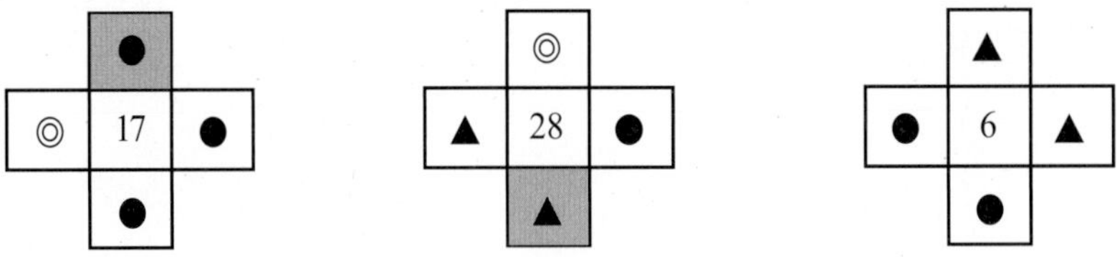

(가) (나) (다)

(가)에서 회색 바탕은 기호에 해당하는 수의 10배이고, 가운데 숫자는 17이므로 ●는 2 이상이 될 수 없다. 따라서 ●가 1이고, 회색 바탕의 ●는 10이며, ◎는 5가 된다. (나)에서 가운데 숫자가 28이고, ●가 1, ◎는 5이므로 ▲는 2, 회색 바탕의 ▲는 20이 된다. 따라서 (다)에서 가운데 숫자는 6이 될 수 있다.

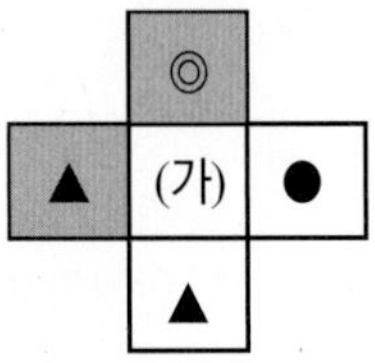

이 그림에서 회색 바탕의 ◎는 50, 회색 바탕의 ▲는 20, ▲는 2, ●는 1이므로 (가)는 50 + 20 + 2 + 1 = 73이다.

문제 08 p78

◆ 평가표

1개만 맞춘 경우	2점
모두 맞춘 경우	5점

정답

(1) $(60 - 40 + 4) \div (3 \times 2) = 4$

(2) $(40 - 28) - (4 + 6 \div 3) \times 2 = 0$

문제 09 p78

◆ 평가표

숫자 일부 1 ~ 2개가 틀린 경우	2점
모두 맞춘 경우	5점

정답 및 해설

답

1	2	5	8
9	10	11	12
3	4	6	7

또는

1	2	6	8
9	10	11	12
3	4	5	7

해설 1부터 12까지의 숫자 카드를 나열할 때, 왼쪽에서 오른쪽으로 갈수록 커져야 하므로 첫 번째 줄에 첫 번째 칸에는 무조건 2보다 작은 1을 놓아야 한다. 그리고 세 번째 줄, 첫 번째 칸에는 4보다 작은 3을 놓아야 한다. 두 번째 줄에 세 번째, 네 번째 칸에는 10보다 큰 숫자가 차례대로 놓여져야 하므로 11, 12를 놓아야 한다. 숫자 7, 8이 이미 놓여져 있으므로 두 번째 줄, 첫 번째 칸에는 9를 놓아야 한다. 나머지 5, 6은 남은 자리 아무 곳에나 놓아도 조건에 성립하므로 답이 2개가 된다.

문제 10 p79

정답 및 해설

답 20m

해설 어느 한 지점에서 출발한다고 했을 때, 주어진 조건에 맞게 다시 출발점으로 돌아오는 것을 그림으로 그리면 다음과 같다.

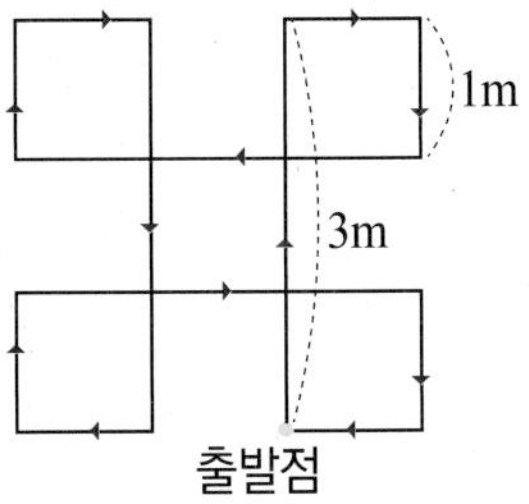

따라서 총 이동한 거리는 $(1 \times 8) + (3 \times 4) = 20$m이다.

문제 11 p79

정답 및 해설

답 15

해설 각 단계별 수의 합은 [1단계]에서 12, [2단계]에서 24, [4단계]에서 48이므로 12씩 커짐을 알 수 있다. 따라서 [3단계]에서 수의 합은 36이고, 11 + 2 + ㉮ + 5 + 3 = 36이므로 ㉮는 15이다.

문제 12 p80

정답 및 해설

답 무한 : 6개, 상상 : 7개, 영재 : 8개

해설 무한 + 2 - 1 = 상상 + 1 - 1 = 영재 - 2 + 1 이므로 무한이는 상상이보다 1개 적고, 영재는 상상이보다 1개 많다. 처음 가지고 있던 구슬의 총 합이 21개이므로 영재는 8개, 상상이는 7개, 무한이는 6개이다.

문제 13 p80

◆ 평가표

(1), (2) 중 한 개만 맞춘 경우	2점
(1), (2) 모두 맞춘 경우	5점

정답 및 해설

답 (1) 18,000원 (2) 48주

해설 (1) 무한이가 모으고 있는 돈의 액수를 보면 5주째에서 다시 1주째와 같은 500원이고, 6주째는 2주째와 같은 1,000원이다. 따라서 4주 간격으로 모으는 돈이 같은 것을 알 수 있다. 4주간 500 + 1,000 + 1,500 + 2,000 = 5,000원을 모으므로 12주 뒤에는 5,000 × 3 = 15,000원을 모으고 남은 3주간은 500 + 1,000 + 1,500 = 3,000원을 모을 수 있으므로 15주 동안 15,000 + 3,000 = 18,000원을 모을 수 있다.

(2) 4주 동안 5,000원을 모을 수 있으므로 6만원을 모으기 위해서는 4주가 12번 지나야 하므로 48주 동안 규칙적으로 돈을 모아야 6만원을 모을 수 있다.

문제 14 p81

◆ 평가표

㉠, ㉡만 쓰고 답만 맞춘 경우	2점
2개 이하로 틀린 경우	3점
모두 맞춘 경우	5점

정답 및 해설

답 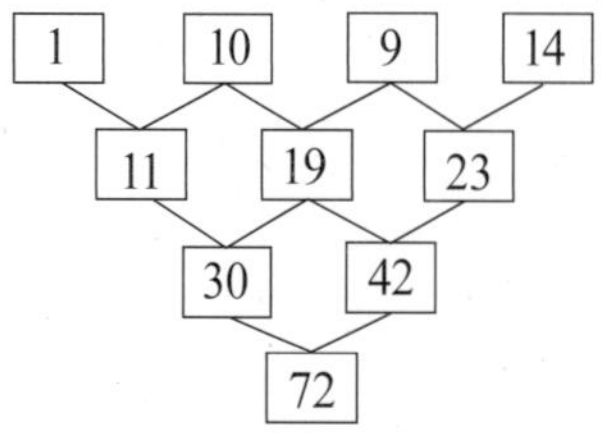

, 12

해설 <보기>를 보면 8 + 12 = 20, 12 + 14 = 26, 14 + 18 = 32임을 알 수 있다. 서로 옆에 있는 두 수의 합을 아래 칸에 적은 규칙을 가지고 있으므로 이 규칙으로 빈 칸을 채우면 다음과 같다.

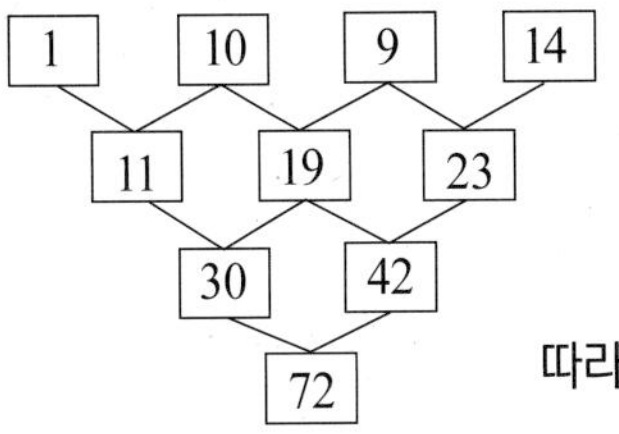

따라서 ㉠ + ㉡ = 1 + 11 = 12이다.

문제 15 p82

정답 및 해설 답 91

해설 '나'가 12라면 12 × 13 × 14 = 2184 이므로 '나'는 12 이하의 수가 될 수 없다, 따라서 '나'는 13이다. 1022 = [4, 가] + [13, 14] = [4, 가] + 182 이므로 [4, 가] = 840이고, '가'는 7이 된다. 따라서 '가'와 '나'의 곱은 7 × 13 = 91이다.

문제 16 p82

정답 및 해설 답 정문 – 코끼리 – 사자 – 호랑이 – 곰 – 펭귄 – 기린 – 원숭이 – 정문

해설 정문에서 코끼리까지는 200m, 원숭이까지는 150m, 기린까지는 250m이다. 가장 짧은 경로로 관람해야 하므로 정문에서 코끼리쪽으로 가서 마지막으로 원숭이를 보고 정문으로 돌아오는 방법과, 정문에서 원숭이쪽으로 가서 마지막으로 코끼리를 보고 정문으로 돌아오는 방법이 있다.

1) 정문 – 코끼리 – 사자 – 호랑이 – 곰 – 펭귄 – 기린 – 원숭이 – 정문

200 + 200 + 300 + 200 + 200 + 300 + 200 + 150 = 1750m

2) 정문 – 원숭이 – 기린 – 곰 – 펭귄 – 호랑이 – 사자 – 코끼리 – 정문

150 + 200 + 200 + 200 + 350 + 300 + 200 + 200 = 1800m

따라서 정문 – 코끼리 – 사자 – 호랑이 – 곰 – 펭귄 – 기린 – 원숭이 – 정문 이 가장 짧은 경로이다.

문제 17 p83

◆ 평가표

(1), (2) 중 1개만 맞춘 경우	2점
(1), (2) 모두 맞춘 경우	5점

정답 및 해설 답 (1) 30 (2) 250

해설 주어진 연산 기호의 규칙은 다음과 같다.

a ♣ b = (a + 1) × b = (a × b) + b

(1) 2 ♣ 10 = (2 + 1) × 10 = 30

(2) 4 ♣ 50 = (4 + 1) × 50 = 250

문제 18 p84

◆ 평가표

1 ~ 2 가지를 쓴 경우	2점
3 ~ 4 가지를 쓴 경우	3점
5 가지 이상 쓴 경우	5점

정답

① 가로줄의 첫째 줄과 세로줄의 첫째 줄이 모두 1로 되어 있다.

② 가로줄의 1 ~ 7행과 세로줄의 1 ~ 7열의 숫자가 같다.

③ 2행, 2열 숫자는 1행에서 1열 + 2열과 같다. (2 = 1 + 1)
3행, 3열 숫자는 2행에서 1열 + 2열 + 3열과 같다. (6 = 1 + 2 + 3)
대각선에 들어 있는 숫자는 그 숫자가 있는 앞 행에서 그 숫자의 앞의 숫자까지의 합과 같다. (1 + 4 + 10 + 20 + 35 = 70)

④ 대각선을 기준으로 양쪽의 숫자가 대칭이다.

1	1	1	1	1	1	1
1	2	3	4	5	6	7
1	3	6	10	15	21	28
1	4	10	20	35	56	84
1	5	15	35	70	126	210
1	6	21	56	126	252	462
1	7	28	84	210	462	924

⑤ 왼쪽 옆에 있는 숫자와 위에 있는 숫자의 합이다. (2 + 1 = 3, 7 + 21 = 28...)

1	1	1	1	1	1	1
1	2	3	4	5	6	7
1	3	6	10	15	21	28
1	4	10	20	35	56	84
1	5	15	35	70	126	210
1	6	21	56	126	252	462
1	7	28	84	210	462	924

학생들 **샘플 답안**

가로 세로가 점점 옆으로 가도 숫자가 다 똑같다.

1. 어느 숫자에 위 숫자와 왼쪽 숫자를 더하면 어느 숫자가 된다.
2. 왼쪽부터 첫번째 줄은 똑같은 숫자이고, 두 번째 줄은 1 차이 나고, 그런식으로 볼 수 있다
3. 어느 숫자의 오른쪽 숫자 윗쪽 숫자를 오른쪽 숫자에서 빼면 어느 숫자가 나온다

문제 19 p85

◆ 평가표

3개 중 2개만 맞춘 경우	3점
모두 맞춘 경우	5점

정답 및 해설

답 ㉠ : 7, ㉡ : 9, ㉢ : 12

해설 <보기>에서 우측으로 이동할 때 +2, 아래로 이동할 때 +3, 오른쪽 아래 대각선으로 이동할 때 +5이므로 좌측으로 이동할 때 - 2, 위로 이동할 때 - 3, 왼쪽 위 대각선으로 이동할 때 - 5이다. 따라서 각 칸에 숫자는 다음과 같다.

5	7	9
8	10	12
11	13	15

따라서 ㉠은 7, ㉡은 9, ㉢은 12이다.

문제 20 p86

정답 및 해설

답 3425마리

해설 <보기>에서 각 모형 1개의 값은 다음과 같다.

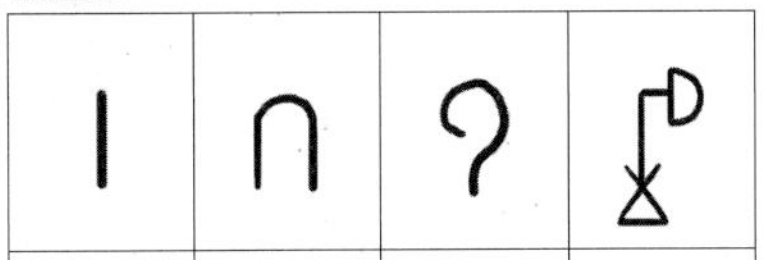

1	10	100	1000

따라서 소는 3425마리이다.

문제 21 p86

정답 및 해설

답 6개

해설 50cm 줄이 매듭을 묶으면 양쪽 줄에서 모두 10cm씩 줄어든다고 하였으므로 양쪽을 다 묶는 줄은 30cm가 될 것이고, 가장 끝에서 한쪽만 묶이는 줄은 40cm가 된다. 2m는 200cm이므로 줄은 다음과 같이 묶인다.

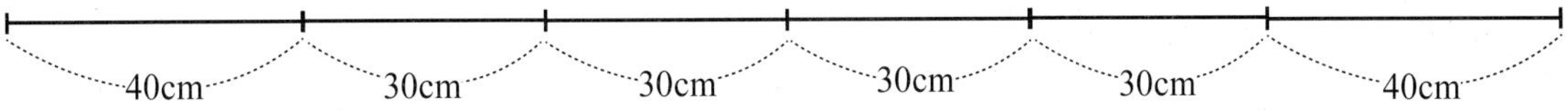

40 + 30 + 30 + 30 + 30 + 40 = 200이므로 50cm 짜리 줄은 총 6개가 필요하다.

문제 22 p87

정답 및 해설

답 315cm

해설 가로로 4번, 세로로 4번, 높이로 8번 둘러져 있으므로 (25 × 4) + (30 × 4) + (10 × 8) = 300cm이고, 매듭은 15cm가 사용되므로 총 315cm가 필요하다.

문제 23 p87

정답 및 해설

답

	1	6
	3	5
	4	7
	9	8
+		2
1	0	0

(16, 35, 47은 일의 자리 수끼리, 십의 자리 수끼리 바뀌어도 된다.)

해설 마지막에 더하는 수가 한 자리 수이므로 두 자리 수 3개를 합해서 90이상의 숫자가 되어야 한다. 따라서 두 자리 수에서 십의 자리 수 3개를 더했을 때 9가 되어야 한다.

1) 십의 자리 수 3개 중에 1개가 5이고, 나머지 두개가 각각 3, 1일 때, 이 경우 일의 자리 수에 2, 4, 6, 7, 8 중에 3개가 와야하고, 가장 작은 2, 4, 6을 더해도 10이 넘으므로 성립하지 않는다.

2) 십의 자리 수 3개 중에 1개가 5이고, 나머지 두개가 각각 2, 1일 때, 중복 숫자가 사용되므로 성립하지 않는다.

따라서 십의 자리 수 3개는 5 이하의 수에서 합이 8이 되는 1, 3, 4가 되고, 일의 자리 수는 남은 수로 넣으면 다음과 같다. (16, 35, 47은 일의 자리 수끼리, 십의 자리 수끼리 바뀌어도 된다.)

	1	6
	3	5
	4	7
	9	8
+		2
1	0	0

문제 24 p88

정답 및 해설

답 30번째 줄

해설 두 줄을 한 세트로 보면 7씩 증가하는데 첫 번째 세트는 지그재그로 숫자가 배치되었고, 두 번째 세트는 한 칸 건너 숫자가 배치되었다. 98은 7의 배수로 두 줄씩 14세트, 즉 28줄 마지막 숫자가 98이 된다. 따라서 29번째 줄과 30번째 줄을 나타내면 다음과 같다.

[29번째 줄]	99		101		103		105
[30번째 줄]		100		102		104	

따라서 숫자 100은 30번째 줄에 있다.

문제 25 p88

◆ 평가표

가능한 경우를 일부만 경우	3점
가능한 경우를 모두 쓴 경우	5점

정답 및 해설 답 오전 : 183 마리, 오후 : 92 마리 / 오전 : 27 마리, 오후 : 14 마리 / 오전 : 15 마리, 오후 : 8 마리

해설 참새 두마리 사이의 전선 간격의 길이를 k라고 하고, 간격의 개수를 n이라고 하면 $k \times n$ = 전선의 전체 길이이다. 182 를 자연수로 나누어 떨어지게 하는 수는 2, 7, 13이다. $(2 \times 7 \times 13 = 182)$
따라서 참새와 참새 사이의 간격은 2m, 7m, 13m 가 될 수 있고, (오전, 오후)의 경우의 수는 (1, 2) (7, 14) (13, 26)뿐이다. 이때 참새의 마리수는 전선의 처음과 끝에 모두 앉아 있으므로 간격의 개수 + 1이 된다.
(오전, 오후)의 경우의 수가 (1, 2) 일 때 참새는 (183, 92)마리, (7, 14)일 때 참새는 (27, 14)마리, (13, 26)일 때 참새는 (15, 8)마리이다.

문제 26 p89

정답 및 해설 답 16분

해설 손전등을 든 1명이 계속 왔다 갔다 해야 하므로 시간이 가장 적게 소요되는 아빠가 왔다갔다 하는것이 가장 효율적이다.
아빠가 엄마를 데리고 다리를 건너고 다시 돌아올 때 2분 + 1분 = 3분, 아빠가 무한이를 데리고 다리를 건너고 다시 돌아올 때 5분 + 1분 = 6분, 아빠가 할아버지를 모시고 다리를 건널 때 7분이 소요된다. 따라서 총 3 + 6 + 7 = 16분이 소요된다.

문제 27 p89

◆ 평가표

방법 2로 답을 찾은 경우	4점
방법 1로 답을 찾은 경우	5점

정답 및 해설 답 7

해설 방법 1. 0 ~ 9에서 홀수 1, 3, 5, 7, 9 의 합은 25이므로 1을 2로 바꾸면 2 + 3 + 5 + 7 + 9 = 26이 된다.
나머지 1 + 4 + 6 + 8 = 19이고, 2개의 수가 공통이여야 하므로 2 + 5를 공통으로 하면 1 + 2 + 4 + 5 + 6 + 8 = 26이 된다.
따라서 가와 마의 합은 7이다.
방법 2. 한 원 위에 여섯 개의 수의 합이 26이므로 두 원을 합하면 52가 된다. 0 ~ 9까지 합은 45이므로 2번 겹치는 가와 마의 합은 52 - 45 = 7이다.

문제 28 p90

정답 및 해설 답 9

해설 <보기>와 같이 계산한 방식을 보면 (가)와 (나)에서 숫자와 연산 기호가 들어 있는 칸의 모형을 나타낸 것이다.

 는 5,  는 +,  는 9,  는 -,  는 7을 나타낸다. 따라서 5 + 9 - 7 = 7이 된다.

따라서 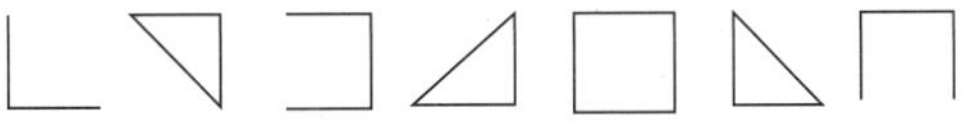 = 3 × 4 + 5 - 8 = 9이다.

문제 29 p91

◆ 평가표

1 가지를 쓴 경우	1점
2 가지를 쓴 경우	2점

3 가지를 쓴 경우	3점
4 가지를 쓴 경우	4점

5 가지를 쓴 경우	5점

정답

① 가로줄에 있는 수들은 1씩 커진다.
② 세로줄에 있는 수들은 7씩 커진다.
③ 오른쪽 대각선(↘)으로 내려가는 수들은 8씩 커진다.
④ 왼쪽 대각선(↙)으로 내려가는 수들은 6씩 커진다.
⑤

19	20
26	27

이와 같이 대각선 방향에 있는 두 수의 합은 같다. (19 + 27 = 20 + 26)

⑥ 연속하는 3 수의 합은 가운데 수의 3배와 같다. (4 + 5 + 6 = 5 × 3)

문제 30 p91

◆ 평가표

만나는 시간, 도착 시간 중 하나만 맞춘 경우	3점
모두 맞춘 경우	5점

정답 및 해설

답 만나는 시간 : 3시 10분, 공항 도착 시간 : 4시 35분

해설 선생님 도착 시간이 5시이므로 그 전에 도착하는 버스를 타야 한다. 버스는 매시 15분, 45분에 있고, 공항까지 소요 시간은 1시간 20분이므로 5시 전에 도착하는 버스는 다음과 같다.

3:15 ~ 4:35 / 2:45 ~ 4:05 / 2:15 ~ 3:35 / 1:45 ~ 3:05

상상이가 학원이 3시에 끝나므로 탈 수 있는 버스는 3시 15분 버스이고, 무한이와 5분 전에 만나기로 했으므로 3시 10분에 만나야 한다. 3시 15분 버스를 타면 공항 도착 시간은 4시 35분이다.

문제 31 p92

◆ 평가표

일일히 세서 개수를 구한 경우	3점
개수의 규칙을 파악하고 구한 경우	5점

정답 및 해설

답 36개

해설 300보다 작은 세자리 수의 백의 자리 숫자는 1 또는 2이다.

1) 백의 자리 수가 1인 경우
159 ……………… 1개
168 169 ……………… 2개
177 178 179 ……………… 3개

:

195 196 197 198 199 ……………… 5개

따라서 모두 1 + 2 + 3 + 4 + 5 = 15 이다.

2) 백의 자리 수가 2인 경우

249 ……………… 1개

258 259 ……………… 2개

:

294 295 296 297 298 299 ……………… 6개

따라서 1 + 2 + 3 + 4 + 5 + 6 = 21 이다.

15 + 21 = 36, 총 36개이다.

문제 32 p92

정답 및 해설 답 27초

해설 <그림 2>에서 무한이가 달린 거리와 상상이가 달린 거리를 합하면 300m이다. <그림 1>에서 무한이가 달린 거리와 상상이가 달린 거리를 합해서 100m일 때 9초가 걸렸으므로 합한 거리가 300m일 때는 9 × 3 = 27초가 걸린다.

문제 33 p93

정답 및 해설 답 7명

해설 빨간 모자를 쓴 학생이 볼 때는 본인을 제외하고 빨간 모자를 쓴 학생의 수와 파란 모자를 쓴 학생의 수가 같아야 하고, 파란 모자를 쓴 학생이 보기에는 본인을 제외하고 빨간 모자를 쓴 학생 수가 파란 모자를 쓴 학생 수의 2배가 되어야 한다. 따라서 빨간 모자를 쓴 학생은 총 4명, 파란 모자를 쓴 학생은 총 3명이다. 따라서 무한이네 조 인원은 총 7명이다.

문제 34 p93

◆ 평가표

가능한 경우를 일부만 경우	3점
가능한 경우를 모두 쓴 경우	5점

정답 및 해설 답 0, 1 또는 3, 7 또는 7, 3

해설 2 + 6 + 3 + 7 + 2 + 6 = 26 이므로 각 자리 숫자들의 합이 9의 배수가 되려면 ○+□ 가 1 또는 10이 되어 총합이 27 또는 36이 되어야 한다.

1) ○+□가 1인 경우 (0, 1) (1, 0)

2) ○+□가 10인 경우 (1, 9) (9, 1) (2, 8) (8, 2) (3, 7) (7, 3) (4, 6), (6, 4), (5, 5)

백의 자리 이하의 수가 8의 배수이면 전체 수가 8의 배수이다. 즉, ○□6이 8의 배수가 되면 26372○□6이 8의 배수가 된다. ○□6이 8의 배수가 되기 위해서는 (0, 1) (3, 7) (7, 3) 3가지 경우가 성립된다.

문제 35 p94

정답 및 해설 답 필요한 칭찬스티커는 10장, 뽑을 수 있는 선물은 20개이다.

해설 꽝을 뽑으면 이제까지 나온 선물을 모두 주어야 하므로 음료수를 뽑는 경우는 생각하지 않는다.
· 사탕 10개를 뽑으면 음료수도 10개 나온다. 이때 사탕과 음료수는 모두 뽑았으므로 더 이상 뽑지 못하고, 선물의 수는 10 + 10 = 20개이다.
· 초콜릿 10개를 뽑으면 사탕도 10개 나온다. 이때 초콜릿과 사탕은 모두 뽑았으므로 더 이상 뽑지 못한다. 선물의 수는 10 + 10 = 20개이다.
· 사탕 5개를 뽑으면 음료수도 5개 나온다. 또, 초콜릿 5개를 뽑으면 사탕도 5개 나온다. 이때 사탕은 모두 뽑았으므로 더 이상 뽑지 못한다. 선물의 수는 5 + 5 + 5 + 5 = 20개이다. 따라서 무한이는 10장의 칭찬스티커로 20개의 선물을 뽑을 수 있다.

문제 36 p95

◆ 평가표

답은 맞추었으나 이유를 적지 못한 경우	2점
답을 맞추고 이유도 논리적으로 쓴 경우	5점

정답 답 엄마, 무한, 동생, 아빠 순이다.

동생이 가져간 돈은 아빠의 2배 또는 무한이의 2배이다.
1) 무한이의 2배라면 동생의 돈이 무한이보다 많고, 엄마의 돈이 동생과 무한이보다 많으므로 무한이의 돈이 두 번째로 많을 수 없어 성립하지 않는다. 따라서 동생이 가져간 돈은 아빠의 2배이다.
2) 동생의 돈이 아빠의 2배이므로 동생이 아빠보다 많이 가져갔고, 엄마의 돈은 무한이와 동생 중 한 사람의 3배이며, 무한이가 두 번째로 돈을 많이 가져갔으므로 돈을 많이 가지고 간 순서는 엄마 > 무한 > 동생 > 아빠이다.

문제 37 p96

◆ 평가표

숫자 1 ~ 2개가 틀린 경우	2점
모두 맞춘 경우	5점

정답 및 해설 답

9	2	1	5	4	3	6

또는

9	1	2	5	4	3	6

해설 일곱 번째 숫자는 여섯 번째 숫자의 2배이므로 여섯 번째 숫자는 5 이상이 될 수 없다.
1) 여섯 번째 숫자가 4인 경우

7	1	3	5	2	4	8

이 성립하는데 7보다 큰 8이 가장 마지막 칸에 있으므로 조건에 성립하지 않는다.
2) 여섯번째 숫자가 3인 경우

9	2	1	5	4	3	6

또는

9	1	2	5	4	3	6

으로 조건에 성립한다.

* 여섯 번째 숫자가 2라면 두 번째, 세 번째 숫자가 둘다 1이여하므로 성립 ×, 1은 될 수 없음

문제 38 p97

정답 및 해설 답 6대

해설 수요일에 9대의 차가 생산되었고, 목요일에는 수요일보다 1대 적은 8대가 생산되었으므로 수+목에는 17대가 생산되었다. 따라서 월, 화, 금, 토에는 14대가 생산되었고, 월+토에는 10대 이상의 자동차가 생산되었으므로 화요일에는 1대, 금요일에는 2대가 생산되었다. 그리고 목+금+토에 총 15대가 생산되었으므로 토요일에는 5대, 월요일에는 6대가 생산되었다. (월 : 6, 화 : 1, 수 : 9, 목 : 8 , 금 : 2 , 토 : 5)

문제 39 p98

◆ 평가표

무한이나 상상이 중 한명의 수만 맞춘 경우	3점
모두 맞춘 경우	5점

정답 및 해설 답 무한이가 좋아하는 수 : 52, 새로 만든 수 25
상상이가 좋아하는 수 : 37, 새로 만든 수 : 73

해설 무한이가 좋아하는 수의 십의 자리 수를 A, 일의 자리 수를 B라고 하면 좋아하는 수는 $10A + B$이다.
따라서 새로 만든 수는 $10B + A$가 된다. 좋아하는 수와 새로운 수의 관계는 $(10B + A + 1) \times 2 = 10A + B$ 이므로 A는 5, B는 2가 된다. 좋아하는 수는 52, 새로 만든 수는 25이다.
상상이가 좋아하는 수의 십의 자리 수를 X, 일의 자리 수를 Y라고 하면 좋아하는 수는 $10X + Y$이다.
따라서 새로 만든 수는 $10Y + X$가 된다. 좋아하는 수와 새로운 수의 관계는 $(10Y + X + 1) \div 2 = 10X + Y$ 이므로 X는 3, Y는 7이 된다. 좋아하는 수는 37, 새로 만든 수는 73이다.

문제 40 p99

정답 및 해설 답 가짜 구슬은 3, 7이고, 가짜 구슬은 진짜 구슬보다 무겁다.

해설 그림 (나)에서 2, 3, 4 vs 5, 6, 7 의 양팔저울이 수평이기 때문에 양쪽 무게가 같다.
따라서 1) 모두 진짜 구슬인 경우
2) 양쪽에 가짜 구슬이 1개씩 있는 경우로 나눌 수 있는데
만약 1) 모두 진짜 구슬이라면 1, 8이 가짜 구슬이므로 (다)에서 4,7 vs 2,6이 수평이 되어야 한다. 하지만 수평이 아니므로 2) 양쪽에 가짜 구슬이 1개씩 있는 경우가 옳다.
따라서 1, 8은 진짜 구슬이고, (가)에서 1, 2, 3 > 4, 5, 6 이고, (나)는 수평이므로 2 또는 3 이 가짜 구슬, 7이 가짜 구슬임을 알 수 있다. (다)에서 4, 7 > 2, 6이므로 2는 진짜 구슬이다. 따라서 가짜 구슬은 3과 7이다.

점수 통계

각 문항별 **평균 점수**

문항	1	2	3	4	5	6	7	8	9	10	11	12	13	14	15	16	17	18	19	20
학생들 평균 점수(점)	3.1	1.9	1.5	4.1	3.3	2.0	1.3	1.5	2.5	0.4	1.7	1.4	0.9	3.2	0.8	0.3	2.8	0.7	1.6	3.4

문항	21	22	23	24	25	26	27	28	29	30	31	32	33	34	35	36	37	38	39	40
학생들 평균 점수(점)	1.7	3.1	0.9	2.5	1.3	1.6	2.5	3.2	3.0	2.8	2.5	2.8	0.4	2.5	2.4	1.4	2.0	1.3	0.9	0.2

총점 평균 77.5/200점

점수에 따른 **성취도 등급**

등급	1등급	2등급	3등급	4등급	5등급
평가	130점 이상	100점 이상 ~ 129점 이하	70점 이상 ~ 99점 이하	50점 이상 ~ 69점 이하	49점 이하

04 공간 / 도형 / 퍼즐

1. 수학 단원의 01 ~ 50번 문제 배점은 각 5점씩이며, 예외인 경우에는 각 문항별 평가표를 참고하면 됩니다.
2. 각 단원 말미에서 성취도 등급을 확인하세요.

문제 01 p100

정답 및 해설

답

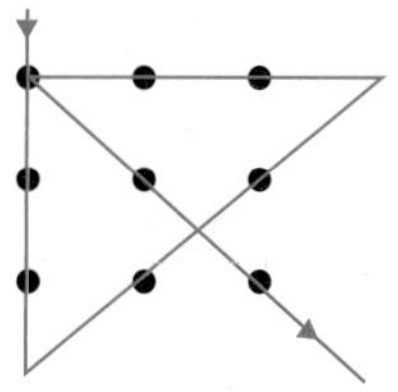

해설 점 안에서만 한붓그리기를 하려고 하면 그릴 수 없다. 점 바깥 부분을 거쳐서 한붓그리기를 한다는 생각을 먼저 하면 그리기 쉽다.

문제 02 p100

정답 및 해설

답 40

해설 나무조각을 쌓아 겉모양만 만들었으므로 나무조각을 빼기 전 나무조각의 총 개수는 56개이다. 위아래 각각 2개씩, 앞뒤 각각 2개씩, 좌우 각각 4개씩 나무조각을 뺐으므로 이 모양에서 나무조각은 총 56 - 16 = 40개이다.

문제 03 p101

◆ 평가표

1 ~ 5개를 맞춘 경우	1점
6 ~ 12개를 맞춘 경우	3점
13개를 모두 맞춘 경우	5점

정답

색칠한 4개의 조각의 모양을 5가지로 나누어 생각한다.

1) 조각 4개가 모두 붙어 있는 경우

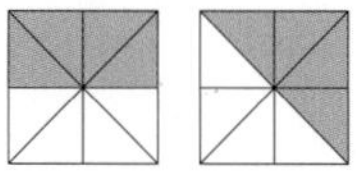

2) 조각 3개가 붙어 있는 경우

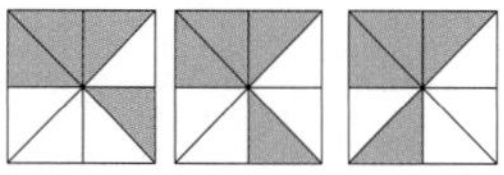

3) 조각이 2개씩 붙어 있는 경우

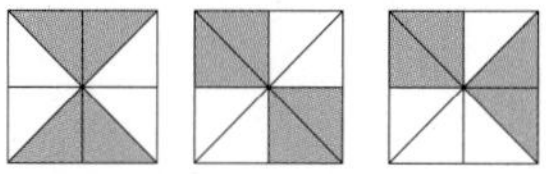

4) 조각이 2개만 붙어 있는 경우

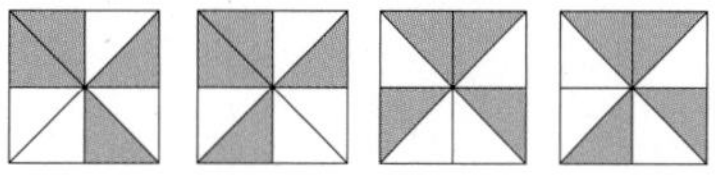

5) 모두 떨어져 있는 경우

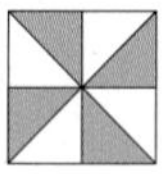

문제 04 p101

정답 및 해설 답 72

해설 바깥면 16개의 눈의 합이 가장 큰 경우는 두 면이 맞닿은 면에 가장 작은 수가 배치되어야 한다. 가장 작은 수는 1과 2이므로 바깥면은 1과 2를 제외한 3, 4, 5, 6으로 이루어져 있고, 주사위가 4개이므로 그 값은 (3 + 4 + 5 + 6) × 4 = 72이다.

문제 05 p102

정답 및 해설 답 (가) : 4개, (나) : 4개

해설 <보기>에 주어진 블록을 뒤에서 보면 다음과 같다.

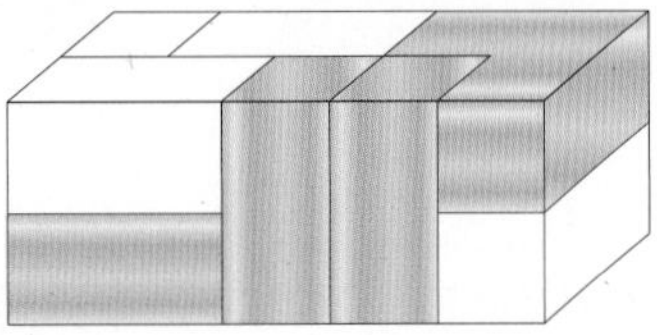

블록 (가)는 눕혀진 상태로 3개, 세워져 있는 상태로 1개가 있고, 블록 (나)는 눕혀진 상태로 2개, 세워진 상태로 2개가 있다.

문제 06 p102

정답

각 열의 층수를 더해서 9가 되는 수를 모두 곱했을 때 가장 큰 수를 찾는다. 1은 곱해도 수가 변하지 않으므로 층이 2 이상인 경우에서 찾는다.

1) 층을 2개 쌓을 때

2 × 7 = 14, 3 × 6 = 18, 4 × 5 = 20

2) 층을 3개 쌓을 때

2 × 2 × 5 = 20, 2 × 3 × 4 = 24, 3 × 3 × 3= 27

3) 층을 4개 쌓을 때

2 × 2 × 2 × 3 = 24

따라서 각 열의 층수를 서로 곱했을 때 가장 큰 수는 27이며, 그림은 다음과 같다.

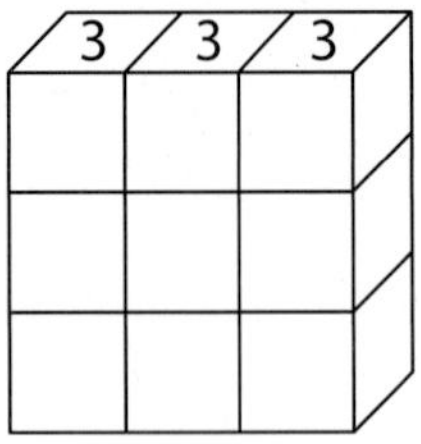

문제 07 p103

정답 및 해설 답

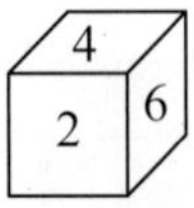

해설 1회차에서 상상이가 바위로 이겼으므로 상상이의 기준으로 오른쪽으로 넘기고, 2회차에서 무한이가 보로 이겼으므로 무한이를 기준으로 앞으로 넘긴다. 3회차에서 상상이가 보로 이겼으므로 상상이를 기준으로 앞으로 넘긴다. 마주보고 있는 면의 합은 7이므로 반대편 숫자를 알 수 있고, 각 회차에서 주사위는 다음과 같다.

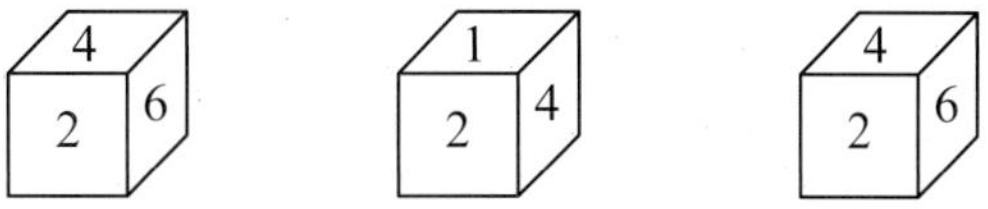

<1회차> <2회차> <3회차>

문제 08 p104

◆ 평가표

(1), (2) 중 한 개만 맞춘 경우	2점
모두 맞춘 경우	5점

정답 및 해설 답 (1) C – D – B – E – A (2) 37

해설 (1) A의 기준으로 왼쪽에는 두 살 차이 나는 동생 C가 앉아 있고, B는 동쪽에 앉아 있는 D와 한 살 차이이다. 동쪽에 앉아 있는 D는 나이가 가장 많고, 20살이며, C의 기준으로 왼쪽에 앉아 있다. D는 C와 네 살 차이가 나므로 C는 16살, B와 한 살 차이가 나므로 B는 19살이다. A는 C와 두 살 차이이므로 A는 18살이다. C의 바로 위 형 A의 기준으로 오른쪽에는 막내 E가 앉아 있으므로 자리에 앉으면 다음과 같다.

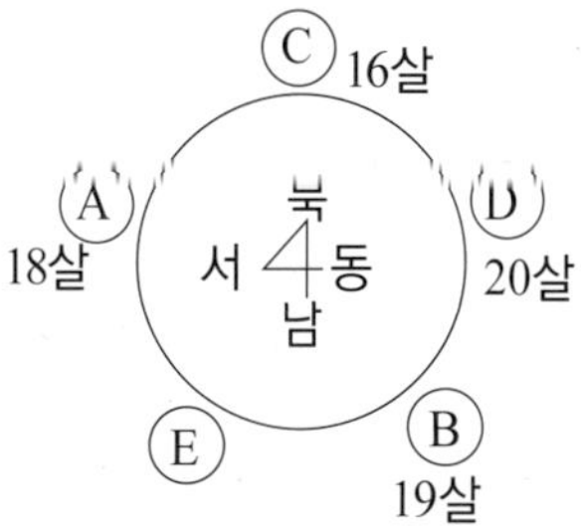

따라서 북쪽부터 시계 방향으로 앉은 사람은 순서대로 쓰면 C – D – B – E – A이다.
(2) A는 18살이고, B는 19살이므로 A와 B 나이의 합은 18 + 19 = 37이다.

문제 09 p105

정답 및 해설 답

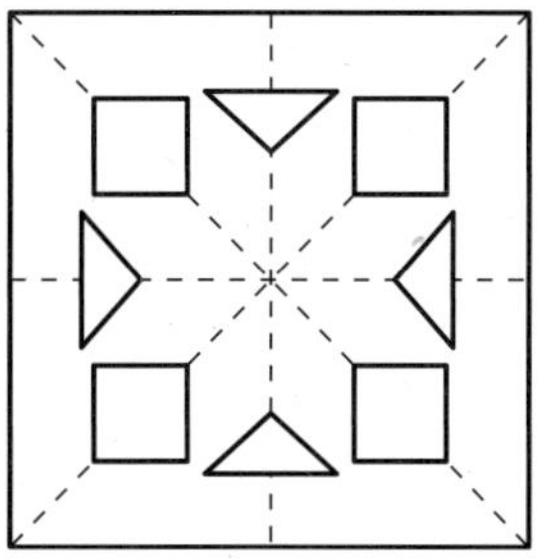

해설 정사각형 종이를 <보기>와 같이 접으면 3번 접은 삼각형이다. 3번 접은 삼각형에서 빗면과 밑면을 잘랐으므로 큰 정사각형에서 3번 접은 삼각형을 먼저 그리고, 빗면과 밑면을 자른 모양과 같이 그려 놓으면 펼쳤을 때 모양을 알 수 있다.

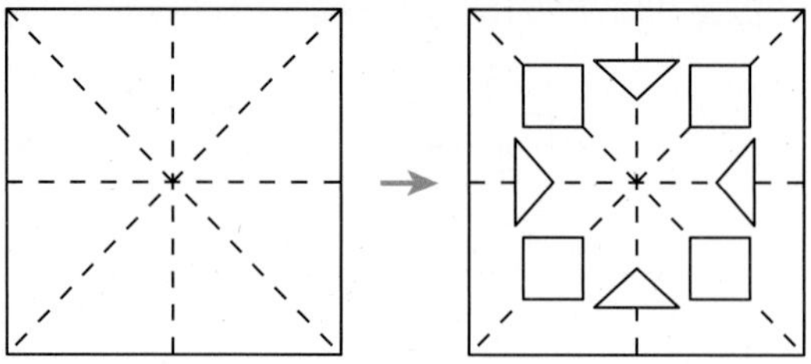

문제 10 p106

정답 및 해설 답 3개

해설 맨 아래층과 아래에서 두 번째 층을 그리면 다음과 같다.

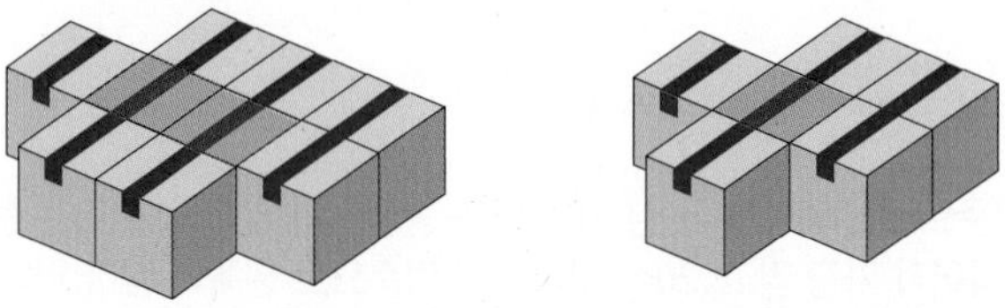

겉부분에 숫자를 쓸 수 없는 상자는 맨 아래층에 2개, 아래에서 두 번째 층에 1개가 있으므로 총 3개이다.

문제 11 p106

정답 및 해설 답 ①

해설 전개도를 접었을 때 정육면체에 그려진 그림의 방향에 따라 그림의 옆에는 어떤 면이 위치할지 생각하면 조금 더 쉽게 고를 수 있다.
답이 아닌 ②~⑤를 옳게 고치면 다음과 같다.

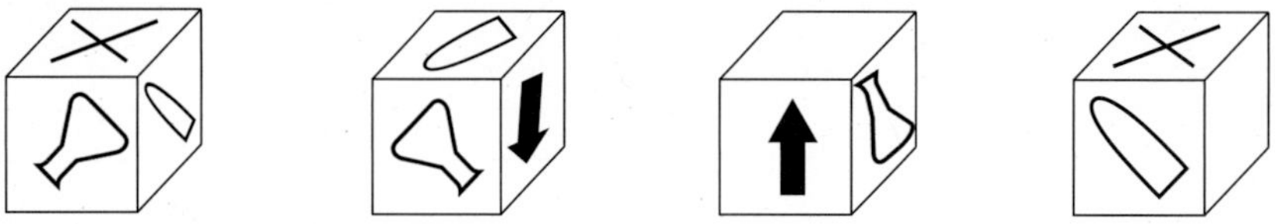

문제 12 p107

◆ 평가표

(1), (2), (3) 중 1개만 맞춘 경우	2점
(1), (2), (3) 2개만 맞춘 경우	3점
모두 맞춘 경우	5점

정답 및 해설 답 (1) E (2) B (3) D

해설 (1) A, B, C, D는 위 그림이 아래에 있지만 E는 위 그림이 위에 위치한다.
(2) 회전시켰을 때 A, C, D, E는 겹쳐지지만 B는 겹쳐지지 않는다.
(3) A, B, C, E는 사각형 안의 한 점에서 시작하는 선 2개 중 선 1개는 꼭지점으로 다른 선 1개는 모서리에 이어지지만 D는 두 선 모두 꼭지점으로 이어진다.

문제 13 p108

정답 및 해설 답 70

해설 (나)을 왼쪽으로 뒤집고 90도 회전시키면 그림은 다음과 같다.

따라서 검은색으로 표시된 부분의 숫자의 합은 는 11 + 13 + 15 + 14 + 6 + 2 + 9 = 70이다.

문제 14 p109

◆ 평가표

(1) 채점 기준

1 가지만 쓴 경우	1점
2 가지만 쓴 경우	2점
3 가지 모두 쓴 경우	3점

(2) 채점 기준

답을 맞춘 경우	2점

정답 (1)

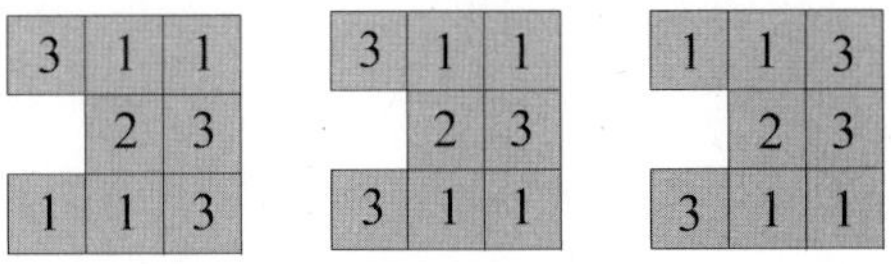

(2)

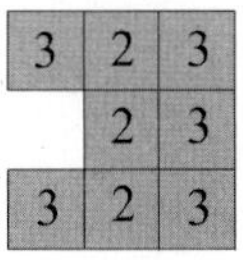

문제 15 p110

출제자 예시 답안

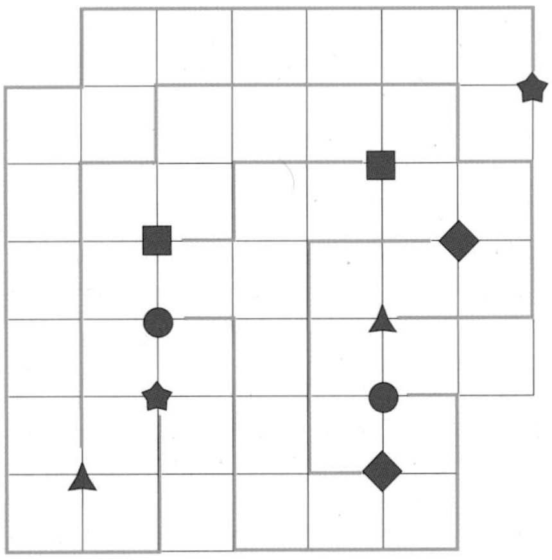

문제 16 p111

◆ 평가표

(1), (2) 중 1개만 맞춘 경우	3점
모두 맞춘 경우	5점

정답 (1)

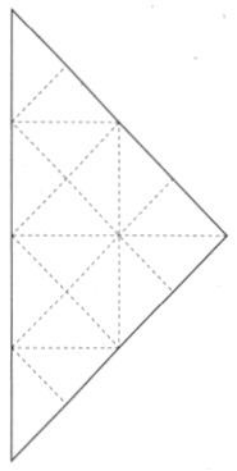

(2) 4번 접었을 때 생기는 가장 작은 삼각형은 16개이므로 직각이등변삼각형의 넓이를 16으로 나누면 된다. $8 \times 8 \times \frac{1}{2} = 32 \times \frac{1}{16} = 2\text{cm}^2$ 이다.

문제 17 p112

정답 및 해설 답 ①, ④

해설 두 조각으로 나누면 다음과 같다.

①

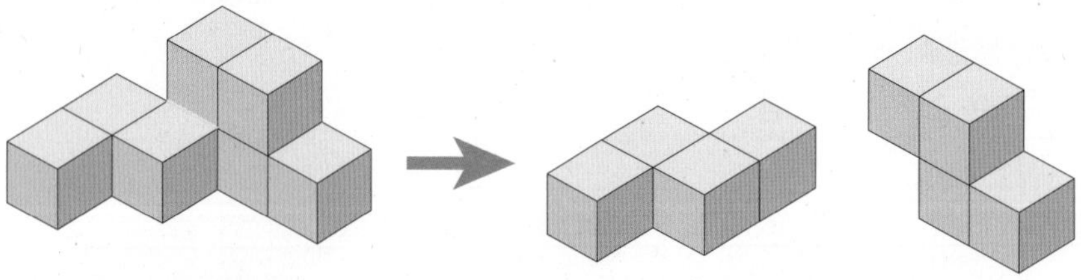

④

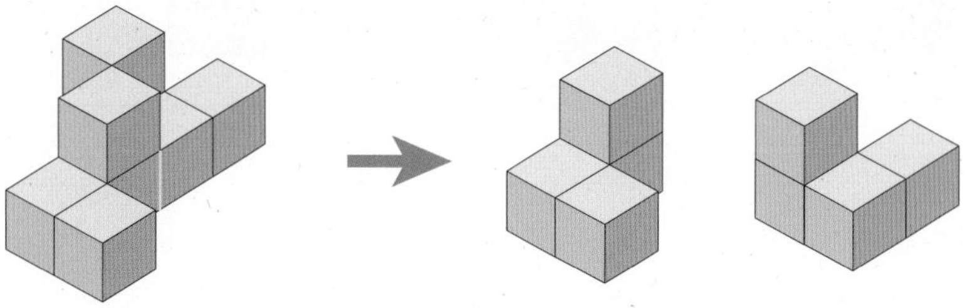

문제 18 p113

정답 및 해설 답 ③, ⑤

해설 ① 모양이 아예 다르다. <보기>는 솟아 오른 기둥이 3개이지만 ①은 2개다.
② <보기>와 좌우가 바뀐 그림이므로 <보기>를 돌려서 나올 수 없다.
④ <보기>를 ④과 같이 돌리면 다음과 같다.

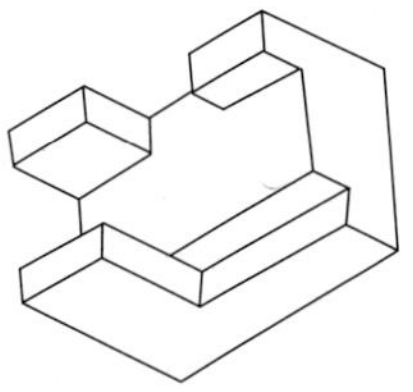

⑥ <보기>를 ⑥과 같이 돌리면 다음과 같다.

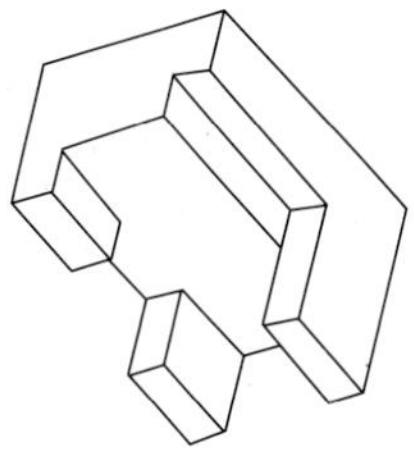

문제 19 p114

정답 및 해설

답 ②, ③, ⑤

해설 <보기> 그림을 거울로 비추면 다음과 같은 모양이 나온다.

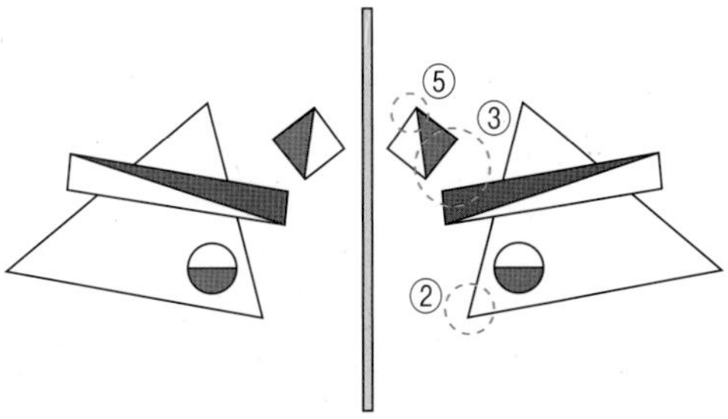

문제 20 p115

정답 및 해설

답 주황색 깃발

해설 주황색 깃발이 지뢰가 아니다. 숫자 3 둘레에는 깃발이 3개, 숫자 1 둘레에는 깃발이 1개여야 하므로 2열, 2칸에 있는 깃발은 없어야 한다.

문제 21 p116

정답 및 해설

답 꼭짓점 : 6개, 모서리 : 12개

해설 전개도를 접으면 다음과 같은 정팔면체가 된다. 따라서 꼭짓점은 6개, 모서리는 12개이다.

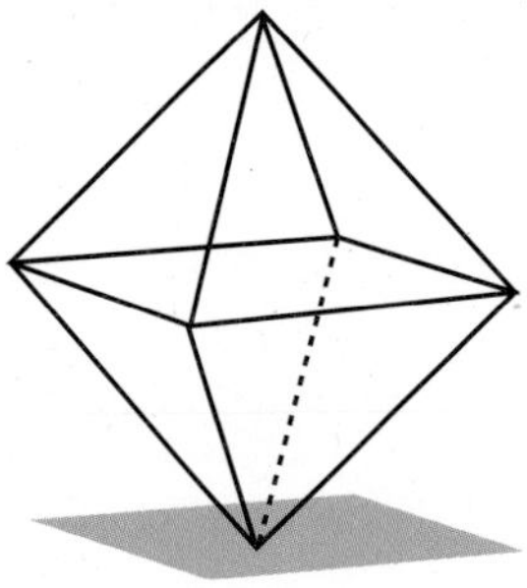

문제 22 p116

정답 및 해설 답 325698741

해설 3번을 제외한 다른 번호에서 시작하면 3번을 거치지 않고 계속 돌게 되어 있다. 따라서 3번부터 시작하여야 모든 번호를 돌 수 있다.

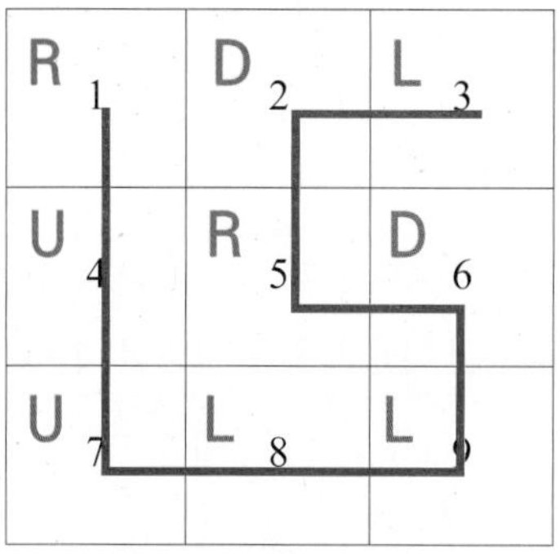

문제 23 p117

정답 및 해설 답 

해설  이 세 도형이 시계 방향으로 90°씩 돌면서 규칙적으로 반복되고 있다. 3개의 도형이 돌고 있으므로 30번째는  이 10번 반복된 것이므로 31번 째 도형은 3개의 도형 중 첫 번째인 화살표 모형이다.

화살표 모형은 과 이 반복되므로 31번 째 도형은 이다.

문제 24 p117

정답 및 해설 답 마

해설 마 조각을 바로 세우면 다음과 같다.

조각은 회전시킬 수는 있으나 뒤집을 수는 없다고 하였으므로 마 조각은 모형에 사용되지 않았다. (모형에 사용하기 위해서는 마 조각을 뒤집어야 한다.)

문제 25 p118

정답 및 해설 답

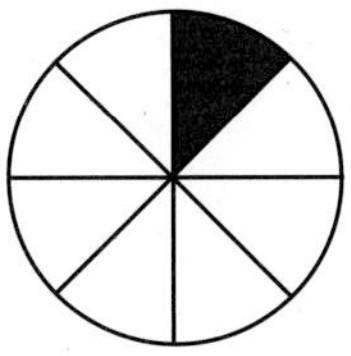

해설 도형의 넓이가 모두 같으므로 원 안에 색칠된 넓이는 전체의 $\frac{1}{4}$이다. 사각형의 색칠된 넓이는 $\frac{1}{4}+\frac{1}{8}=\frac{3}{8}$ 이고, 삼각형의 색칠된 넓이는 $\frac{1}{2}$ 이다. 각 부분의 넓이를 셈하면 $\frac{1}{4}+\frac{3}{8}-\frac{1}{2}=\frac{1}{8}$이므로 색칠되는 부분은 8조각으로 나누어진 원에서 1칸이다.

문제 26 p118

◆ 평가표

모두 맞춘 경우	5점

정답 및 해설 답

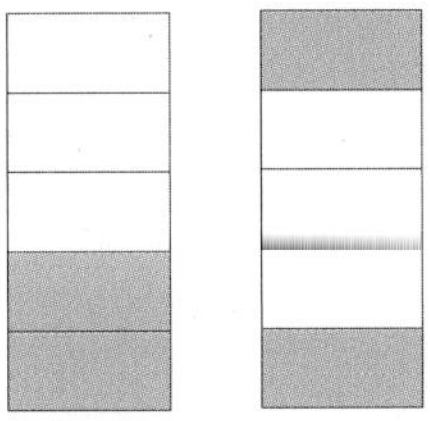

해설 첫 번째 그림에 다음과 같이 숫자를 쓰고, 색칠해진 칸의 규칙은 (1, 2) (1, 3) → (1, 2) (1, 4) → (1, 2) (1, 5)이다. 따라서 다섯, 여섯 번째 그림은 (1, 2) (1, 5)이다.

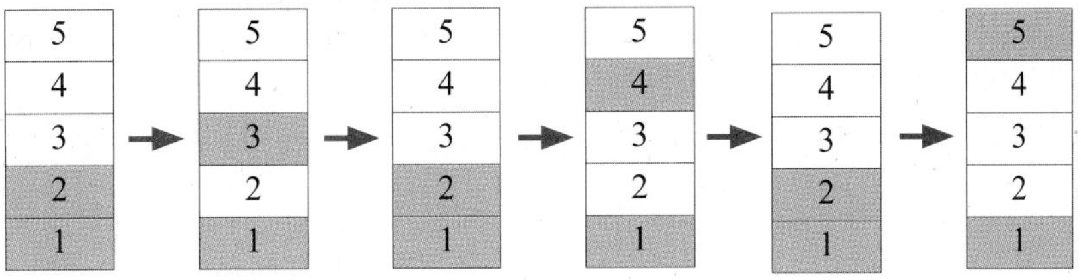

문제 27 p119

정답 및 해설 답 7

해설 ① 그림에서 1 칸에 색칠된 노랑은 반시계 방향으로 한 칸 이동, 3 칸에 색칠된 노랑은 반시계 방향으로 두 칸 이동하는 규칙이다. 따라서 ④ 번째 그림에는 3과 4에 노랑색이 칠해지므로 3 + 4 = 7이다.

문제 28 p119

정답 및 해설

답 8 - 2 - 5 - 4 - 3 - 6 - 7 - 1

해설 가장 위에 둔 색종이부터 하나씩 없애면서 생각해 본다.

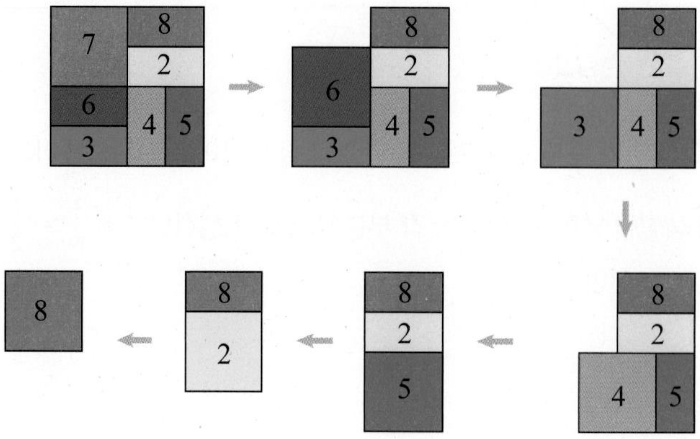

문제 29 p120

◆ 평가표

(1), (2), (3) 중 1개만 맞춘 경우	2점
모두 맞춘 경우	5점

정답 및 해설

답 (1) C (2) B (3) C

해설 (1) 선의 개수가 한 개씩 늘어나고 있으므로 네 번째 올 도형은 선이 4개인 C이다.

(2) 가운데 있는 의 왼쪽 선이 점점 펴지면서 아래, 위 직선이 하나씩 추가되고 있다. 따라서 네 번째 올 도형은 위 선이 추가되고 가운데 모형이 다 펴진 B가 된다.

(3) 선이 시계방향으로 돌고 있고, 안쪽에 선은 선의 개수가 늘고 있다. 따라서 네 번째 올 도형은 C이다.

문제 30 p121

◆ 평가표

(1) 또는 (2) 중 한 개만 맞춘 경우	3점
모두 맞춘 경우	5점

정답

(1) 똑같은 크기로 4등분한 후, 3칸을 칠한다. 직사각형을 4등분하는 방법은 다양하므로 답은 다양하게 나올 수 있다.

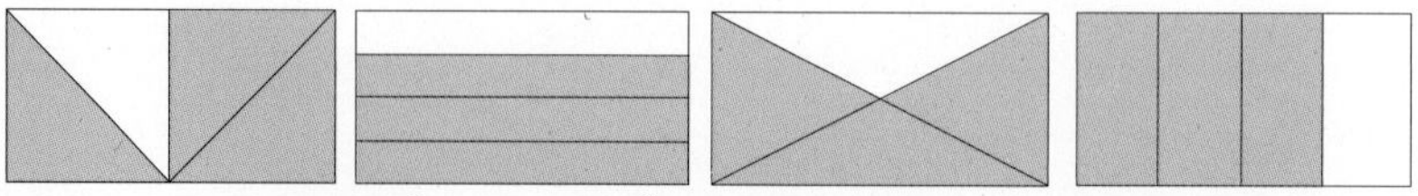

(2) 4등분으로 나누기 어렵다면 $\frac{3}{4}$의 배수인 $\frac{9}{12}$로 생각할 수 있다. 똑같은 크기의 12개의 칸으로 나누

고, 이 중 9칸을 칠하면 $\frac{3}{4}$을 칠한 것과 같다. 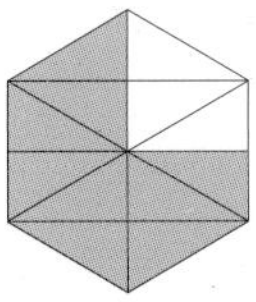

학생들 샘플 답안

(1)

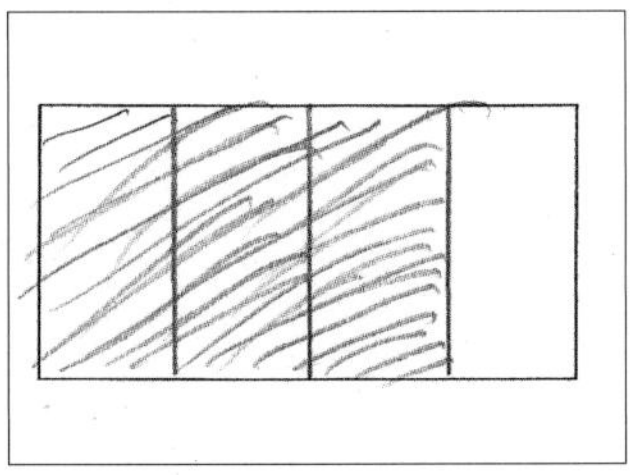

(2)

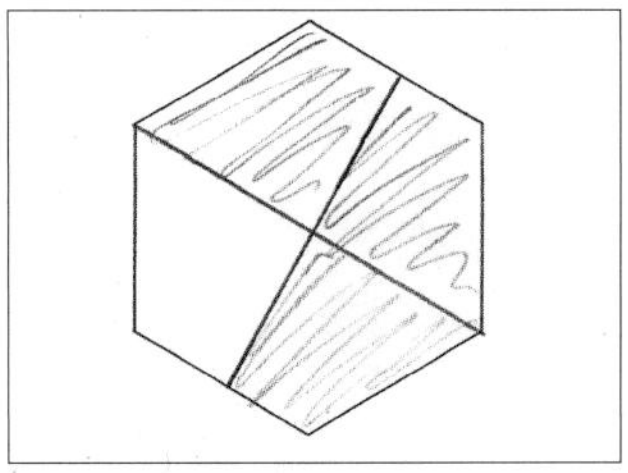

문제 31 p122

◆ 평가표

1개 썼을 경우	2개 썼을 경우	3개 썼을 경우
2점	3점	5점

정답

1. 도형의 크기에 따라

2. 도형의 색깔에 따라

3. 도형의 모양에 따라

학생들 샘플 답안

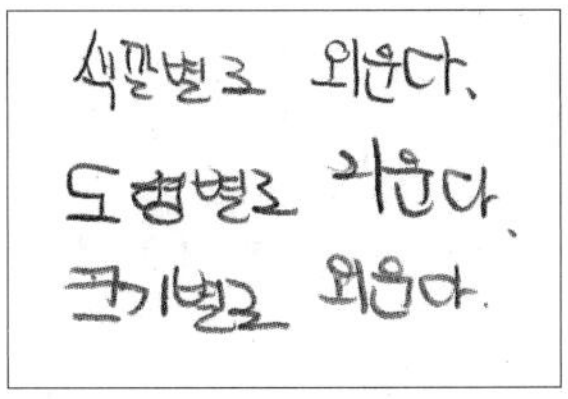

문제 32 p122

정답 및 해설

답

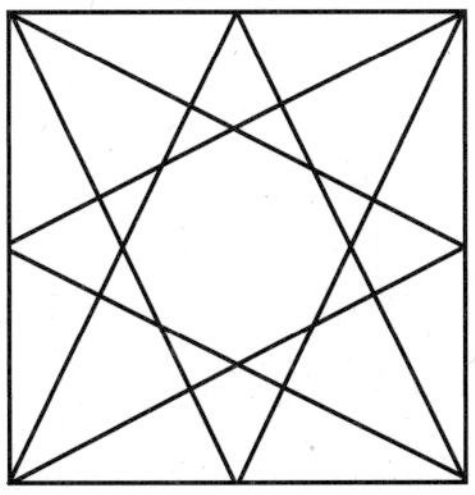

해설 1 ~ 4번 그림을 보면 가운데 중심으로 반을 접었을 때, 겹쳐지는 그림이다. 따라서 5번 그림에서 가운데 중심으로 오른쪽에 있는 그림을 반을 접었을 때 겹쳐지도록 그리면 된다.

문제 33 p123

정답 및 해설

답

해설 주어진 그림에는 ★, ■, ●가 대각선으로 줄지어서 번갈아 나열되어 있다. 대각선 방향으로 같은 도형을 빈칸에 넣으면 다음과 같은 그림이 채워진다.

문제 34 p123

정답 및 해설

답 1635

해설 <보기>에서 그림이 숫자 9472를 나타내므로 점 사이에 선이 지나가게 그리면 숫자를 나타낼 수 있다.

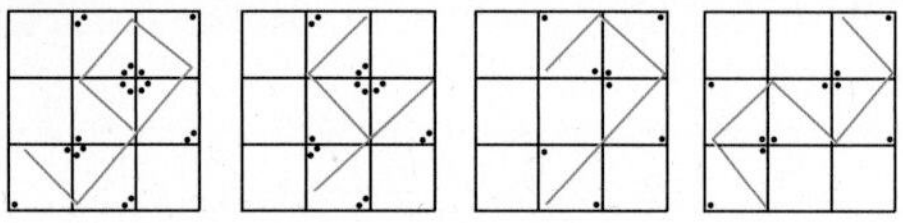

따라서 주어진 그림에 점 사이에 선이 지나가게 그리면 다음과 같이 숫자를 나타낸다.

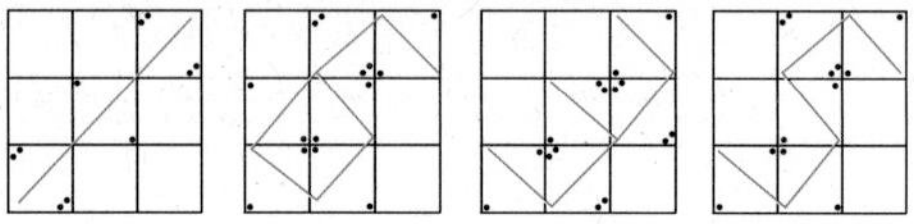

문제 35 p124

정답 및 해설

답

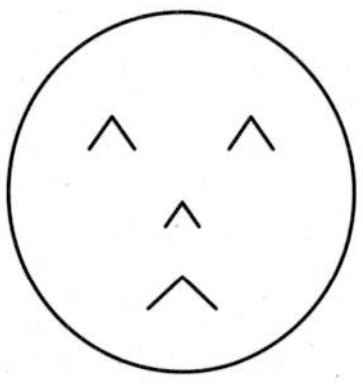

해설 얼굴형은 △○▽가 반복되고 있으므로 8번째 얼굴은 ○이다. 1, 3, 5, 7은 꺽인선으로만 이루어진 표정이 입, 코, 눈 순으로 원이 되고 있다. 2, 4, 6은 원으로만 이루어진 표정이 입, 코, 눈 순으로 꺽인선이 되고 있다. 따라서 8번째 표정은 모두 꺾인 선으로 되어 있고, 입꼬리는 아래로 되어 있어야 한다.

문제 36 p124

◆ 평가표

1 ~ 2개만 맞춘 경우	2점
3개만 맞춘 경우	3점
4개 모두 맞춘 경우	5점

정답

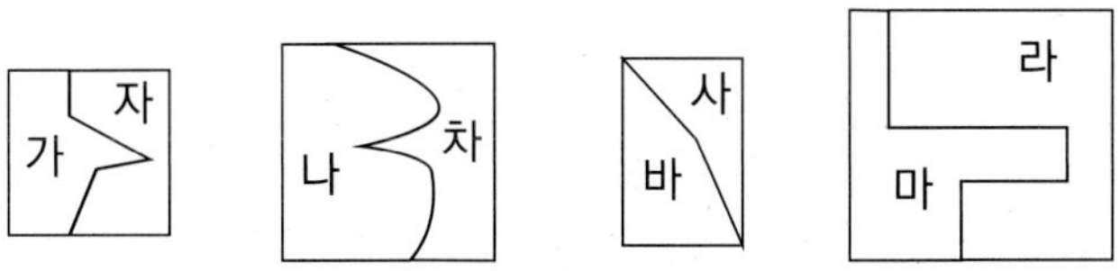

문제 37 p125

정답 및 해설 답 ①

해설 주어진 그림을 4조각으로 자르면 다음과 같이 나눌 수 있다.

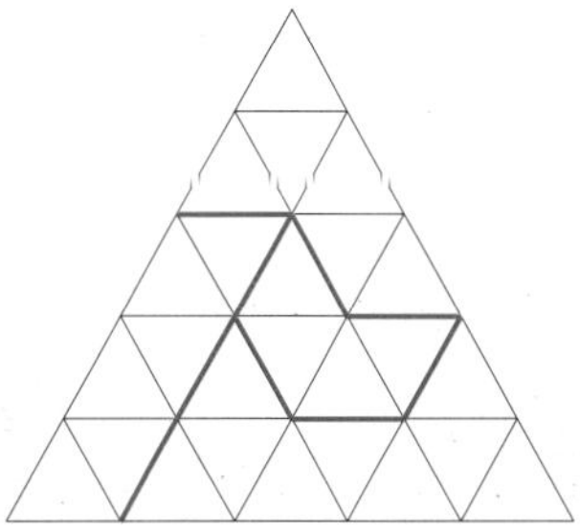

따라서 4조각에 해당하지 않는 조각은 ①이다.

문제 38 p126

정답 및 해설 답 1번 조각

해설 주어진 9개의 조각 중 8개의 조각으로 맞추면 다음과 같다.

따라서 필요 없는 조각은 1번 조각이다.

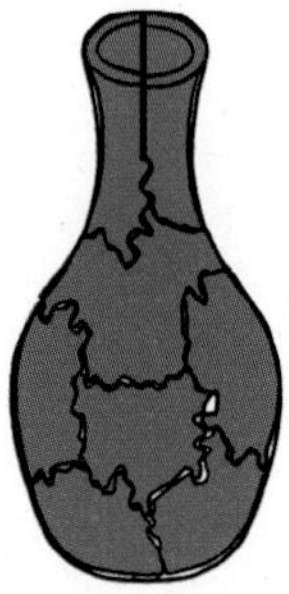

문제 39 p126

정답 및 해설

답

2	0	1	8	년
평	창			
	올	림	픽	이
개	최	되	었	다

해설 글자가 쓰여있는 조각들을 바르게 세워 한 문장이 되도록 조각을 맞추면 '2018년 평창 올림픽이 개최되었다.' 라는 한 문장이 완성된다.

학생들 샘플 답안

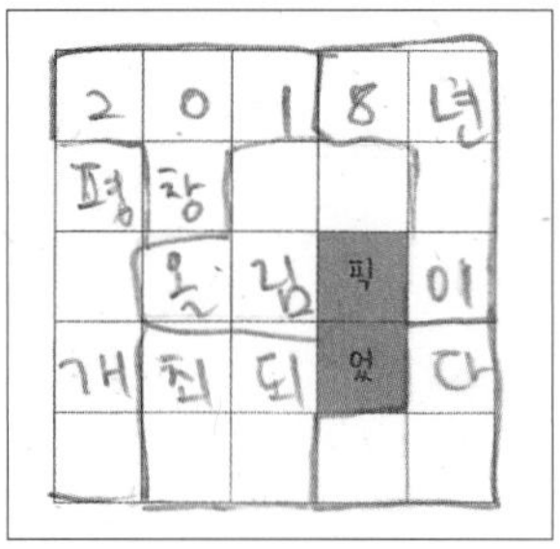

문제 40 p127

정답

8개 구역으로 나누어야 하므로 한 구역에는 4개의 칸으로 이루어진다. 한 구역에 ★이 한 개씩 들어가야 하므로 조건에 해당되는 그림은 다음과 같다. ★이 한 개씩 들어간 4개의 칸을 8개 구역으로 나누는 방법은 다양하므로 답은 다양하게 나올 수 있다.

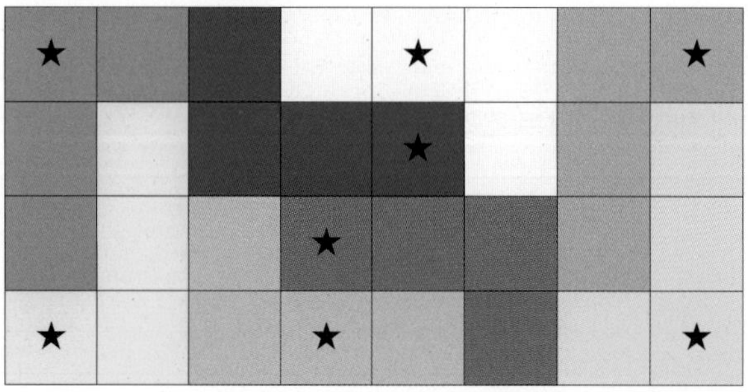

학생들 샘플 답안

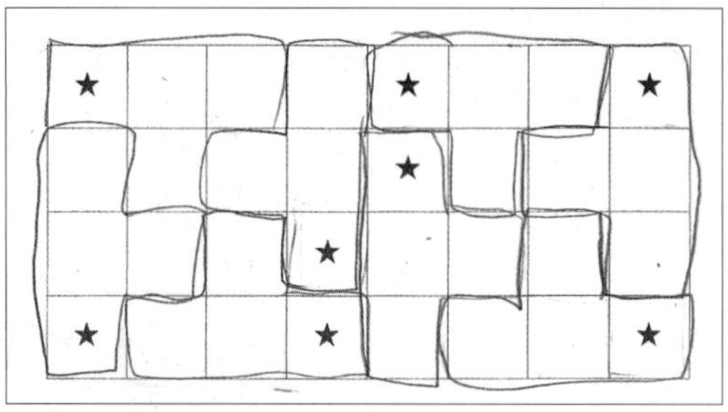

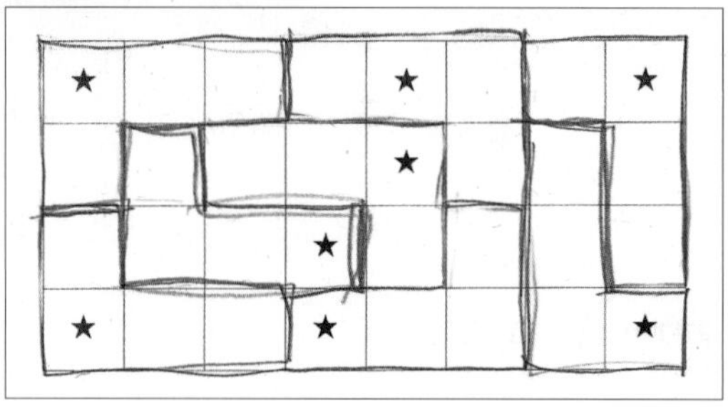

점수 통계

각 문항별 평균 점수

문항	1	2	3	4	5	6	7	8	9	10	11	12	13	14	15	16	17	18	19	20
학생들 평균 점수(점)	1.3	0.8	2.9	1.7	2.1	4.3	2.1	0.8	3.2	3.8	2.2	3.6	4.4	0.0	2.3	3.5	1.0	2.7	3.8	2.5

문항	21	22	23	24	25	26	27	28	29	30	31	32	33	34	35	36	37	38	39	40
학생들 평균 점수(점)	0.8	1.3	1.7	2.1	2.2	1.7	2.3	1.3	1.0	0.8	2.7	4.3	3.8	2.1	1.7	3.2	2.3	3.6	2.7	3.3

총점 평균 93.7/200점

점수에 따른 성취도 등급

등급	1등급	2등급	3등급	4등급	5등급
평가	130점 이상	100점 이상 ~ 129점 이하	70점 이상 ~ 99점 이하	50점 이상 ~ 69점 이하	49점 이하

05 과학 창의성

각 단원 말미에서 성취도 등급을 확인하세요.

문제 01 p128

문항 분석 및 평가표

◆ 문항 분석 : 동물의 겨울잠에 대한 자료를 읽고, 변온 동물과 항온 동물을 비교하여 차이점을 판단하고, 얼마나 자료를 잘 해석하는지를 통해 융통성과 정교성을 평가하는 문항이다.

◆ 평가표

(1) 채점 기준

2 가지를 쓴 경우	2점

(2) 채점 기준

3 가지를 쓰고, 그 이유도 쓴 경우	3점

출제자 예시 답안

(1) 개구리/뱀은 변온 동물이므로 스스로 체온 조절이 어려워 온도 변화가 적은 땅 속에서 겨울잠을 자고, 곰/다람쥐와 같은 항온 동물은 동굴, 돌이나 쓰러진 나무 밑에서 잠을 잔다.
개구리/뱀은 한번 잠들면 활동을 할 수 없게 되고, 심장 박동과 호흡이 거의 멎는 가사 상태가 되었다가 온도가 올라가는 봄에 일어난다. 곰/다람쥐는 겨울잠을 자는 중간중간 일어나 먹이를 먹거나 배설 활동을 하기도 한다. 개구리/뱀은 생존을 위한 겨울잠을 자고, 곰/다람쥐는 단지 온도 조절을 위한 잠을 자는 것이다.

(2)

해야 할 일	이유
살을 찌운다.	몸무게의 30% 정도 살을 찌워 겨울잠을 잘 때 에너지를 축적하고, 체온을 유지한다.
먹이를 모아 놓는다.	곰/다람쥐는 겨울잠을 자는 중간중간 일어나 먹이를 먹기 때문에 보금자리에 먹이를 모아야 한다.
보온이 잘되는 보금자리를 마련한다.	겨울잠을 자기 위해서 따뜻한 보금자리를 마련한다.

문제 02 p129

문항 분석 및 평가표

◆ 문항 분석 : 다양한 생물을 비교하고, 다양한 분류 기준으로 생물을 나눌 수 있는지를 통해 융통성과 정교성을 평가하는 문항이다.

◆ 평가표

(1) 채점 기준

1 ~ 2 가지를 쓴 경우	1점
3 ~ 4 가지를 쓴 경우	2점
5 가지를 쓴 경우	3점

(2) 채점 기준

1 가지 기준으로 잘 분류한 경우	2점

출제자 **예시 답안**

(1) 1. 다리가 있는 생물과 없는 생물
2. 날개가 있는 생물과 없는 생물
3. 단단한 껍데기가 있는 생물과 없는 생물
4. 물안에서 사는 생물과 물밖에서 사는 생물
5. 연체동물과 연체동물이 아닌 생물

(2)

다리가 있는 생물	다리가 없는 생물
게아재비, 물잠자리, 하루살이, 가재	물달팽이, 송사리, 다슬기, 거머리

날개가 있는 생물	날개가 없는 생물
물잠자리, 하루살이	게아재비, 가재, 물달팽이, 송사리, 다슬기, 거머리

단단한 껍데기가 있는 생물	껍데기가 없는 생물
가재, 물달팽이, 다슬기	게아재비, 송사리, 하루살이, 거머리, 물잠자리

물안에서 사는 생물	물밖에서 사는 생물
게아재비, 가재, 물달팽이, 송사리, 다슬기, 거머리	물잠자리, 하루살이

연체동물	연체동물이 아닌 생물
물달팽이, 다슬기, 거머리	게아재비, 물잠자리, 하루살이, 가재, 송사리

문제 03 p130

문항 분석 및 **평가표**

◆ 문항 분석 : 주어진 자료로 법칙의 원리를 이해하고, 현상에 대해 법칙을 대입할 수 있어야 한다. 이를 통해 융통성과 정교성을 평가하는 문항이다.

◆ 평가표

정답을 맞춘 경우	5점

정답 및 해설

답 가속도 현상, 마찰력 현상, 작용 반작용의 법칙, 만유인력의 법칙

해설 높은 곳에서 공을 떨어뜨리면 떨어지는 속도가 점점 빨라지는 것은 중력에 의해 운동하는 물체의 속도가 점점 빨라지는 가속도 현상이다.
운동장에서 타이어를 끌 때는 물체와 바닥의 마찰력이 크고, 스케이트장에서 타이어를 끌면 마찰력이 작으므로 스케이트장에서 타이어를 끄는 것이 쉽다. 이는 마찰력 현상이다.
온 힘을 다해서 벽을 밀었을 때 내 몸이 밀리는 것은 벽도 나에게 힘을 가한 것으로 작용 반작용의 법칙이다.
나무에서 사과가 땅으로 떨어지는 것은 중력에 의한 만유인력 법칙이다.

문제 04 p131

문항 분석 및 평가표

◆ 문항 분석 : 주어진 지도 자료를 해석하고, 알 수 있는 사실을 얼마나 추측할 수 있는지를 통해 유창성과 융통성을 평가하는 문항이다.

◆ 평가표

3 ~ 4 가지 썼을 경우	3점
5 가지 모두 썼을 경우	5점

출제자 예시 답안

· 공룡은 알을 낳는다.
· 공룡은 주로 경상남도 지방에서 살았다.
· 공룡은 서울 근처에서도 살았다.
· 공룡알보다 공룡 발자국이 더 넓은 지역에서 발견되었다.
· 우리나라에는 공룡이 살았었다.
· 공룡은 우리나라 전 지역에서 산 것은 아니다.

문제 05 p132

문항 분석 및 평가표

◆ 문항 분석 : 얼음을 저장하기 위한 석빙고의 구조를 보고, 구조 이유를 추측할 수 있어야 한다. 이를 통해 융통성과 정교성을 평가하는 문항이다.

◆ 평가표

(1) 또는 (2) 중 한 개만 맞춘 경우	3점
모두 맞춘 경우	5점

출제자 예시 답안

(1) 내부의 뜨거운 열을 빼주기 위해서 이다. 구멍은 환풍기 역할을 한다.
(2) 바닥에 배수구가 따로 있어 경사로를 따라 바닥에 생긴 물이 흘러나가도록 만든 것이다. 이 때문에 얼음이 녹지 않은 건조한 상태를 유지할 수 있다.

문제 06 p133

문항 분석 및 평가표

◆ 문항 분석 : 거울과 빛의 특징을 알고 있는지, 주어진 조건으로 빛이 출구로 나가는 방법을 얼마나 다양하게 표현할 수 있는지를 통해 융통성과 정교성을 평가하는 문항이다.

◆ 평가표

3 ~ 4 가지를 그린 경우	3점
5 가지 이상 그린 경우	5점

출제자 **예시 답안**

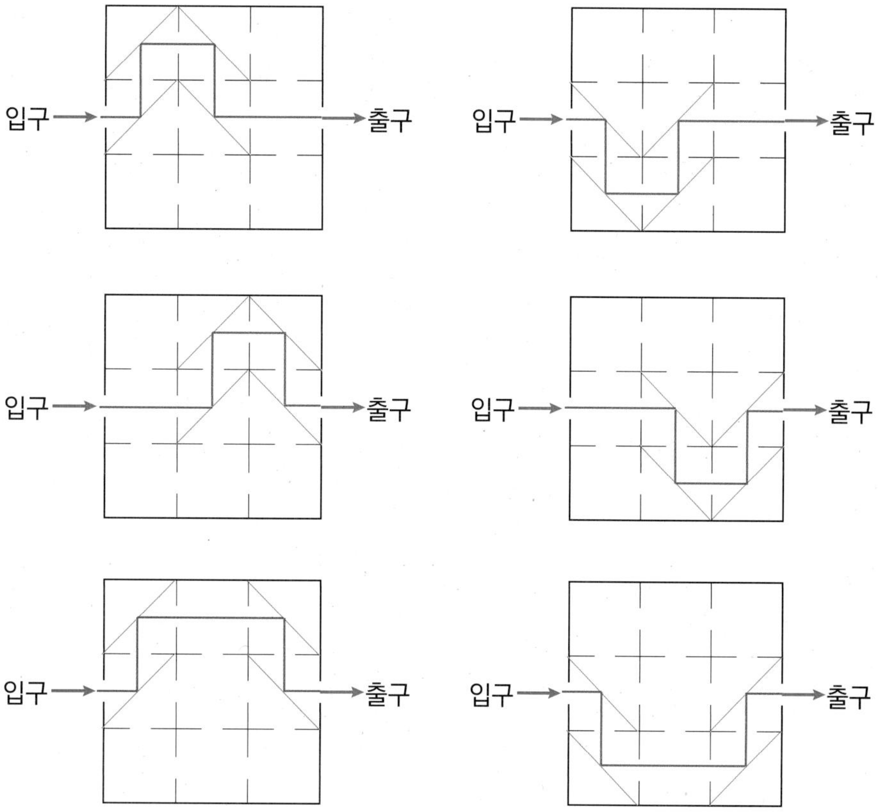

문제 07 p134

문항 분석 및 평가표

◆ 문항 분석 : 혼합물에 대해 이해하고 있는지, 혼합물과 같이 다양한 물질, 사물 등을 포함하고 있는 것을 얼마나 다양하게 찾을 수 있는지를 통해 유창성과 융통성을 평가하는 문항이다.

◆ 평가표

2 ~ 3 가지를 쓴 경우	2점
4 ~ 5 가지 이상 쓴 경우	3점
6 ~ 8 가지 쓴 경우	5점

출제자 예시 답안

① 엄마 가방은 혼합물이다.
왜냐하면 핸드폰, 화장품, 다이어리, 볼펜, 머리끈, 이어폰 등이 섞여 있기 때문이다.
② 마트는 혼합물이다.
왜냐하면 과일, 고기, 가전, 가구, 장난감, 책, 그릇, 옷 등이 있기 때문이다.
③ 쓰레기장은 혼합물이다.
왜냐하면 휴지, 캔, 박스, 유리병, 음식물 등이 있기 때문이다.
④ 교실은 혼합물이다.
왜냐하면 친구, 선생님, 칠판, 책상, 의자, 창문, 책 등이 있기 때문이다.
⑤ 산은 혼합물이다.
왜냐하면 나무, 곤충, 동물, 바위, 흙, 사람 등이 있기 때문이다.
⑥ 김치찌개는 혼합물이다.
왜냐하면 김치, 햄, 참치, 고춧가루, 파 등이 섞여 있기 때문이다.
⑦ 서점은 혼합물이다.
왜냐하면 참고서, 동화책, 만화책, 소설책, 잡지 등이 있기 때문이다.
⑧ 사람은 혼합물이다.
왜냐하면 머리카락, 심장, 피부, 뼈 등으로 구성되어 있기 때문이다.

문제 08 p135

문항 분석 및 평가표

◆ 문항 분석 : 주어진 잎사귀 그림으로 생김새를 분류할 수 있는지를 통해 정교성을 평가하는 문항이다.

◆ 평가표

1개만 맞춘 경우	2점
모두 맞춘 경우	5점

정답 및 해설

답 (가) 양버즘나무, (나) 떡갈나무, (다) 메꽃

해설 양버즘나무는 잎에 가시가 없고, 잎의 가장자리가 갈라져 있으며 잎의 끝이 뾰족하다. 떡갈나무는 잎의 가장자리가 갈라져 있지만 끝이 뾰족하지는 않고 둥글다. 메꽃의 잎은 가시가 없고, 가장자리가 갈라져 있지 않아 넓적하고 부드럽다.

문제 09 p136

문항 분석 및 평가표

◆ 문항 분석 : 주어진 자료를 통해 소리를 전달하는 물질에 따라 전달 속도가 다르다는 것을 파악하고, 어떻게 다른지 비교, 해석할 수 있어야 한다. 이를 통해 융통성을 평가하는 문항이다.

◆ 평가표

1 ~ 2 가지를 쓴 경우	2점
3 가지 이상 쓴 경우	5점

출제자 예시 답안

· 소리는 매질이 있어야 전달된다.
· 같은 매질이더라도 온도가 높으면 소리 전달이 더 잘된다.
· 액체보다 고체에서 소리 전달이 더 잘된다.
· 기체보다 액체에서 소리 전달이 더 잘된다.
· 같은 액체에도 액체 안에 많은 물질이 들어 있는 경우 소리 전달이 더 잘된다.

문제 10 p136

문항 분석 및 평가표

◆ 문항 분석 : 생물의 모습에서 아이디어를 얻어 발명된 우리 주변 사물에 대해 얼마나 다양하게 알고 있는지를 통해 융통성과 정교성을 평가하는 문항이다.

◆ 평가표

1 ~ 2 가지를 쓴 경우	2점
3 가지 이상 쓴 경우	5점

출제자 예시 답안

· 오리발 - 오리나 개구리의 물갈퀴를 본떠 만든 것이다.

· 흡착기 - 문어의 빨판을 보고 만든 것이다.

· 포크레인 - 두더지의 앞발을 보고 만든 것이다.

문제 11 p137

문항 분석 및 평가표

◆ 문항 분석 : 용수철이 실생활에 쓰이는 이유를 알고 있는지, 또 어떤 물건에 사용되는지 쓸 수 있어야 한다. 이를 통해 융통성과 정교성을 평가하는 문항이다.

◆ 평가표

(1) 채점 기준

1 ~ 2 가지를 쓴 경우	1점
3 가지를 쓴 경우	2점

(2) 채점 기준

1 ~ 2 가지만 쓰고, 장점을 쓴 경우	2점
3 가지를 쓰고, 장점을 쓴 경우	3점

출제자 예시 답안

(1) · 긴 줄을 용수철과 같이 감아 놓으면 공간을 적게 차지한다.
· 줄이 꼬이는 것을 방지한다.
· 먼 곳에서 길게 늘려 사용할 수 있다.
· 선이 곡선이라 유연하다.
(2) · 침대 : 매트 안에 용수철이 들어 있어 탄성때문에 폭신폭신하다.
· 악력기 : 탄성때문에 구부이는 것이 어려워 손에 힘을 주어야 하므로 근육 발달에 도움이 된다.
· 머리끈 : 용수철 모양으로 머리를 묶어도 자국이 남지 않는다.

문제 12 p138

문항 분석 및 평가표

◆ 문항 분석 : 생물을 키우는 데 필요한 조건을 알고 있어야 하고, 문제를 이해하여 문제에서 묻는 것이 무엇인지 파악하고 다양하게 쓸 수 있어야 한다. 이를 통해 유창성과 융통성을 평가하는 문항이다.

◆ 평가표

3 ~ 4 가지를 쓴 경우	3점
5 가지 이상 쓴 경우	5점

출제자 예시 답안

강낭콩 씨앗의 종류, 온도, 습도, 흙의 종류, 주는 물의 양, 강낭콩 씨앗을 심는 땅의 깊이, 땅의 온도, 이산화탄소의 양 등이 있다.

문제 13 p138

문항 분석 및 평가표

◆ 문항 분석 : 응결과 증발에 대해 이해하고, 우리 주변에서 볼 수 있는 응결과 증발 현상을 얼마나 알고 있는지를 통해 유창성과 융통성을 평가하는 문항이다.

◆ 평가표

각각 1 ~ 2 가지씩 쓴 경우	2점
각각 3 ~ 4 가지씩 쓴 경우	3점
각각 5 가지씩 쓴 경우	5점

출제자 예시 답안

· 응결 : 차가운 컵 표면에 물방울이 생긴다. 아침에 나뭇잎에 이슬이 생겼다. 안개 때문에 앞이 잘 안 보인다. 구름이 생성된다. 화장실 천장에 물방울이 맺힌다.
· 증발 : 빨래가 마른다. 물컵 안의 물이 줄어든다. 머리를 감은 후에 드라이로 머리카락을 말린다. 손에 알코올을 묻히면 알코올이 증발하면서 손이 시원해진다. 강아지가 헥헥거리면서 수분을 혓바닥의 증발시킨다.

문제 14 p139

문항 분석 및 평가표

◆ 문항 분석 : 성질이 다른 혼합물을 분리하는 방법에 대한 문항이다. 각 물질에 대한 성질을 알고, 주어진 물건으로 혼합물을 어떻게 분리할 수 있는지를 통해 융통성과 정교성을 평가하는 문항이다.

◆ 평가표

순서를 맞춘 경우	5점

출제자 예시 답안

1. 철가루는 자석에 붙는 성질이 있기 때문에 자석으로 철가루를 먼저 분리한다.
2. 설탕은 물에 녹는 성질이 있으므로 남은 콩, 쌀, 소금을 물에 넣어 소금을 분리한다. (소금물을 가열하면 물이 증발하기 때문에 소금만 얻을 수 있다.)
3. 콩과 쌀은 크기가 다르므로 콩보다 구멍이 작고, 쌀보다 구멍이 큰 거름망으로 걸러낸다.

문제 15 p140

문항 분석 및 평가표

◆ 문항 분석 : 물에 설탕을 녹일 때 효율적인 방법을 알고 있는지 그 방법이 왜 효율적인지 쓸 수 있어야 한다. 이를 통해 융통성과 정교성을 평가하는 문항이다.

◆ 평가표

(1) 채점 기준

1 ~ 2 가지를 쓴 경우	2점
3 가지를 쓴 경우	3점

(2) 채점 기준

표면적에 대한 설명을 한 경우	2점

출제자 예시 답안

(1) · 각설탕을 부숴서 가루로 만든 후에 녹인다.
· 물을 끓여서 온도를 높인 다음 각설탕을 녹인다.
· 각설탕을 넣고 녹일 때 젓가락으로 저어준다.
(2) 각설탕은 뭉쳐 있지만 가루 설탕은 작은 알갱이로 되어 있어 (표면적이 넓어) 같은 양의 각설탕보다 가루 설탕이 더 빨리 녹는다.

문제 16 p141

문항 분석 및 평가표

◆ 문항 분석 : 나침반은 자석의 원리로 만들어졌다. 주어진 물건으로 나침반을 어떻게 만들 수 있을지, 자신만의 나침반을 만들 수 있는지를 통해 융통성과 독창성을 평가하는 문항이다.

◆ 평가표

자석을 직접 사용한 경우	4점
자석을 직접 사용하지 않고 적합한 방법으로 나침반을 만든 경우	5점

출제자 예시 답안

철성분을 가진 바늘이나 못을 자석으로 문지르면 자기를 띠게 된다.

1. 바늘을 자석으로 문질러 자기를 띠게 하고, 산에서 나뭇잎을 구하여 바늘을 나뭇잎 위에 올린다. 그릇에 물을 담아 바늘을 올린 나뭇잎을 물 위에 띄우면, 바늘이 자유롭게 회전하며 나침반 역할을 할 수 있다.
2. 못을 자석으로 문질러 자기를 띠게 한 후, 실로 묶어 나뭇가지에 묶는다. 아래쪽으로 길게 늘어뜨린 못이 멈춘 후 못이 가리키는 방향으로 나침반을 대신할 수 있다.

문제 17 p142

문항 분석 및 평가표

◆ 문항 분석 : 공기를 이용하는 사물이나 예를 얼마나 다양하게 알고 있는지, 이 예를 또 다른 기준으로 분류할 수 있는지를 통해 유창성, 융통성, 정교성을 평가하는 문항이다.

◆ 평가표

(1) 채점 기준

3 ~ 4 가지를 쓴 경우	1점
5 ~ 6 가지를 쓴 경우	2점
7 가지 이상 쓴 경우	3점

(2) 채점 기준

분류를 정확하게 한 경우	2점

출제자 예시 답안

(1) 돛단배, 풍력발전, 타이어, 공, 튜브, 연날리기, 바람개비, 부채, 선풍기, 풍선, 관악기, 오르간, 아코디언, 파도 등이 있다.
(2) · 악기 : 오르간, 아코디언, 관악기
· 동력 : 돛단배, 풍력발전
· 놀이 : 연날리기, 바람개비, 풍선, 공, 튜브

문제 18 p143

문항 분석 및 평가표

◆ 문항 분석 : 우주 공간에는 공기가 없어 밀어낼 것이 없고, 중력이 없어 다양한 자세가 가능한데 이를 알고 있는지, 대화에서 틀린 내용을 고를 수 있는지를 통해 융통성과 정교성을 평가하는 문항이다.

◆ 평가표

틀린 아이 2명을 맞추었지만 이유를 바르게 쓰지 못한 경우	2점
틀린 아이 1명과 그 이유를 바르게 쓴 경우	3점
틀린 아이 2명과 그 이유를 바르게 쓴 경우	5점

출제자 예시 답안

상상, 영재
우주선 밖에서는 위아래 구분이 없기 때문에 어떤 자세도 가능하다. 따라서 거꾸로 된 자세로 다닐 수 있다.
우주 공간에는 별빛이 나아가는 것을 방해하는 공기가 없기 때문에 반짝거리지 않는 별을 아주 선명하게 볼 수 있다.

문제 19 p144

문항 분석 및 평가표

◆ 문항 분석 : 남극에 사는 대표적인 동물인 펭귄의 신체적 특징, 생활, 행동 양식을 알고, 남극에서 생존할 수 있는 이유와 방법 등을 쓸 수 있어야 한다. 이를 통해 융통성과 정교성을 평가하는 문항이다.

◆ 평가표

(1) 채점 기준

생존, 진화, 적응을 통해 펭귄이 살아가는 방법을 설명한 경우	2점

(2) 채점 기준

펭귄의 신체적 특징과 행동 양식을 통해 설명한 경우	3점

출제자 예시 답안

(1) 펭귄이 추운 남극에서 멸종되지 않고 살아갈 수 있는 이유는 생명체의 특징 때문이다. 생명체는 환경에 적응하고, 생존할 수 있도록 진화한다. 펭귄은 남극의 여름에 사냥을 해서 고단백의 식사를 하고, 겨울에 버틸 수 있는 에너지를 축적한다. 또한 영하의 온도에서 몸이 어는 것을 방지하는 부동 단백질을 통해 겨울에 몸에서 열이 빠져나가는 것을 최대한 줄인다.
(2) 이들이 추위를 이기는 비법은 두 겹으로 된 털에 있다. 짧고 촘촘한 깃털은 열이 빠져나가는 걸 막고, 물속에서도 물이 스며들지 않게 한다. 또 깃털 아래에 부드러운 솜털이 있어 따뜻한 공기층을 만든다. 발의 표면 가까이에 있는 동맥 주위가 정맥으로 꽁꽁 둘러싸여 있다. 그래서 사람과 달리 추위에 노출되어도 따뜻한 피가 계속 발에 공급된다. 그리고 펭귄은 무리를 지어 생활한다. 서로 붙어 있기 때문에 열방출을 최소화할 수 있다.

문제 20 p145

문항 분석 및 평가표

◆ 문항 분석 : 습도가 왜 달라지는지 알고 있어야 하고, 그에 따른 습도 조절 방법을 설명할 수 있어야 한다. 습도에 따라 겉모습이 변하는 생물에 대해 알고 있는지를 통해 융통성과 정교성을 평가하는 문항이다.

◆ 평가표

(1) 채점 기준

1 ~ 2 가지만 쓴 경우	1점
3 가지 이상 쓴 경우	2점

(2) 채점 기준

습도에 따라 겉모습이 변하는 것을 쓴 경우	3점

출제자 예시 답안

(1) · 장마철에는 습도가 높아 빨래가 잘 마르지 않는다. 이때 제습기를 켜 습도를 낮춘다.
· 겨울에는 실내가 건조하기 때문에 가습기를 켜서 습도를 높인다.
· 건조한 날 자기 전에 젖은 수건을 널어두면 습도가 높아진다.
· 옷장에 습기를 제거하기 위해 제습제를 넣어둔다.
(2) · 솔방울은 습도가 높으면 돌출된 부분이 서로 오므라들어 닫힌 모양을 하고, 습도가 낮으면 서로 벌어져 열린 모양을 한다.
· 나무로 만들어진 악기 중 기타나 피아노의 경우 습도가 낮을 때 나무판이 수축되어 갈라진다.

문제 21 p146

문항 분석 및 평가표

◆ 문항 분석 : 생물의 다양한 보호법에 대해 자세하고 다양하게 설명할 수 있는지를 통해 융통성, 정교성을 평가하는 문항이다.

◆ 평가표

1 가지만 쓴 경우	2점
2 가지 이상 쓴 경우	5점

출제자 예시 답안

무당벌레 - 자신의 몸을 보호하기 위해서 화려한 무늬의 껍질로 상대에게 경계심을 준다.
스컹크 - 적을 만났을 때 지독한 가스를 내뿜어 혼란을 주고 도망간다.
고슴도치 - 몸에 있는 가시를 곤두세워 적이 접근하지 못하도록 한다.

문제 22 p147

문항 분석 및 평가표

◆ 문항 분석 : 우리 주변에서 쉽게 볼 수 있는 멀티탭의 불편함을 보완할 수 있는 새로운 아이디어를 내고, 설명할 수 있는지를 통해 독창성과 정교성을 평가하는 문항이다.

◆ 평가표

단점을 생각하고, 단점을 보완할 수 있는 방법을 생각하여 그린 경우	5점

출제자 예시 답안

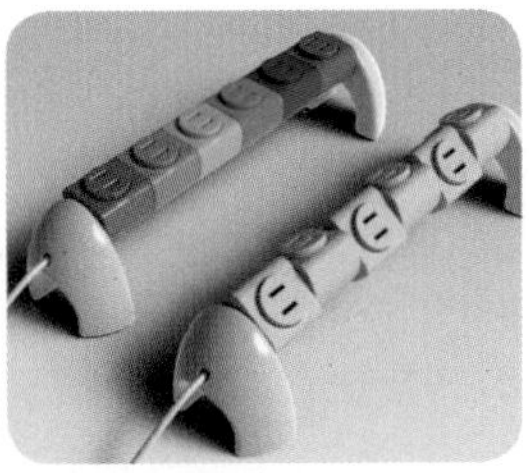

플러그의 방향이 위쪽으로만 되어 있어 코드를 항상 한 방향으로만 꽂아야 하는 불현함이 있으므로 다양한 방향으로 돌릴 수 있게 만든다.

여러 코드를 꽂을때는 어떤 전자기기의 코드인지 헷갈릴 수 있으므로 그림으로 표시할 수 있게 만든다.

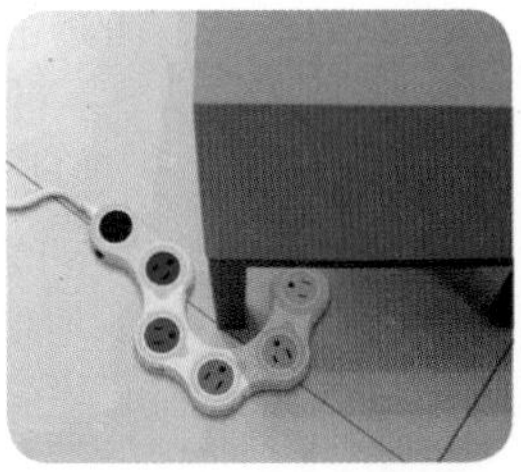

멀티탭이 직선으로만 되어 있어 바닥에 놓을 때 공간차지가 크다. 곡선으로 된 멀티탭을 만들어 공간에 따라 배치하게 만든다.

문제 23 p148

문항 분석 및 평가표

◆ 문항 분석 : 과거 지구의 모습에 대해 알아야 하고, 시대에 따라 차이점을 구분할 수 있어야 한다. 얼마나 알고 있는지, 얼마나 자세하게 쓸 수 있는지를 통해 유창성과 정교성을 평가하는 문항이다.

◆ 평가표

1 ~ 2 가지만 쓴 경우	3점
3 가지 이상 쓴 경우	5점

출제자 예시 답안

· 공룡은 중생대에만 살았고, 그 이후 인류가 시작되었으므로 공룡과 원시인이 같은 시대에 살 수 없다.
· 꽃이 피는 식물인 속씨식물은 신생대 이후에 생성되었으므로 중생대의 공룡, 암모나이트와 같은 시대에 있을 수 없다.
· 중생대의 공룡, 암모나이트와 신생대 이후의 매머드가 같은 시대에 있을 수 없다.
· 소나무는 겉씨식물로 중생대 이후에 존재하고, 꽃이 피는 식물은 속씨식물로 신생대 이후에 존재한다.

문제 24 p149

문항 분석 및 평가표

◆ 문항 분석 : 겉모습은 같지만 성질이 다른 두 수용액을 어떻게 구분하는지, 온도가 다른 물의 구분 방법을 얼마나 다양하게 쓸 수 있는지를 통해 유창성과 정교성을 평가하는 문항이다.

◆ 평가표

(1) 채점 기준

1 ~ 2 가지만 쓴 경우	1점
3 가지 이상 쓴 경우	2점

(2) 채점 기준

1 ~ 2 가지만 쓴 경우	2점
3 가지 이상 쓴 경우	3점

출제자 예시 답안

(1) · 두 비커에 달걀을 넣어 달걀이 담긴 정도를 비교한다. (소금물에는 뜬다)
· 두 비커의 액체를 증발시켜 남는 물질을 확인한다. (소금물이 증발하면 소금이 남는다.)
· 전선과 전구, 전지를 연결해서 전구의 불이 들어오는지 확인한다. (소금물은 전류가 통하기 때문에 전구에 불이 들어온다.)
· 두 비커를 냉동실에 넣어 어는 온도를 확인한다. (물보다 소금물이 더 낮은 온도에서 언다.)
· 못을 넣어 녹이 생기는 정도를 비교한다. (소금물에 넣었을 때 녹이 더 빨리 생긴다.)
· 빛을 비추어 굴절되는 정도를 확인한다.
· 밀도를 측정해본다. 등등
(2) · 온도계를 넣어 온도를 잰다.
· 두 비커를 가열해서 어느쪽이 더 빨리 끓는지 관찰한다. (뜨거운 물이 더 빨리 끓는다.)
· 빨대를 이용해 조금 마셔본다.
· 두 비커에 소금이나 설탕을 넣고 어느 쪽이 더 빨리 녹는지 관찰한다. (뜨거운 물이 더 빨리 녹는다.)
· 비커 위쪽에 차가운 유리판을 대어본다. (물방울이 생기는 쪽이 뜨거운 물이다.)
· 같은 크기의 얼음을 동시에 넣어본다. 등등

문제 25 p150

문항 분석 및 평가표

◆ 문항 분석 : 주어진 자료를 잘 읽고 물 부족을 해결하기 위한 방안을 다양하게 쓸 수 있어야 하고, 바닷물이 식수로 사용되지 않는 이유를 자세하게 설명할 수 있어야 한다. 이를 통해 융통성과 유창성, 정교성을 평가하는 문항이다.

◆ 평가표

(1) 채점 기준

2 ~ 3 가지만 쓴 경우	1점
5 가지 이상 쓴 경우	2점

(2) 채점 기준

바닷물에 소금이 많다는 내용을 쓴 경우	3점

출제자 예시 답안

(1) · 양치나 세수를 할 때 물을 받아서 한다.
· 설거지를 할 때 기름이나 음식물은 휴지로 닦은 후 물로 헹군다.
· 수도꼭지나 관의 누수를 주기적으로 점검한다.
· 빨래를 할 때에는 한꺼번에 모아서 한다.
· 합성세제 사용량을 줄이고 천연세제를 사용한다.
· 물을 안 쓸 때에는 수도꼭지를 꼭 잠근다.
· 물장난을 하지 않는다. 변기에 돌이나 페트병을 넣어둔다.
(2) 바닷물은 우리 몸이 소화시킬 수 있는 양의 70배가 넘는 소금이 들어 있다. 따라서 바닷물을 마시면 우리 몸에서 일정 농도를 유지하기 위해서 더 많은 양의 물을 필요로 하고, 만약 더 많은 양의 물을 공급해 주지 않으면 탈수상태에 빠지게 된다.
따라서 바닷물을 식수로 사용하기 위해서는 소금 성분을 없애는 증발법, 냉동법, 막침투법 등으로 순수한 물을 얻어 사용해야 한다.

문제 26 p151

문항 분석 및 평가표

◆ 문항 분석 : 달라지는 조건에 따라 우리의 환경이 어떻게 변하는지 다양하게 생각할 수 있어야 하고, 고체와 액체의 상태 변화에 따라 부피가 어떻게 달라지는지 설명할 수 있어야 한다. 이를 통해 융통성과 유창성, 정교성을 평가하는 문항이다.

◆ 평가표

(1) 채점 기준

1 ~ 2 가지만 쓴 경우	1점
3 가지 이상 쓴 경우	2점

(2) 채점 기준

1 ~ 2 가지만 쓴 경우	2점
3 가지 이상 쓴 경우	3점

출제자 예시 답안

(1) · 첫눈 오는 시기가 빨라진다.
· 비가 오는 횟수가 줄고, 눈이 오는 횟수가 많아진다.
· 북극이나 남극에는 빙하가 많아지고, 해수면이 낮아진다.
· 해수변이 낮아지기 때문에 섬들이 육지가 될 수도 있다.
· 빙하가 많아지면 바다 염분의 농도가 증가한다.
· 바닷물이 거의 얼 것이다.
· 생태계에 혼란이 올 것이다.
(2) · 추운날 수도관이 터지지 않는다.
· 물을 가득 채운 유리병을 냉동실에 넣었을 때 유리병이 깨지지 않는다.
· 얼음의 부피가 감소하면 밀도가 증가하기 때문에 빙하가 바닷물에 뜰 수 없다.
· 겨울에는 강물이 바닥부터 얼기 때문에 물고기가 살 수 없다.

문제 27 p151

문항 분석 및 평가표

◆ 문항 분석 : 개기월식이 무엇인지, 왜, 어떻게 일어나는지에 대해 알고 있어야 하고, 월식이 일어날 때 달이 가려지는 방향을 알고 있어야 한다. 이를 통해 정교성을 평가하는 문항이다.

◆ 평가표

(1) 채점 기준

지구의 그림자를 설명한 경우	2점

(2) 채점 기준

정답을 맞춘 경우	3점

정답

(1) 개기월식은 태양-지구-달 순으로 일직선상에 놓일 때 지구 그림자에 의해 달이 가려지는 현상이다. 달에 나타난 그림자의 끝 부분이 둥근 모양이기 때문에 지구가 둥근 모양이라는 것을 알 수 있다.

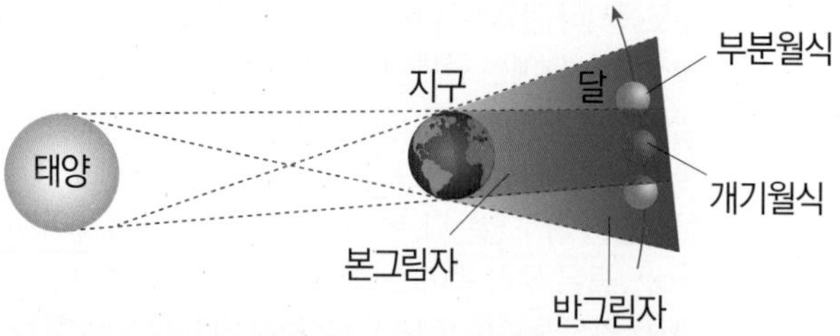

(2) 달은 서쪽에서 동쪽으로 공전하기 때문에 일식 때 태양은 오른쪽, 월식 때 달은 왼쪽부터 가려진다.

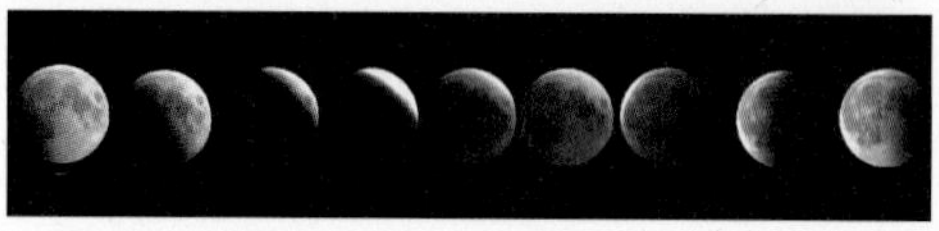

따라서 월식이 일어나고 일주일 후에는 달이 공전하여 하현달의 모습을 나타낸다. 

문제 28 p152

문항 분석 및 평가표

◆ 문항 분석 : 연소의 3요소를 통해 성화 점화 방법을 얼마나 다양하고, 새롭운 아이디어로 설명할 수 있는지를 통해 유창성과 융통성을 평가하는 문항이다.

◆ 평가표

(1) 채점 기준

3 가지를 모두 쓴 경우	2점

(2) 채점 기준

2 가지 이하로 쓴 경우	1점
3 가지 이상 쓴 경우	3점

출제자 예시 답안

(1) 연소의 3요소는 산소, 연료, 발화점 이상의 온도이다.
(2) · 나무를 연료로 해서 서로 마찰시켜 열을 얻어 불을 붙인다.
· 부싯돌을 이용해 발화점 이상의 열을 얻어 불을 붙인다.
· 성냥이나 라이터를 사용하여 불을 붙인다.
· 은박지에 건전지를 연결하여 불을 붙인다.
· 오목거울을 이용하여 반사판과 같은 원리로 빛을 모아 불을 붙인다.
· 볼록렌즈 초점에 빛을 모아 불을 붙인다.
· 전기 스파크를 이용하여 불을 붙인다.

문제 29 p152

문항 분석 및 평가표

◆ 문항 분석 : 물과 기름은 섞이지 않기 때문에 일어날 수 있는 문제점과 그 성질을 통해 기름을 제거할 수 있는 방법을 다양하게 생각할 수 있는지를 통해 유창성과 융통성을 평가하는 문항이다.

◆ 평가표

(1) 채점 기준

1 ~ 2 가지만 쓴 경우	1점
3 가지 이상 쓴 경우	2점

(2) 채점 기준

1 ~ 2 가지만 쓴 경우	2점
3 가지 이상 쓴 경우	3점

출제자 예시 답안

(1) · 기름이 바다에 유출되면 바다에 바깥의 산소가 통하지 않기 때문에 바닷속 생물이 살 수 없게 된다.
· 빛이 통하지 않아 바다 속 생물의 광합성이 어렵다.
· 기름때문에 생명체가 살 수 없어 생태계에 피해를 준다.
· 악취로 인해 관광객이 줄어든다. 양식업이 어려워진다. 바다 물고기를 먹고 사는 조류들의 먹이가 줄어든다.
(2) · 오일펜스를 쳐서 기름이 더 이상 번지지 않도록 막고, 기름을 걸러낸다.
· 기름을 빨아들일 수 있는 부직포로 기름을 제거한다.
· 기름을 빨아들이는 장치를 배에 달아 배가 이동할 때마다 기름을 빨아들일 수 있게 한다.
· 바다 위의 기름에 불을 붙여 기름을 태운다.
· 기름을 분해하는 물질(유화제)을 뿌려서 기름을 제거한다.

문제 30 p153

문항 분석 및 평가표

◆ 문항 분석 : 침식과 퇴적의 원리를 이해하고, 시간에 따라 하천의 변화를 그림으로 자세하게 표현할 수 있는지를 통해 정교성을 평가하는 문항이다.

◆ 평가표

그림을 잘 그렸으나 설명이 미흡한 경우	3점
그림을 잘 그리고, 우각호, 침식, 퇴적에 대해 바르게 이해하고 설명한 경우	5점

출제자 예시 답안

강의 안쪽 부분은 침식이 일어나기 때문에 더 안쪽으로 깎이게 되면서 직선으로 강이 흐르게 되고, 아래쪽의 곡류에서는 퇴적이 일어나기 때문에 우각호가 생성된다.

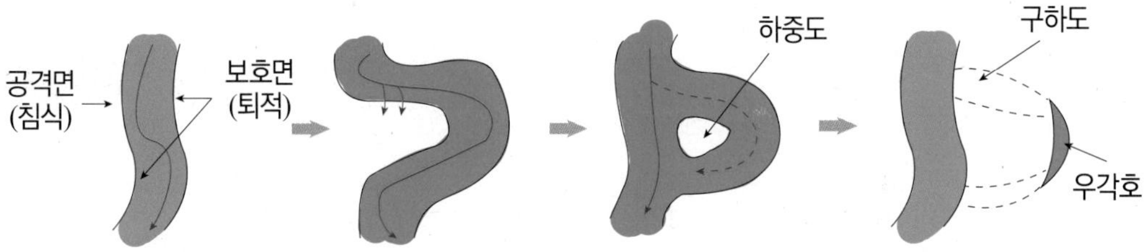

문제 31 p153

문항 분석 및 평가표

◆ 문항 분석 : 무게 중심의 원리로 그림에 대한 설명을 자세하게 할 수 있는지를 통해 정교성을 평가하는 문항이다.

◆ 평가표

무게 중심에 대한 설명을 한 경우	5점

출제자 예시 답안

무한이, 상상이 모두 머리를 앞으로 내릴 때 무게 중심이 지면과 닿아 있는 무릎(또는 발)에서 벗어나므로 앞으로 고꾸라지게 된다.

문제 32 p154

문항 분석 및 평가표

◆ 문항 분석 : 더운 여름에 방의 온도를 낮출 수 있는 방법을 얼마나 다양하고 새롭게 제시하는지를 통해 유창성과 융통성을 평가하는 문항이다.

◆ 평가표

3 ~ 4 가지를 쓴 경우	3점
5 가지 이상 쓴 경우	5점

출제자 예시 답안

· 방 안에 물에 적신 수건을 둔다. (물이 증발되면서 열에너지를 흡수하기 때문에 주변이 시원해진다.)
· 선풍기를 튼다. (선풍기에서 바람이 불어 시원해진다.)
· 집 안의 앞뒤 창문을 연다. (바람이 양쪽으로 통하면 통풍이 잘 되어 시원하다.)
· 땀의 흡수가 잘되는 옷을 입고 잔다. (땀이 증발하면서 체온이 낮아진다.)
· 천의 격자 크기가 크고, 성긴 천으로 된 이불을 덮는다. (통풍이 잘된다.)
· 낮 시간 동안 햇빛이 비추지 않은 곳에서 잔다. (태양 에너지를 적게 받은 곳의 온도가 낮다.)

문제 33 p154

문항 분석 및 평가표

◆ 문항 분석 : 인간의 감각기관의 한계를 극복할 수 있는 물건을 얼마나 다양하게 알고 있는지, 그 물건이 어떻게 사용되는지 쓸 수 있어야 한다. 이를 통해 융통성을 평가하는 문항이다.

◆ 평가표

2 가지를 쓴 경우	3점
3 가지 이상 쓴 경우	5점

출제자 예시 답안

· 시각 - 돋보기 : 작은 것을 크게 볼 수 있는 기구
　　　내시경 : 신체의 내부를 관찰하기 위해 만들어진 기구
· 청각 - 보청기 : 잘 들리지 않는 환자의 귀에 창작하여 소리를 증폭시켜 주는 기구
　　　청전기 : 환자의 몸 안에서 나는 소리를 들을 수 있도록 해주는 의료 기구
· 미각 - 당도계 : 단맛의 정도를 측정할 수 있는 기구
· 촉각 - 온도계 : 물체나 사람의 온도를 재는 기구

문제 34 p155

문항 분석 및 평가표

◆ 문항 분석 : 공기가 있다는 증거를 얼마나 다양하게 쓸 수 있는지를 통해 유창성과 융통성을 평가하는 문항이다.

◆ 평가표

3 ~ 4 가지를 쓴 경우	3점
5 가지 이상 쓴 경우	5점

출제자 예시 답안

· 바람개비를 가만히 두었을 때 날개가 돌아간다.
· 빵빵한 풍선 안에는 공기가 들어 있다.
· 부채를 부치면 바람을 느낄 수 있다.
· 숨을 쉴 수 있다.
· 연을 날릴 수 있다.
· 소리를 들을 수 있다.
· 비행기가 날 수 있다.
· 에어 운동화를 신으면 폭신폭신하다.
· 나뭇잎이 바람에 날려 떨어진다.
· 난로를 켜면 방이 따뜻해진다.

문제 35 p155

문항 분석 및 평가표

◆ 문항 분석 : 주어진 자료를 해석하고, 문제의 해답을 찾아낼 수 있는지를 통해 정교성을 평가하는 문항이다.

◆ 평가표

강구조와 유구조의 장점을 모두 언급하여 설명한 경우	5점

출제자 예시 답안

그랭이 공법은 강구조와 유구조의 장점을 모두 갖추고 있다. 지진이 일어날 때 좌우 흔들림에 잘 견디고, 석재 사이에 틈이 있어 석재들의 미세한 운동과 열, 소리에너지로 지진에너지를 소모시킨다. 따라서 지진에 잘 견딜 수 있는 구조가 될 수 있다.

문제 36 p156

문항 분석 및 평가표

◆ 문항 분석 : 페트병 안의 압력에 의해 풍선이 부풀려지지 않는다는 것을 알아야 하고, 이때 페트병 안의 압력을 낮추기 위해 할 수 있는 다양하고 신선한 아이디어를 쓸 수 있는지를 통해 융통성과 독창성을 평가하는 문항이다.

◆ 평가표

2 가지를 쓴 경우	3점
3 가지 이상 쓴 경우	5점

출제자 예시 답안

· 페트병에 구멍을 내 공기를 빼낸다.
· 페트병의 온도를 낮추어 페트병 안의 공기 압력이 낮아지도록 한다.
· 페트병 안의 공기의 압력보다 더 큰 압력으로 풍선을 분다.

문제 37 p156

문항 분석 및 평가표

◆ 문항 분석 : 환경에 적응하는 생명체의 모습을 독특하고 자세하게 그릴 수 있는지를 통해 독창성과 정교성을 평가하는 문항이다.

◆ 평가표

달팽이가 사막의 환경에 적응을 할 수 있도록 나타낸 그림을 그린 경우	5점

출제자 예시 답안

· 사막은 어둡고 축축한 곳이 거의 없기 때문에 달팽이 집이 몸보다 더 커지게 될 것이다.
· 달팽이 집이 등 뒤에 있는 것이 아니라 달팽이의 몸이 아예 집안에 들어가게 되고, 집에 구멍이 생겨 구멍으로 얼굴만 내밀고 다닐 수 있게 될 것이다.

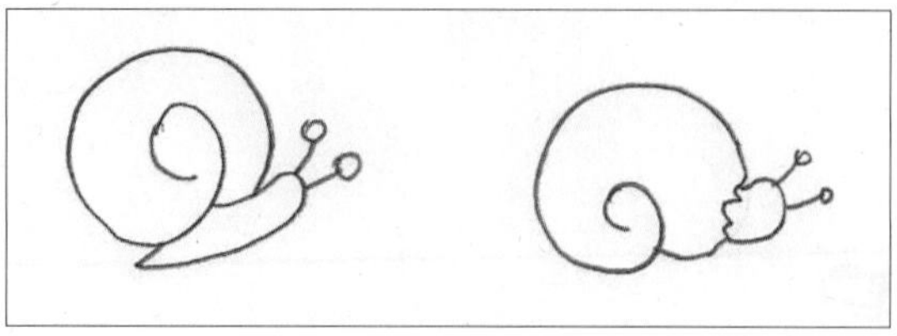

문제 38 p157

문항 분석 및 평가표

◆ 문항 분석 : 사진을 보고 환경, 생활 모습과 양식 등을 추측할 수 있어야 하고, 이를 자세하게 설명할 수 있는지를 통해 융통성와 정교성을 평가하는 문항이다.

◆ 평가표

2 가지를 쓰고, 근거를 설명한 경우	3점
3 가지 이상 쓰고, 근거를 설명한 경우	5점

출제자 예시 답안

· 집 근처에 야자수가 자라므로 덥고 비가 많이 내리는 열대 기후이다.
· 창문이 거의 없는 것으로 보아 햇빛이 강렬한 날씨일 것이다.
· 집이 바닥에서 떨어져 있는 것으로 보아 벌레가 많거나 비가 많이 와 바닥에 쉽게 물이 찰 것이다.
· 지붕이 경사져 있는 것으로 보아 비가 많이 내리고 쉽게 흘러내리게 할 것이다.
· 덥고 습한 기후를 가졌으므로 얇은 옷을 입을 것이다.

문제 39 p158

문항 분석 및 평가표

◆ 문항 분석 : 주어진 물건으로 물을 따를 수 있는 방법을 자신만의 독특하고 새로운 방법으로 설명할 수 있는지, 방법을 얼마나 다양하게 설명할 수 있는지를 통해 독창성과 융통성을 평가하는 문항이다.

◆ 평가표

물건 2 가지 이상을 사용하여 물을 따를 수 있는 방법을 설명한 경우	4점
물건 2 가지 이상을 사용하여 물을 따를 수 있는 방법을 그림과 함께 설명한 경우	5점

출제자 예시 답안

· 페트병 옆에 송곳으로 구멍을 뚫고, 구부러진 빨래를 꽂은 후 고무찰흙으로 물이 새지 않게 막는다. 페트병 뚜껑을 열어 빨대를 꽂고 찰흙으로 막은 후 불면 페트병 옆쪽의 빨대에서 물이 나온다.
· 위와 같고 뚜껑에 빨대가 아닌 주사기를 꽂아 공기를 불어 넣는다.

문제 40 p159

문항 분석 및 평가표

◆ 문항 분석 : 나무는 줄기 윗부분이 자란다는 것을 알고, 하트 모양이 어떻게 변화하는지 자세하게 그릴 수 있는지를 통해 정교성을 평가하는 문항이다.

◆ 평가표

모양이 깨졌으나 위치가 달라진 경우	3점
위치와 모양을 옳게 그린 경우	5점

출제자 예시 답안

어린 나무는 계속 자라는데 줄기 윗부분이 자라는 것이므로 하트의 높이는 똑같다. 다만 어린 나무는 자라면서 굵기가 굵어지므로 하트 모양이 깨지고 변형된다.

점수에 따른 성취도 등급

등급	1등급	2등급	3등급	4등급	5등급
평가	130점 이상	100점 이상 ~ 129점 이하	70점 이상 ~ 99점 이하	50점 이상 ~ 69점 이하	49점 이하

총점 200점

모의고사

제 1 회

문제 01 p160

◆ 평가표

기발한 아이디어를 1 가지 쓴 경우	5점
기발한 아이디어를 2 가지 쓴 경우	7점
기발한 아이디어를 3 가지 이상 쓴 경우	10점

출제자 예시 답안

1. 커피숍을 좋아할 것 같은 사람이 많은 곳으로 간다. - 나누어 주었을 때 홍보가 되어야 효율적이다.
2. 혼자 나누어 주는 것보다 여럿이서 나누어 주면 더 빠르다. - 많은 사람에게 나누어 주어야 손님이 늘어날 확률이 높다.
3. 커피숍에 가기 좋은 날씨에 광고지를 나누어 준다. - 광고지를 보고 바로 들어갈 수 있도록 날씨를 고려한다.

문제 02 p160

◆ 평가표

주어진 모양으로 그림을 완성하고, 그림의 제목을 붙인 경우	10점

출제자 예시 답안

<하늘을 나는 세상>

문제 03 p161

◆ 평가표

정답을 맞춘 경우	10점

정답 및 해설 답 1. 종석, 2. 연주, 3. 나림, 4. 민우, 5. 지민, 6. 다정

해설 연주의 예약 순서는 두 번째이고, 종석이와 연주 사이에는 아무도 없으며, 종석이가 세 번째 순서가 아니므로 종석이는 첫 번째이다. 지민이와 연주 사이에 두 명이 예약되어 있으므로 지민이는 다섯 번째이고, 민우는 나림이 바로 다음 순서가 되어야 하므로 세 번째가 나림, 네 번째가 민우, 여섯 번째가 다정이다.

문제 04 p161

◆ 평가표

문맥에 맞는 문장을 모두 완성한 경우	10점

출제자 예시 답안

(1) 연필을 깎기 위해 칼을 꺼내려고 서랍을 열었는데 사탕이 들어 있어서 먹었다.
(2) 천둥이 치는 날, 천둥 소리에 놀란 아기가 울고 있는데 아기는 우는 모습도 이쁘다.
(3) 만화책에서 주인공은 할아버지를 인천공항에서 우연히 만났다.

문제 05 p162

◆ 평가표

정답을 맞춘 경우	10점

정답 및 해설 답 화요일

해설 한 주는 7일이기 때문에 같은 요일에서 그 다음 주는 7일씩 증가한다. 요일이 적히지 않은 달력을 그리면 다음과 같다.

	1	2	3	4	5	6	7
	8	9	10	11	12	13	14
	15	16	17	18	19	20	21
	22	23	24	25	26	27	28
	29	30	31				
합	75	80	85	58	62	66	70
요일	금	토	일	월	화	수	목

날짜를 다 더했을 때 80이 되는 주가 토요일이라면 19일은 화요일이 된다.

문제 06 p162

◆ 평가표

정답을 맞춘 경우	10점

정답 및 해설　답 73, 74, 75, 78

해설 셀로판지에 비치는 4개의 수 중 가장 작은 수를 □라고 하면 나머지 3개의 수는 □+1, □+2, □+5이다. □+□+1+□+2+□+5 = 300이므로 □는 73임을 알 수 있다. 따라서 4개의 수는 73, 74, 75, 78이다.

문제 07 p163

◆ 평가표

정답을 맞춘 경우	10점

정답 및 해설　답 ●●○○

해설 같은 줄에서 이웃하는 바둑돌의 색이 같은 경우 흰 바둑돌이, 이웃하는 바둑돌의 색이 다른 경우 검은 바둑돌이 아랫줄 가운데에 놓인다. 따라서 맨 마지막에 놓이는 바둑돌은 ●●○○이다.

문제 08 p163

◆ 평가표

정답을 맞춘 경우	10점

정답 및 해설　답 최소 : 9개, 최대 : 23개

해설 <앞면>에서 봤을 때 왼쪽에 3개, 가운데 2개, 오른쪽에 4개가 있으므로 이 개수가 최소 개수이고, <오른쪽 면>에서 봤을 때 왼쪽에 4개, 가운데 2개, 오른쪽에 3개이므로 최소 개수를 위에서 본 모양으로 나타내면 다음과 같다.

3		
	2	
		4

← <오른쪽 면>

↑ <앞면>

<앞면>, <오른쪽 면>에서 봤을 때 같은 모양을 유지하면서 쌓을 수 있는 최대 개수를 위에서 본 모양은 다음과 같다.

3	2	3
2	2	2
3	2	4

← <오른쪽 면>

↑ <앞면>

문제 09 p164

◆ 평가표

접촉면을 넓히는 예를 2 가지 쓴 경우	7점
접촉면을 넓히는 예를 3 가지 이상 쓴 경우	10점

출제자 예시 답안

소장의 융털, 사람의 뇌, 폐포, 라디에이터(난방기), 식물의 뿌리털, 얼음을 깨서 녹이기 등이 있다.

문제 10 p165

◆ 평가표

(1) 채점 기준

1 가지를 쓴 경우	3점
2 가지 이상 쓴 경우	5점

(2) 채점 기준

1 ~ 2 가지를 쓴 경우	3점
3 가지 이상 쓴 경우	5점

출제자 예시 답안

(1) 해시계, 측우기, 자격루, 거중기, 앙부일구, 첨성대, 혼천의 등이 있다.
(2) · 전화가 오면 전화기에 불이 들어온다.
· 비행기가 착륙할 때 활주로의 불빛을 보고 내려온다.
· 바다에서 배는 밤에 등대의 신호를 받는다.
· 횡단보도에서 신호등의 불빛을 보고 건넌다.
· 앞 차가 브레이크를 밟을 때 브레이크 등의 빛이 알려준다.

점수에 따른 성취도 등급

등급	1등급	2등급	3등급	4등급	5등급
평가	70점 이상	50점 이상 ~ 69점 이하	40점 이상 ~ 49점 이하	30점 이상 ~ 39점 이하	29점 이하

총점 100점

제 2 회

문제 01 p166

◆ 평가표

기발한 아이디어를 2 가지 쓴 경우	7점
기발한 아이디어를 3 가지 이상 쓴 경우	10점

출제자 예시 답안

벽과 아빠 머리, 의자에 앉아있는 엄마, 계란통 안에 계란 등이 있다.

문제 02 p166

◆ 평가표

불편한 점을 쓰고, 방법을 제시한 경우	10점

출제자 예시 답안

· 금방 더러워지고, 빨아야 한다. - 검정색 실내화를 만든다.
· 바닥이 얇다. - 굽이 있는 실내화를 만든다.

문제 03 p167

◆ 평가표

속담 1 가지만 쓴 경우	5점
속담 2 가지를 쓴 경우	7점
속담 3 가지를 모두 쓴 경우	10점

출제자 예시 답안

· 용돈이 부족한 상상이는 엄마한테 "엄마 용돈 줘!" 라고 말했다. 엄마는 말투를 듣고 "엄마 용돈 좀 주세요" 라고 해야 한다며 상상이를 혼내셨다.

· 상상이는 엄마 몰래 지갑에서 오천원을 꺼냈다. 엄마 지갑에서 돈을 가져가도 혼나지 않아 매일 조금씩 엄마 지갑에서 돈을 가져가다가 어느 날 엄마한테 딱 걸려서 더 많이 혼이 났다.

· 상상이가 말썽을 피워 화가 난 엄마는 상상이와 상상이 동생에게 한 달간 용돈을 안 주셨다. 상상이 동생은 억울했다.

문제 04 p167

◆ 평가표

정답을 맞춘 경우	10점

정답 및 해설 답 광희

해설 광희 옆에 형석이가 앉아 있고, 효준이 옆에 앉은 학생의 맞은편에는 광희가 앉아 있다. 수연이 맞은편에는 은솔이가 앉아 있고, 수연이와 수경이 사이에 쫄면을 주문한 한 학생이 앉아 있다. 따라서 학생들은 다음과 같이 앉아 있다.

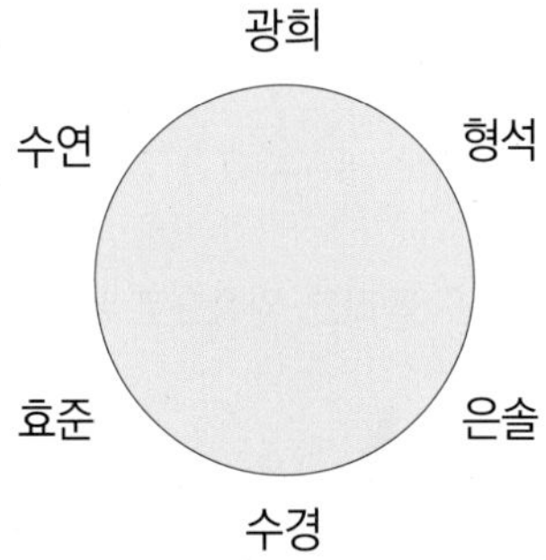

수연이와 수경이 사이에 앉은 학생은 쫄면을 주문했으므로 효준이는 쫄면을 주문했다. 효준이와 마주 보고 있는 학생인 형석이는 볶음밥을 주문하였고, 은솔이는 김밥, 수연이는 라면을 주문하였고, 수경이는 김밥이나 떡볶이를 주문하지 않았으므로 광희가 떡볶이를 주문하였다.

문제 05 p168

◆ 평가표

정답을 맞춘 경우	10점

정답 및 해설 답

6	−	5	=	1
÷				+
3				7
=				=
2	×	4	=	8

8	−	7	=	1
÷				+
4				5
=				=
2	×	3	=	6

해설 1 ~ 8의 수 중 서로 다른 수로 곱셈식이 가능한 것은 $2 \times 3 = 6$, $2 \times 4 = 8$ 이다. (단, 3 또는 4가 뒤에 있어야 한다. 3 또는 4가 앞에 있으면 2가 중복으로 쓰여야 한다.) 나누어 2가 되는 나눗셈식은 $6 \div 3 = 2$, $8 \div 4 = 2$ 이므로 나눗셈식을 채우고 나머지 뺄셈과 덧셈에 들어갈 수를 채워 넣으면 된다.

문제 06 p168

◆ 평가표

정답을 맞춘 경우	10점

정답 및 해설 답 103개

해설 무한이가 가져간 복숭아의 개수를 A개라고 하면 가져가기 전 복숭아의 수는 $A \times 2 + 1$ 이다. 따라서 동생이 가져가기 전 복숭아의 개수는 $(A \times 2 + 1) + (A \times 2 + 1) + 1$ 이다. $A \times 4 + 3$ 이므로 A가 최소 25일 때, 전체 개수가 100개가 넘는 최소 개수가 된다. 따라서 처음에 딴 복숭아는 최소 103개이다.

문제 07 p169

◆ 평가표

정답을 맞춘 경우	10점

정답 및 해설 답 ④

해설 주어진 그림을 반시계 방향으로 90도 돌리고, 왼쪽으로 뒤집으면 다음과 같은 그림이 된다.

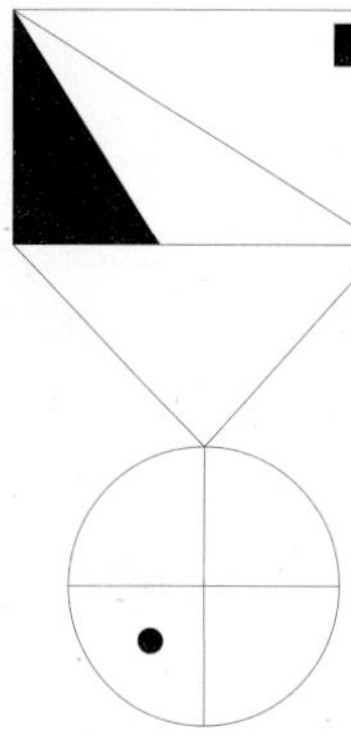

따라서 그림의 일부분이 될 수 없는 모양은 ④이다.

문제 08 p170

◆ 평가표

1 ~ 2 가지 그린 경우	5점
3 ~ 5 가지 그린 경우	7점
6 ~ 7 가지 그린 경우	10점

정답

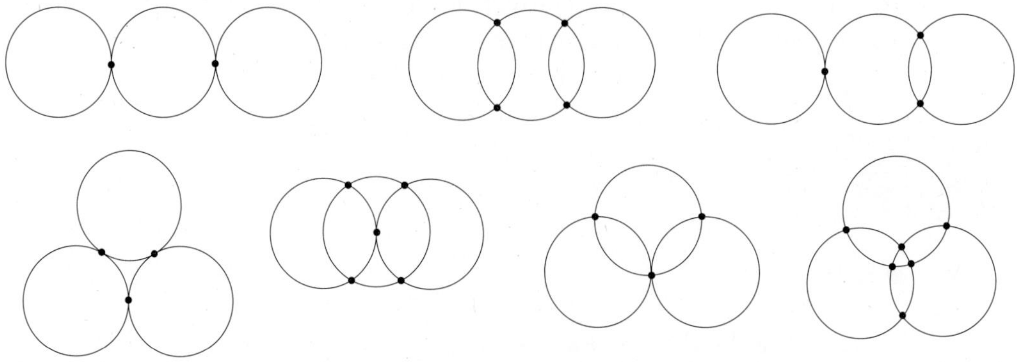

문제 09 p170

◆ 평가표

1 ~ 2 가지 쓴 경우	7점
3 가지 이상 쓴 경우	10점

출제자 예시 답안

그릇은 온도에 의해 열팽창을 하기 때문에 위에 있는 그릇에 찬물을 넣어 수축시키거나 뜨거운 물에 아래에 있는 그릇을 담궈 팽창시키면 빠지지 않는 그릇을 쉽게 분리할 수 있다.

· 위에 끼어 있는 그릇에 찬물을 붓는다.
· 아래에 끼어 있는 그릇을 뜨거운 물에 담군다.
· 위에 끼어 있는 그릇에 얼음을 넣는다.
· 밥솥에서 나오는 증기에 그릇 아래쪽을 댄다.

문제 10 p171

◆ 평가표

요일을 맞추어 설명한 경우	10점

출제자 예시 답안

육지와 바다의 온도 차가 가장 큰 월요일에는 해륙풍이 강할 것으로 예상되며 토요일에는 태양에너지를 받지 못해 온도 차가 가장 작으므로 흐릴 것으로 예상됩니다.

점수에 따른 성취도 등급

등급	1등급	2등급	3등급	4등급	5등급
평가	70점 이상	50점 이상 ~ 69점 이하	40점 이상 ~ 49점 이하	30점 이상 ~ 39점 이하	29점 이하

총점 100점

III 창의적 문제해결력

01 창의적 문제해결 수학

1. 수학 단원의 01 ~ 50번 문제 배점은 각 5점씩이며, 예외인 경우에는 각 문항별 평가표를 참고하면 됩니다.
2. 단원 말미에서 성취도 등급을 확인하세요.

문제 01 p174

정답 및 해설

답 무한이가 타야 할 버스 번호 : 678
상상이가 타야 할 버스 번호 : 786

해설 무한이의 버스 번호가 일의 자리 숫자는 십의 자리 숫자보다 1이 크고, 백의 자리 숫자는 십의 자리 숫자보다 1이 작으므로 세 자리 숫자는 연속하는 자연수이다.
두 수의 합이 1464 이므로 끝자리 두 수를 더했을 때, 4 또는 14가 되어야 한다.
1) 끝자리 수 합이 4일 때, 일의 자리 수는 1과 3이 될 수 있다. 각 세 자리 숫자가 연속하기 위해서는 1, 2, 3이 되어야 하고, 1, 2, 3으로 이루어진 세 자리 수의 합이 1464가 될 수 없으므로 성립하지 않는다.
2) 끝자리 수가 14일 때, 일의 자리 수는 5와 9가 될 수 있다. 5와 9사이에는 6, 7, 8이 있어 연속한 세 자리수가 될 수 없다. 따라서 일의 자리 수는 5와 9가 아니다.
3) 끝자리 수 합이 14일 때, 일의 자리 수는 6과 8이 될 수 있다. 각 세 자리 숫자가 연속하기 위해서는 6, 7, 8이 되어야 하므로 무한이가 타야 할 버스 번호는 678번이다. 상상이가 타야 할 버스 번호는 일의 자리 수가 6이고, 678과 합하여 1464가 되는 786이다.

문제 02 p174

◆ 평가표

(1)과 (2) 중 한 개만 정답을 정확하게 구한 경우	2점
(1)과 (2) 모두 정답을 정확하게 구한 경우	5점

정답 및 해설

답 (1) 4시간
(2) 15분

해설 (1) 시를 나타내는 숫자는 1부터 12까지 있고, 하루 동안 1부터 12까지 숫자가 2번씩 나오므로 오전 2시, 오후 2시, 오전 12시, 오후 12시 총 4시간 동안 숫자 2가 나타난다.

(2) 분을 나타내는 숫자는 1부터 59까지 있고, 4시부터 5시 사이에 1분, 10분, 11분, 12분, 13분, 14분, 15분, 16분, 17분, 18분, 19분, 21분, 31분, 41분, 51분 총 15분 동안 숫자 1이 나타난다.

문제 03 p175

◆ 평가표

정답을 정확하게 구한 경우	3점
풀이 과정과 함께 정답을 정확하게 구한 경우	5점

정답 및 해설 답 27

해설 연속하는 5개의 자연수는 가장 작은 수부터 1씩 증가하므로 75를 3으로 나누면 세 번째 수를 구할 수 있다. 75 ÷ 3 = 25이므로 세 번째 수는 25이고, 가장 큰 수는 27이다.

문제 04 p175

◆ 평가표

15, 16, 20, 44, 80을 만드는 것을 구한 경우 각 1점씩	5점

정답 4개의 숫자 4와 +, -, ×, ÷, ( )를 이용하여 15, 16, 20, 44, 80을 만드는 방법은 다음과 같다.
4 × 4 - 4 ÷ 4 = 15, (4 × 4) × (4 ÷ 4) = 16, (4 ÷ 4 + 4) × 4 = 20, 44 + 4 - 4 = 44, 44 + 4 ÷ 4 = 45, (4 × 4 + 4) × 4 = 80

문제 05 p176

◆ 평가표

정답을 정확하게 구한 경우	3점
정답과 방법을 정확하게 쓴 경우	5점

정답 및 해설 답 할인된 표 35장을 사서 나누어 가지는 것이 더 싸다

해설 1) 개인이 표 한 장에 500원을 주고 구입했을 때, 500 × 32 = 16,000원을 내면 모두 표를 살 수 있다.
2) 35명 이상의 표를 사야 한 장에 450원으로 할인 받을 수 있기 때문에 450원짜리 표를 35장 샀을 때, 450 × 35 = 15,750원을 내면 할인된 표를 살 수 있다.
결론적으로 표가 남더라도 할인된 표를 35장 사서 나누어 가졌을 때, 250원 더 저렴하게 살 수 있다

문제 06 p176

◆ 평가표

정답을 정확하게 구한 경우	3점
풀이 과정과 함께 정답을 정확하게 구한 경우	5점

정답 및 해설 답

1반	(3 : 4)	2반
1반	(2 : 3)	3반
2반	(1 : 1)	3반

해설 가장 점수가 높은 2반이 20점이고, 이긴 팀에게는 10점의 추가 점수가 주어지므로 2번 이긴 팀은 없다. 이기거나 비겼을 때 추가 점수가 주어지므로 점수가 가장 낮은 1반은 두 번 경기에서 모두 졌다는 것을 알 수 있다. 따라서 2반과 3반은 모두 1반한테 이겼고, 2반과 3반의 경기에서는 서로 비겼다. 2반과 3반은 각각 추가 점수로 15점을 받았으므로 2반이 넣은 골은 5골(5점), 3반이 넣은 골은 4골(4점)이다. 1반은 두 경기 모두 졌지만 두 경기에서 총 5점을 얻었다. 2반과 3반이 1 : 1로 비기고, 1반과 2반이 3 : 4, 1반과 3반이 2 : 3의 스코어를 얻으면 1반은 5점, 2반은 20번, 3반은 19점이 될 수 있다.

문제 07 p177

정답 및 해설 답 12분

해설 $\frac{3}{5}$ km가 18분 걸리므로 $\frac{1}{5}$ km에 얼마나 걸리는지 구하면 학교에서 은행까지 거리인 $\frac{2}{5}$ km에 걸리는 시간을 구할 수 있다. $\frac{1}{5}$ km에 6분이 걸리므로 $\frac{2}{5}$ km에는 12분이 걸린다.

문제 08 p177

정답 및 해설 답 상상, 무한, 영재, 창이

해설 분모가 같을 때, 분자의 크기가 클수록 크고, 분자가 같을 때, 분모의 크기가 작을수록 크다.

먹고 남은 양이 주어져 있으므로 먹은 양을 구하면 무한이는 $\frac{4}{7}$ 이고, 상상이는 $\frac{4}{5}$, 영재는 $\frac{5}{12}$, 창이는 $\frac{3}{12}$ 이다. 무한이와 상상이는 분자가 같으므로 분모가 작은 상상이가 무한이보다 더 많은 피자를 먹었고, 영재와 창이는 분모가 같으므로 분자가 큰 영재가 창이보다 더 많이 먹었다.

상상 > 무한, 영재 > 창이

분모와 분자가 모두 다를 때는 분모를 같게 해주면 비교할 수 있다. 상상 > 무한, 영재 > 창이에서 무한이와 영재가 먹은 피자는 각각 $\frac{4}{7}$, $\frac{5}{12}$ 이고, 분모를 같게 해주면 각각 $\frac{4 \times 12}{7 \times 12}$, $\frac{5 \times 7}{12 \times 7}$ 이므로 무한이가 영재보다 더 많은 피자를 먹었다.

따라서 피자를 많이 먹은 사람의 순서는 상상, 무한, 영재, 창이 순이다.

문제 09 p178

정답 및 해설 답 1, 2, 3개

해설 세우려고 하는 허수아비의 수는 각 동그라미에 1, 2, 3, 4, 5, 6개이고, 일직선 상에 있는 허수아비의 수가 모두 같아야 한다. 각 동그라미 안에 있는 수를 A, B, C, D, E, F라고 하고, 일직선 상에 있는 허수아비의 수를 G라고 하면 다음과 같은 그림으로 나타낼 수 있다.

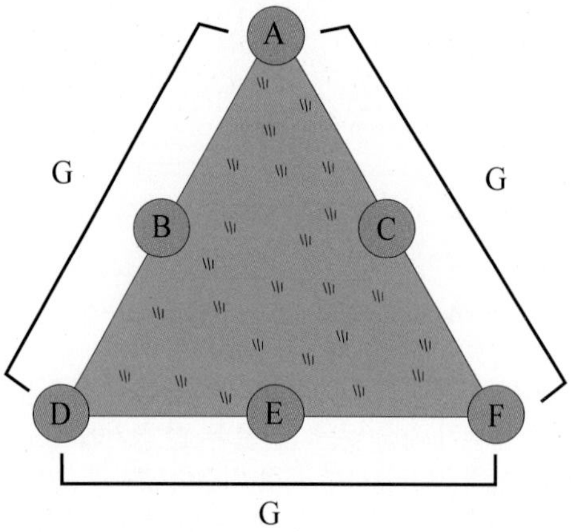

㉠ : A + B + D = G,
㉡ : A + C + F = G,

㉢ : D + E + F = G 이므로
㉠ + ㉡ + ㉢ = A + B + D + A + C + F + D + E + F = 3G 이다.
A + B + C + D + E + F + A + D + F = 3G (= 1 + 2 + 3 + 4 + 5 + 6 = 21)
21이 3의 배수이므로 A + D + F 도 3의 배수가 되어야 한다. 따라서 A, D, F, G로 가능한 수는 다음 표와 같다.

G	9	10	11	12
A + D + F	6	9	12	15
A, D, F	1, 2, 3	1, 3, 5	2, 4, 6	4, 5, 6

허수아비 수가 가장 적게 보이기 위해서는 한 변의 합이 9일 때이므로 각 꼭지점에는 허수아비를 1개, 2개, 3개를 세워야 한다.

문제 10 p178

정답 및 해설

답

1	15	14	4
12	6	7	9
8	10	11	5
13	3	2	16

해설 1. 처음에 16칸에 차례대로 1부터 16의 숫자를 넣는다.
2. 대각선으로 더하면 34가 되지만 가로나 세로로 더했을 때 34가 되지 않는다.

1	2	3	4
5	6	7	8
9	10	11	12
13	14	15	16

3. 대각선에 있는 수는 두고, 나머지 수의 자리를 대각선으로 바꾸면 가로, 세로의 합도 34가 된다.

1	15	14	4
12	6	7	9
8	10	11	5
13	3	2	16

문제 11 p179

정답

땅의 모양과 크기가 같고, 하나의 땅은 연결되어 있어야 하며, 꽃은 3송이씩 심어져 있어야 한다. 따라서 땅을 나눌 수 있는 2가지 방법은 다음과 같다.

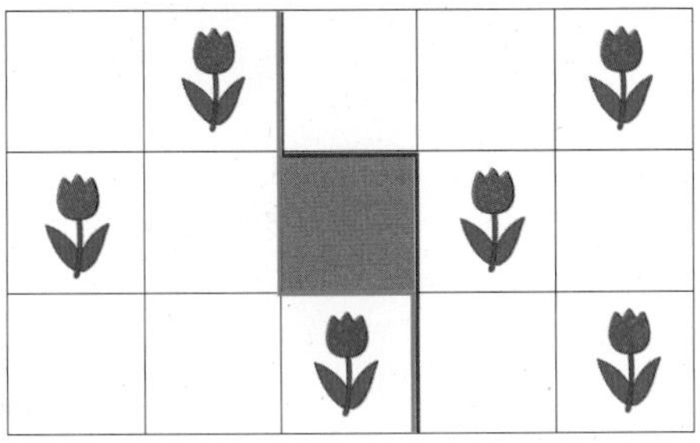

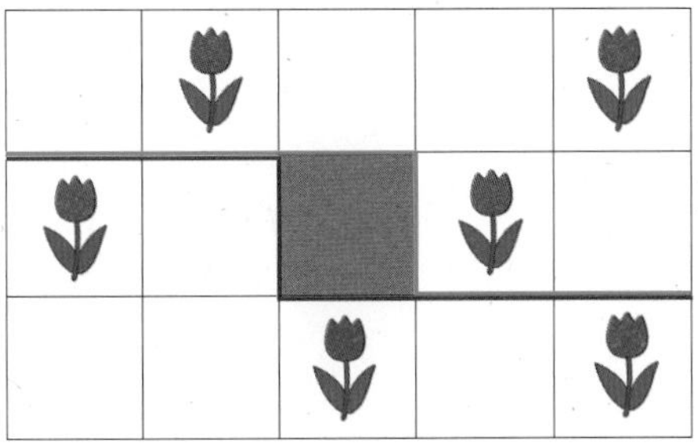

문제 12 p179

정답 및 해설 답 16개

해설 주어진 도형에서 크고 작은 사다리꼴 모양을 판단하고, 같은 것이 몇 개인지 센다.

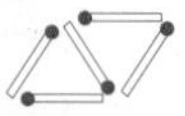 : 총 6개,  : 총 7개, 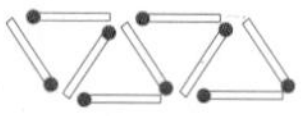 : 총 2개, 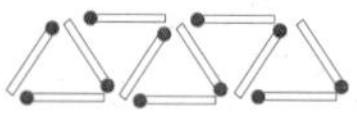 : 총 1개이므로

총 6 + 7 + 2 + 1 = 16개이다.

문제 13 p180

정답 및 해설 답 11개

해설 만들 수 있는 직사각형은 총 11개로 다음과 같다.

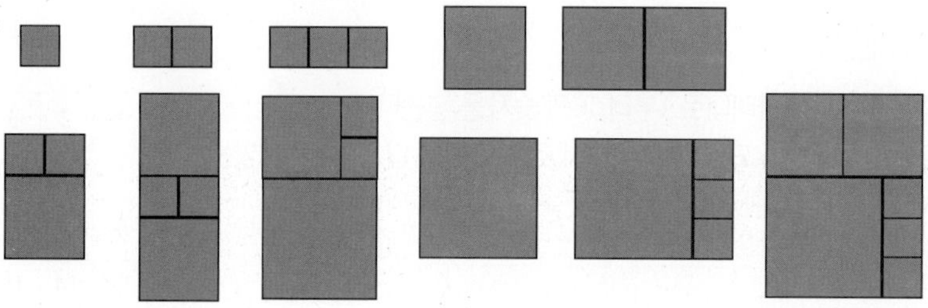

문제 14 p181

정답 및 해설 답 50개

해설 만들 수 있는 정사각형의 모양과 개수는 다음과 같다.

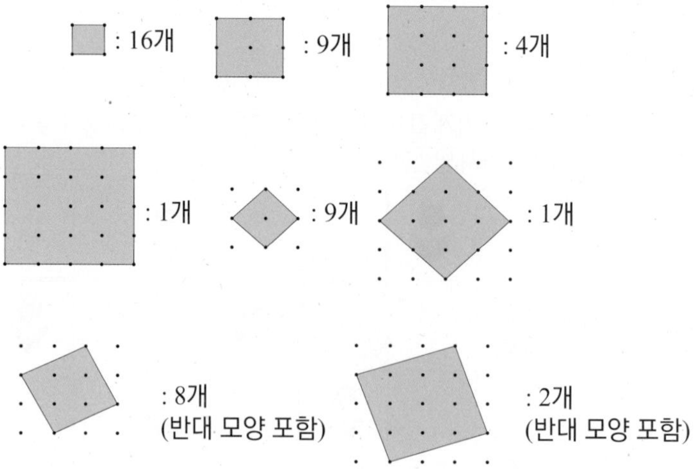

문제 15 p181

정답 및 해설 답 10개

해설 말뚝 2개를 이어 만들 수 있는 선분(㉠)으로 또 다른 말뚝 1개를 이어 삼각형을 만들 때 3개의 다른 삼각형을 만들 수 있다.

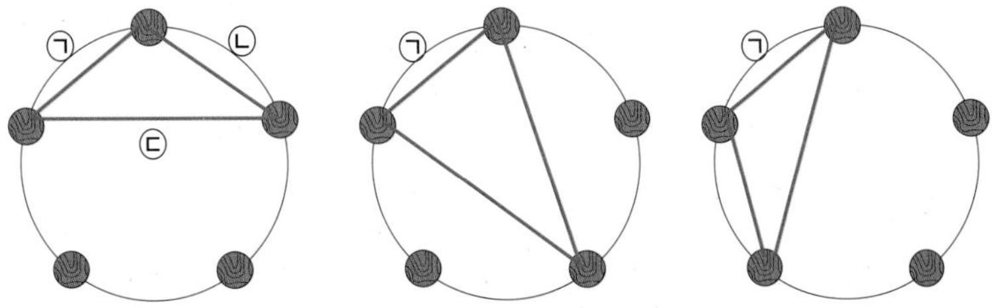

위 3개의 삼각형은 선분 ㉡, ㉢에도 하나씩 겹치게 된다. 따라서 5개의 말뚝에서 2개를 이어 만들 수 있는 선분에 3을 곱한 후, 3으로 나누어 주면 겹치지 않고 그릴 수 있는 삼각형의 개수를 구할 수 있다.

그릴 수 있는 선분은 총 10개이므로 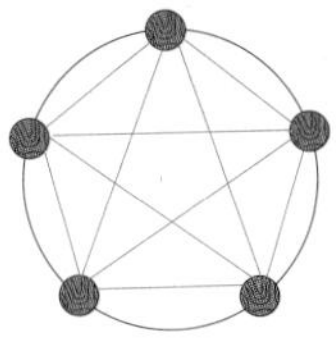 그릴 수 있는 삼각형(울타리)은 $10 \times 3 \div 3 = 10$개이다.

문제 16 p182

정답 및 해설

답 2는 6, 4는 3, 5는 1과 마주보고 있다.

해설 맨 위에 있는 정육면체를 보면 5는 2, 4와 옆에 있으므로 마주보는 면은 1, 3, 6 중 하나이다. 두 번째 정육면체에서 보면 5는 6의 옆에 위치하고, 맨 아래 정육면체에서 3의 옆에 위치하므로 5와 마주하는 면은 1이다. 네 번째 정육면체에서 4는 6의 옆에 위치하므로 4와 마주하는 면은 3이고, 나머지 2와 6이 마주하는 면이다. 전개도는 다음과 같다.

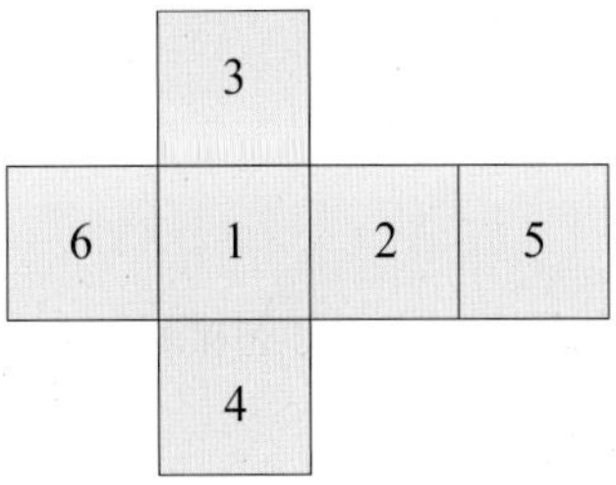

문제 17 p182

◆ 평가표

둘레 또는 넓이 중 하나만 맞춘 경우	2점
둘레, 넓이 모두 맞춘 경우	5점

정답 및 해설

답 둘레 : 84 cm, 넓이 : 324 cm^2

해설 1) 둘레 : 정사각형의 둘레가 24 cm이므로 한 변의 길이는 6 cm이다. 한 변이 총 14개가 이어져 있는 것과 같으므로 도형의 둘레는 $6 \times 14 = 84$ cm이다.

2) 넓이 : 한 변의 길이가 6 cm이므로 정사각형 하나의 넓이는 $6 \times 6 = 36$ cm^2이다. 정사각형이 9개 있는 것과 같으므로 도형의 넓이는 $36 \times 9 = 324$ cm^2이다.

문제 18 p183

정답 및 해설 답 ㉠ : 46˚, ㉡ : 74˚

해설

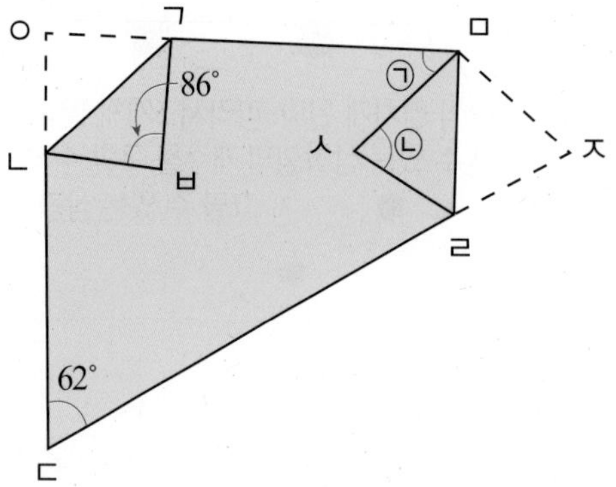

1) 각 ㅁㄹㅅ = 각 ㅅㄹㄷ = 각 ㅁㄹㅈ = 180 ÷ 3 = 60˚이다. 사각형 ㅇㄷㅈㅁ의 네 각의 합은 360˚이고, 각 ㉠과 각 ㅅㅁㄹ의 크기는 같으므로 86˚ + 62˚ + (㉠ × 3) + ㉡ = 360˚이다.

2) 삼각형 ㅁㅅㄹ에서 ㉠ + ㉡ + 60˚ = 180˚이므로 ㉠ + ㉡ = 120˚이다.

1)의 식에 2)의 식을 넣으면 148˚ + (㉠ × 3) + (120 - ㉠) = 360˚이므로 ㉠ = 46˚이고, ㉡ = 74˚이다.

문제 19 p183

정답 및 해설 답 32 cm^2

해설 삼각형 ㄱㄴㄷ의 넓이를 구하려면 두 개의 사각형 전체 넓이에서 삼각형 ㄱㄴㄷ을 제외한 나머지 부분의 넓이를 빼면 된다.

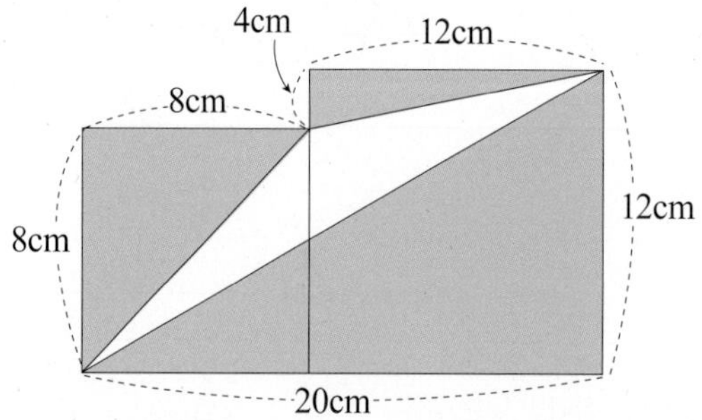

삼각형 ㄱㄴㄷ의 넓이 = (두 개의 사각형 전체 넓이) - (삼각형 ㄱㄴㄷ을 제외한 나머지 부분 넓이)
= (8 × 8 + 12 × 12) - (20 × 12 ÷ 2 + 8 × 8 ÷ 2 + 12 × 4 ÷ 2)
= 208 - (120 + 32 + 24) = 32 cm^2

문제 20 p184

정답 및 해설 답 ①, 452 mL

해설 ①과 ②에 들어 있는 물의 양 946 mL, 양동이 ②과 ③에 들어 있는 물의 양 1137 mL, ①과 ③에 들어 있는 물의 양 1095mL를 모두 더하면 양동이 ①, ②, ③을 두 번 더한 양과 같다. 따라서 (946 + 1137 + 1095) ÷ 2 = ① + ② + ③ =

1589 mL 이다.
① = 1589 - 1137 = 452 mL, ② = 1589 - 1095 = 494 mL, ③ = 1589 - 946 = 643 mL
따라서 양동이 ①에 들어 있는 물의 양이 가장 적고, 그 양은 452 mL 이다.

문제 21 p184

◆ 평가표

떡갈비 장 수나 작은 떡갈비 질량 중 하나만 구한 경우	3점
떡갈비의 장 수와 작은 떡갈비의 질량을 정확하게 구한 경우	5점

정답 및 해설 답 6장, 220 g

해설 고기 한 근은 600 g이므로 쇠고기 한 근 반은 900 g이고, 돼지고기 두 근은 1200 g이다. 쇠고기와 돼지고기에 야채 820g을 넣어 반죽하면 총 900 + 1200 + 820 = 2920 g이다. 떡갈비 한 장을 450 g으로 만들어야 하므로 2920 g을 450 g으로 나누면 6장을 만들 수 있고, 남은 220 g으로 작은 떡갈비를 만들 수 있다.

문제 22 p185

정답 및 해설 답 ①, 452 mL

해설 1일이 월요일인 달력을 그리고, 학원을 간 날을 표시하면 다음과 같다.

일	월	화	수	목	금	토	
	①	2	3	④	5	6	1주차
⑦	8	9	⑩	11	12	⑬	2주차
14	15	⑯	17	18	⑲	20	3주차
21	㉒	23	24	㉕	26	27	4주차
㉘	29	30					5주차

5주차까지는 기초를 배우고, 6주차부터 자유형을 배우므로 6주차에 처음 학원을 가는 날은 화요일이다.

문제 23 p185

정답 및 해설 답 85칸

해설 칸은 가로, 세로가 3, 5, 7....로 2칸씩 증가하고 있고, 색칠된 칸의 개수를 보면 일정한 규칙을 확인할 수 있다.
첫 번째 그림(3×3) : 1
두 번째 그림(5×5) : 1 + 3 + 1
세 번째 그림(7×7) : 1 + 3 + 5 + 3 + 1
따라서 일곱 번째 그림(15×15)에는 1 + 3 + 5 + 7 + 9 + 11 + 13 + 11 + 9 + 7 + 5 + 3 + 1 = 85의 칸이 색칠된다.

문제 24 p186

정답

1개 선에 각 4개의 점이 있어야 하므로 1개의 선에 4개의 선이 겹치도록 그려야 한다. 따라서 다음과 같이 그릴 수 있다.

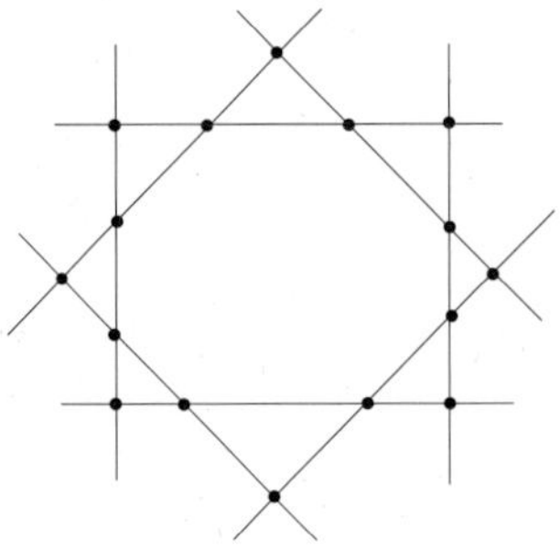

문제 25 p187

정답 및 해설

답 ㉯

해설 ㉮에서 부터 시작하면 ㉮ → ㉯ → ㉱ → ㉰ → ㉳ → ㉲ → ㉮ 로 [㉮ → ㉯ → ㉱ → ㉰ → ㉳ → ㉲] 6개가 반복되어 돌게 된다. 따라서 620번 째는 620 ÷ 6 = 103…2이므로 620번 째에는 말이 ㉯에 있게 된다.

문제 26 p188

정답 및 해설

답 3개

해설 달걀 4개와 메추리알 16개의 무게가 같으므로 달걀 1개의 무게는 메추리알 4개의 무게와 같다. 윗접시 저울의 왼쪽에 달걀 1개를 덜어내고, 메추리알 7개를 올려 놓으면 달걀 1개의 무게는 메추리알 4개와 같으므로 처음 수평일 때 무게에서 메추리알 3개를 더 올려놓은 것과 같다. 따라서 수평이 되기 위해서는 오른쪽에 메추리알 3개를 더 올려놓아야 한다.

문제 27 p189

정답 및 해설

답 9가지

해설 암호로 12를 만들 수 있는 방법은 총 &*, &☆, &†, ※*, ※ ☆, ※†, ⊙*, ⊙☆, ⊙†로 9가지이다.

문제 28 p189

정답 및 해설

답 15살

해설 □년 후에 무한이의 나이의 5배가 할머니의 나이가 되므로 72 + □ = (12 + □) × 5 이다.
72 + □ = 60 + 5 × □ 이므로 12 = 4 × □이고, □ = 3이다. 따라서 무한이가 3년 후인 15살이되면 할머니는 75세이므로 할머니의 연세가 무한이의 나이의 5배가 된다.

문제 29 p190

정답 및 해설 답 영재

해설 무한이의 예상이 맞다면 창이 또는 상상이의 예상도 맞게 되므로 무한이의 예상은 틀렸다. 상상이의 예상이 맞다면 무한이의 예상도 맞게 되므로 상상이의 예상은 틀렸다. 창이의 예상이 맞다면 상상이의 예상도 맞게 되므로 창이의 예상은 틀렸다. 영재의 예상이 맞다면 무한, 상상, 창이의 예상이 모두 틀리므로 영재 한 사람의 예상이 맞다.

문제 30 p190

정답 및 해설 답 4개

해설 마지막 1개의 공깃돌을 가져가는 사람이 지는 것이므로 35개에서 34번째 공깃돌을 무조건 가져와야 한다. 1개부터 5개의 공깃돌을 가져갈 수 있으므로 무한이와 상상이가 두 번씩 가져갔을 때 가져간 개수가 총 15개(= 1 + 2 + 3 + 4 + 5)가 되어야 한다. 이를 반복했을 때 남는 공깃돌을 처음에 가져가면 34번째 공깃돌을 가져올 수 있다. 34 ÷ 15 = 2 ⋯ 4이므로 처음에 4개를 가져가면 상상이가 마지막 공깃돌 1개를 가져가서 무한이가 이길 수 있다.

문제 31 p191

정답 및 해설 답 3번

해설 1. (5 + 3 - 1) × 2 = 14이므로 45보다 작은 수이고, 거짓이다.
2. (14 - 1) × 2 = 26이므로 45보다 작은 수이고, 거짓이다.
3. (26 - 1) × 2 = 50이므로 45보다 큰 수이고, 참이다. 따라서 판단기호 ◆ 를 3번 거쳐야 끝이 난다.

문제 32 p191

정답 및 해설 답 최대 : 18명, 최소 : 5명

해설 첫 번째 시험에서 90점 넘은 학생 27명 중 18명이 두 번째 시험도 90점을 넘었을 때, 대표로 나갈 수 있는 학생 최대는 18명이다. 만약 두 번 시험 모두 90점 미만인 학생이 한 명도 없다면, 대표로 나갈 수 있는 학생 최소는 27 + 18 - 40 = 5명이다.

문제 33 p192

정답 및 해설 답 51 cm^2

해설 한 변의 길이가 10 cm인 정사각형의 넓이는 10 × 10 = 100 cm^2이고, 한 변의 길이가 7 cm 인 정사각형의 넓이는 7 × 7 = 49 cm^2이다. ㉡은 두 개의 정사각형에서 같은 넓이를 차지하고 있고, ㉠ + ㉡ - (㉡ + ㉢) = ㉠ - ㉢ 이므로 100 - 49 = 51 cm^2 이다.

문제 34 p192

정답

가로, 세로에 1, 2, 3, 4가 각각 채워져야 하고, 굵은 선 안에 1, 2, 3, 4가 각각 채워져야 하므로 다음과 같이 넣을 수 있다.

1	4	3	2
3	2	1	4
2	1	4	3
4	3	2	1

문제 35 p193

정답 및 해설

답 무한

해설 상상이의 경우 6점짜리를 4개, 7점짜리를 3개 맞추었을 때 45점이 될 수 있다. 영재는 6점짜리 1개, 7점짜리 3개를 맞추었을 때 27점이 될 수 있다. 무한이는 6점, 7점으로 29점이 될 수 없으므로 무한이가 거짓말을 하고 있다.

문제 36 p193

정답 및 해설

답 15가지

해설 세트를 만들기 위해서는 무조건 A 메뉴에서 1가지, B 메뉴에서 1가지를 골라야 하므로 곱의 법칙에 따라 경우의 수를 구할 수 있다. A 메뉴에서 음식를 고르는 경우 5가지와 B 메뉴에서 음식을 고르는 경우 3가지를 곱하여 총 $5 \times 3 = 15$가지의 세트를 만들 수 있다.

문제 37 p194

정답 및 해설

답 38가지

해설 상상이가 집에서 지하철역까지 길을 달리하여 갈 수 있는 방법은 다음과 같다.

1) 집 - 도서관 - 지하철역 : $3 \times 1 = 3$가지
2) 집 - 도서관 - 은행 - 지하철역 : $3 \times 2 \times 1 = 6$가지
3) 집 - 도서관 - 은행 - 백화점 - 지하철역 : $3 \times 2 \times 2 \times 2 = 24$가지
4) 집 - 은행 - 지하철역 : $1 \times 1 = 1$가지
5) 집 - 은행 - 백화점 - 지하철역 : $1 \times 2 \times 2 = 4$가지

따라서 총 $3 + 6 + 24 + 1 + 4 = 38$가지이다.

문제 38 p194

정답 및 해설

답 84점

해설 상상이네 반의 평균 점수를 □라고 하면 다음과 같은 두 가지 방법으로 구할 수 있다.
방법 1. (92 × 22) + (□ × 18) = 88.4 × 40 이다. □ = 84이므로 상상이네 반의 평균 점수는 84점이다.
방법 2. 평균 점수가 88.4 이므로 무한이네 반의 평균 점수가 92점일 때, 22 × (92 - 88.4) = 18 × (88.4 - □) 가 성립한다. 따라서 □ = 84, 상상이네 반의 평균 점수는 84점이다.

문제 39 p195

정답 및 해설 답 42 kg

해설 방법 1. 영재네 반 35명 중 1명이 전학을 가고, 2명이 전학이 왔으므로 1명이 늘어난 것과 같다. 전학 간 학생의 몸무게는 39 kg이고, 전학 온 2명의 학생 몸무게가 각각 43 kg, 38 kg이므로 43 + 38 - 39 = 42 kg이다. 따라서 42 kg인 1명의 학생이 전학 온 것과 같다. 평균과 같은 값은 그 개수가 늘어나더라도 평균에 영향을 주지 않으므로 영재네 반의 평균 몸무게는 42 kg으로 같다.
방법 2. 35 × 42 = 전체 학생 몸무게 합이다. 전체 학생 몸무게에서 전학 간 학생의 몸무게를 빼고, 전학 온 학생의 몸무게를 더해서, 총 인원으로 나누어 주면 평균을 구할 수 있다.

$$\frac{35 \times 42 - 39 + 43 + 38}{36} = 42 \text{ kg}$$

문제 40 p195

정답 및 해설 답 42살

해설 6년 후 네 사람 나이의 합이 나와 동생 나이의 합의 4배이므로, 아버지와 어머니 나이의 합은 나와 동생 나이의 합의 3배이다. 이때 6년 후 나와 동생 나이의 합을 □라고하면, 아버지와 어머니 나이의 합은 □ × 3이다.

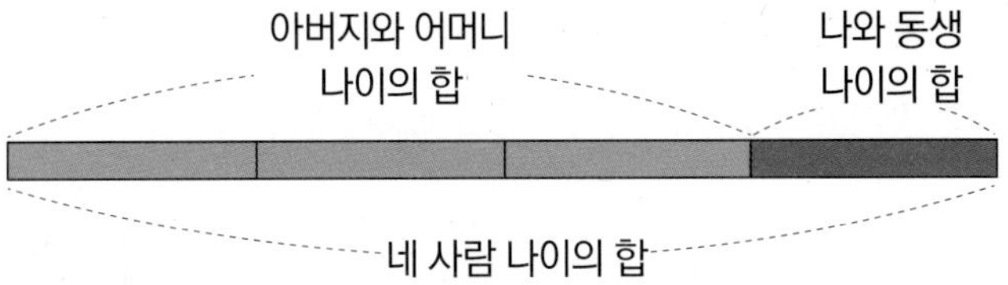

6년 후 네 사람 나이의 합은 112 + 6 × 4 = 136(살)이므로 □ + □ × 3 = 136, □ × 4 = 136, □ = 34 이고, 아버지와 어머니 나이의 합은 나와 동생 나이의 합의 3배이므로 34 × 3 = 102(살)이다. 102살은 6년 후 아버지와 어머니 나이의 합이고, 아버지와 어머니는 6살 차이이므로 올해 어머니 나이는 (102 - 12 - 6) ÷ 2 = 42(살)이다.

문제 41 p196

정답 및 해설 답 96 km

해설 할머니 댁으로 출발해서 집에 도착할 때까지 총 6시간이 걸렸고, 할머니 댁에서 1시간 쉬었으므로 이동 시간은 5시간이다. 집에 돌아올 때 속력은 24 km이고, 할머니 댁으로 갈 때 속력은 16 km로 집에 돌아올 때 속력이 할머니 댁으로 갈 때 속력의 1.5배이다. 따라서 할머니 댁으로 갈 때는 3시간, 집으로 돌아올 때는 2시간이 걸리고 자전거를 탄 거리는 총 (16 × 3) + (24 × 2) = 96 km이다.

문제 42 p196

정답 및 해설 답 1시간 55분

해설 거북이는 1분에 10 m를 가는데 1200 m를 완주하였으므로 거북이가 걸린 시간은 120분이다. 토끼는 1분에 200 m를 가는데 거북이가 결승점에 도착하였을 때 결승점에서 200 m 뒤떨어진 곳에 있으므로 토끼가 간 거리는 1000 m 이다. 따라서 토끼는 5분 동안 달린 후, 잠을 잔 것이다. 거북이가 120분을 달리는 동안 토끼는 5분을 달리고 나머지는 낮잠을 잔 것이므로 토끼가 잔 시간은 1시간 55분이다.

문제 43 p197

정답 및 해설 답 5번 국도를 따라 45 km 가다가 고속도로를 타고 90 km로 가는 방법이 더 적은 비용으로 가는 방법이다.

해설 놀이동산에 갈 수 있는 방법은 두 가지이다.
1) 5번 국도 45km + 고속도로 90 km = 135km 이므로 기름은 135 ÷ 15 = 9L가 필요하다. 휘발유는 1L당 1,900원이므로 필요한 기름값은 9L × 1,900원 = 17,100원이다. 고속도로 가는 경우 통행료가 2,300원이므로 총 17,100 + 2,300 = 19,400원이 필요하다.
2) 5번 국도 70km + 7번 국도 95km = 165km 이므로 기름은 165 ÷ 15 = 11L가 필요하다. 11L × 1,900원 = 20,900원이므로 총 20,900원이 필요하다.
따라서 가장 적은 비용으로 놀이동산에 가는 방법은 5번 국도를 따라 45km 가다가 고속도로를 타고 90 km로 가는 방법이다.

문제 44 p197

정답 및 해설 답 처음 무한이네 집에 있던 쌀 : 36 kg, 처음 할머니 댁에 있던 쌀 : 12kg

해설 무한이네 집에 있는 쌀은 할머니 댁에 있는 쌀의 3배이므로 다음과 같이 나타낼 수 있다.

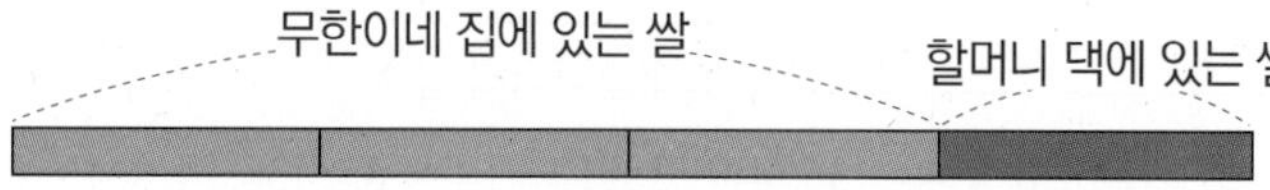

이때 쌀 12kg을 할머니 댁으로 옮겼더니 무한이네 집에 있는 쌀과 할머니 댁에 있는 쌀의 양이 같아졌으므로 다음과 같이 나타낼 수 있다.

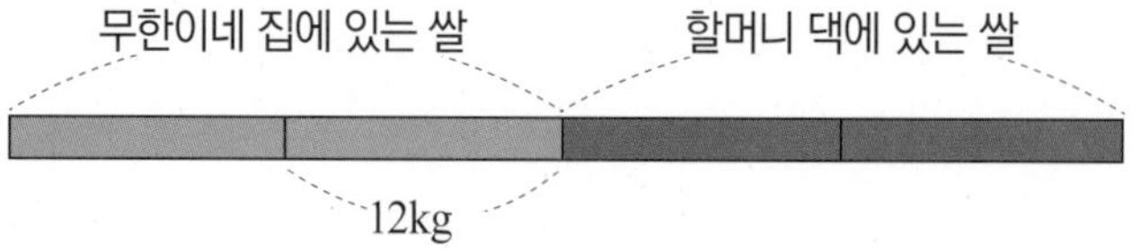

따라서 네모 칸 하나의 무게는 12kg에 해당하고, 처음 무한이네 집에 있는 쌀의 무게는 36kg, 할머니 댁에 있는 쌀의 무게는 12kg임을 알 수 있다.

문제 45 p198

정답 및 해설 답 3,300원

해설 상상이와 동생이 가진 돈을 막대로 나타내면 다음과 같다.

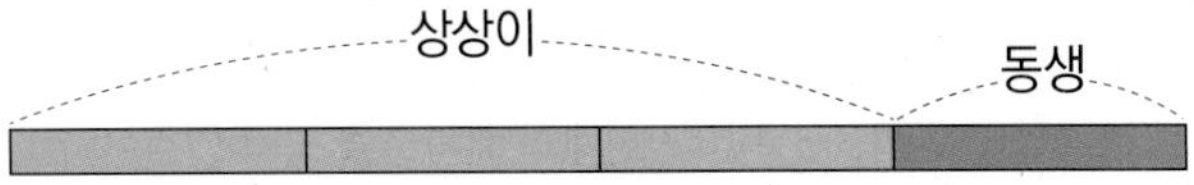

상상이가 낸 3,000원은 동생이 처음 가지고 있던 돈의 2배보다 800원 더 많다. 따라서 동생이 가지고 있던 돈은 (3,000 - 800) ÷ 2 = 1,100원이고, 상상이가 처음 가지고 있던 돈은 1,100 × 3 = 3,300원이다.

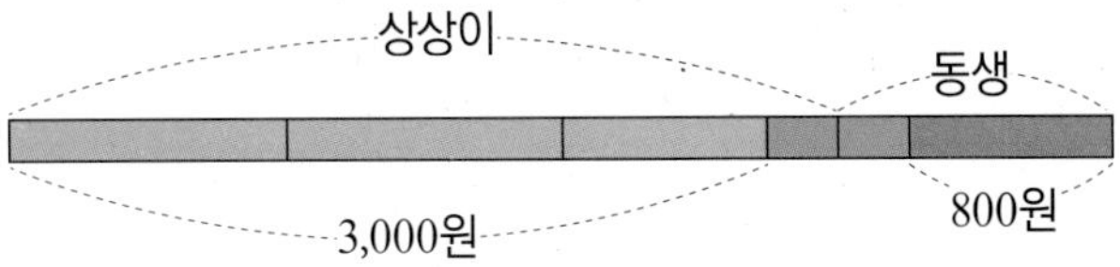

문제 46 p198

정답 및 해설 답 8줄

해설 참치김밥과 돈까스김밥 가격의 차이는 300원 차이이다. 두 김밥을 같은 양 샀을 때, 남은 돈의 차이는 4,000 - 1,600 = 2,400원 차이이므로 무한이가 사려고 하는 김밥은 2,400 ÷ 300 = 8줄이다.

문제 47 p199

정답 및 해설 답 200개

해설 두 경우 선물의 개수 차이는 58 + 28 = 86개이고, 1인당 나누어 주려는 선물의 개수 차이는 6 - 4 = 2개이다. 따라서 A팀의 학생 수는 86 ÷ 2 = 43명이다. 학생 수가 43명이므로 학교에서 준 선물의 개수는 43 × 4 + 28 = 200개이다.

문제 48 p199

정답 및 해설 답 4번

해설 한 번 자르면 초콜릿이 2조각이 되고, 2조각을 겹쳐서 한 번 자르면 초콜릿은 4조각이 된다. 다음과 같이 4번을 자르면 총 12조각을 만들 수 있다.

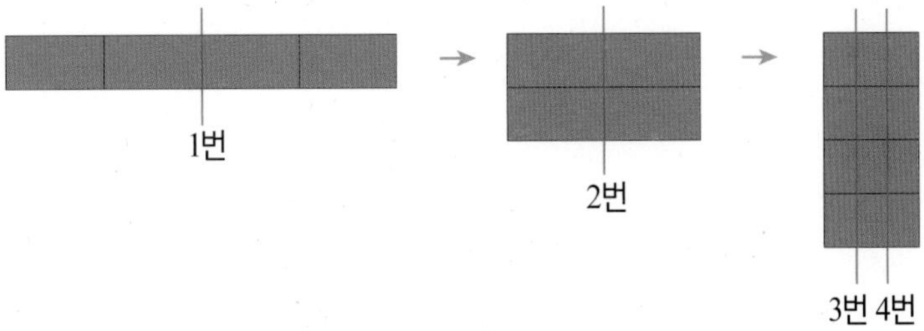

문제 49 p200

정답 1개의 쇠사슬을 풀어(고리 3개) 나머지 4개의 쇠사슬을 각각 연결한다.

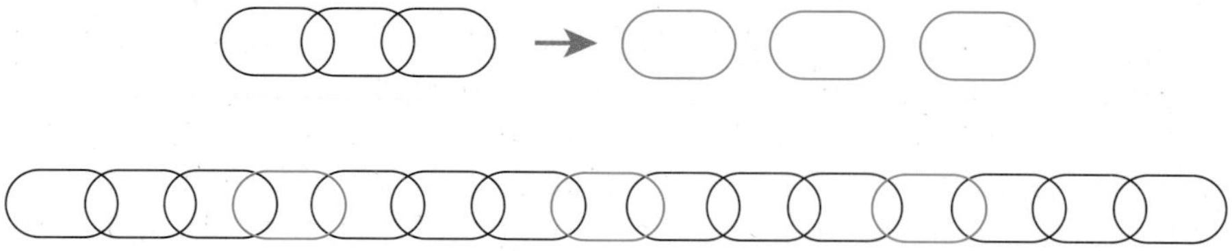

문제 50 p201

정답 스위치 3개를 ①, ②, ③이라고 하면, 거실에서 ① 스위치를 켰다가 한참 뒤에 끄고, 바로 ② 스위치를 켜고 방문을 열어 전구가 켜진 것을 확인한다. 방에 들어가 불이 켜져 있는 전구는 ② 스위치와 연결된 것이고, 불이 꺼져 있는 전구를 만져서 뜨거운 것이 무엇인지 확인한다. 뜨거운 전구는 앞서 스위치를 켰다 끈 ① 스위치와 연결된 것이고, 한 번도 켜지 않은 나머지 전구가 ③ 스위치와 연결된 것이다.

점수에 따른 성취도 등급

등급	1등급	2등급	3등급	4등급	5등급
평가	210점 이상	180점 이상 ~ 209점 이하	150점 이상 ~ 179점 이하	100점 이상 ~ 149점 이하	99점 이하

총점 250점

III 창의적 문제해결력

02 창의적 문제해결 과학

각 단원 말미에서 성취도 등급을 확인하세요.

문제 01 p202

◆ 평가표

(1)과 (2) 중 한 개만 정답을 정확하게 구한 경우	2점
(1)과 (2) 모두 정답을 정확하게 구한 경우	5점

정답 및 해설

답 (1) 12시
(2) 120 km/h

해설 (1) 무한이네 집에서 할아버지 댁까지 거리는 120 km이고, 평균 60 km/h로 달려야 생신 파티 시간에 딱 맞출 수 있다. 60 km × 2 = 120 km이므로 생신 파티 시간은 2시간 후인 12시이다.

(2) 평균 속력 40 km/h로 중간 지점인 60 km를 갔으므로 1시간 30분이 지나 30분이 남았다. 30분 동안 남은 60 km를 가기 위해서는 평균 120 km/h 속력으로 달려야 한다.

문제 02 p203

◆ 평가표

정답을 맞춘 경우	5점

정답 및 해설

답 ㅁ

해설 사인펜으로 쓴 글씨 위에 액체를 떨어뜨리면 잉크가 번지는데 그 액체를 이용하여 크로마토그래피로 색소를 분리한다. 따라서 빨간색 사인펜의 잉크 색소는 액체 A로, 파란색 사인펜의 잉크 색소는 액체 B와 C로 분리할 수 있지만, 검정색 사인펜의 잉크 색소는 A, B, C 세 가지 액체로는 분리할 수 없다.

문제 03 p204

◆ 평가표

정답을 맞춘 경우	5점

정답 및 해설

답 A - ㄱ(대뇌), B - ㄹ(연수), C - ㅁ(소뇌), D - ㄴ(간뇌), E - ㄷ(중간뇌)

해설 A는 고등 정신 활동을 담당하는 ㄱ - 대뇌가 손상되었다.
B는 호흡, 심장 박동, 소화, 하품 등을 조절하는 ㄹ - 연수가 손상되었다.
C는 몸의 균형을 유지하는 ㅁ - 소뇌가 손상되었다.
D는 체온과 물질대사를 조절하는 ㄴ - 간뇌가 손상되었다.
E는 눈동자 운동과 홍채의 작용을 조절하는 ㄷ - 중간뇌가 손상되었다.

문제 04 p205

◆ 평가표

정답을 맞춘 경우	5점

정답 및 해설

답 재원, 지혁

해설 주간 날씨는 당분간 흐리거나 비가 오는 지역이 많고, 주말에 광주와 부산 지역은 비가 올 것으로 예상되어 야외에서 하는 야구 경기를 하기는 어렵다. 따라서 건우와 재일이의 설명은 옳지 않다. 6월 30일에는 서울, 춘천, 강릉, 인천 등에 비 소식이 있으므로 수도권이나 강원 지역에 사는 사람들은 우산을 준비하는 것이 좋고, 오전에 비가 올 가능성이 높은 지역은 서울과 대전이므로 재원과 지혁의 설명은 옳다. 6월 30일 최저 기온과 최고 기온은 전주의 경우 각각 23℃, 31℃이므로 차이는 8℃이다. 따라서 주환이의 설명은 옳지 않다.

문제 05 p206

◆ 평가표

(1) 채점 기준

정답을 맞춘 경우	2점

(2) 채점 기준

1 가지를 쓴 경우	1점
2 가지를 쓴 경우	2점
3 가지를 쓴 경우	3점

정답 및 해설

답 (1) (나) > (가) = (다) > (라)
(2) ① 누르는 힘이 클수록 마찰력이 크다는 것을 알 수 있다.
② 접촉면이 매끄러울수록 마찰력은 작아진다.
③ 같은 물체와 같은 판일 때, 접촉면의 넓이와 마찰력은 관계없다.

해설 (1) (가), (나), (다)는 같은 나무판이고, (라)는 마찰력이 적은 유리판이다. (가)와 (다)는 누르는 힘이 같으므로 용수철 저울의 눈금이 같다. (나)는 (가)와 (다)에 비해서 누르는 힘이 더 크므로 마찰력이 커서 용수철 저울의 눈금이 더 크다. (라)는 (가)와 (다)에 비해서 판의 표면이 매끄러우므로 마찰력이 작아 용수철 저울의 눈금이 더 작다. 따라서 크기는 (나) > (가) = (다) > (라)이다.

문제 06 p207

◆ 평가표

정답만 맞춘 경우	2점
이유도 함께 정확하게 쓴 경우	5점

정답

답 (가), 깡통은 종이컵보다 열 전도율이 높기 때문에 뜨거운 물의 열을 더 많이 빼앗을 수 있다. 따라서 (가)가 가장 빨리 식는다. 뜨거운 물의 양이 많으면 열의 전체 양이 더 많기 때문에 온도가 내려가는 속도가 느리다.

문제 07 p208

◆ 평가표

정답을 맞춘 경우	5점

정답

강낭콩이 싹을 틔우는데는 적당한 양의 물, 적당한 온도, 공기가 필요하다. 상상이는 씨앗이 싹트는 조건 중 물과 온도의 조건은 충족시켰으나 물을 너무 많이 주어 강낭콩이 물에 잠겼기 때문에 공기가 닿지 못하여 썩은 것이다.

문제 08 p209

◆ 평가표

(1) 채점 기준

정답을 맞춘 경우	1점

(2) 채점 기준

상현달 모양을 그린 경우	2점

(3) 채점 기준

정답을 맞춘 경우	2점

정답 및 해설

답 (1) 전등 : 태양, 공 : 달, 의자에 앉은 학생 : 지구
(2)  (3) (가) - (라) - (다) - (나)

해설 (1) 전등은 태양, 공은 달, 의자에 앉은 학생은 지구를 나타낸 것이다.
(2) 달이 (다)와 같은 위치에 있을 때, 태양은 지구를 기준으로 오른쪽에 위치한 것과 같다. 따라서 (다)의 위치에 있는 달은 오른쪽이 밝은 상현달과 같은 모양이다. 
(3) 달은 지구를 중심으로 서쪽에서 동쪽으로 공전하므로 (가) - (라) - (다) - (나) 순으로 공전한다.

문제 09 p210

◆ 평가표

정답만 맞춘 경우	2점
이유도 함께 정확하게 쓴 경우	5점

정답

(나), 한 개의 전선에 여러 개의 전구를 연결하면 각 전구에 걸린 접압의 합이 전체 회로에 걸린 전압과 같으므로 각 전구의 밝기가 낮아진다. 따라서 100와트짜리 1개의 전구를 연결한 것이 10와트짜리 10개의 전구를 연결한 것보다 밝다.

문제 10 p211

◆ 평가표

정답을 맞춘 경우	5점

정답 및 해설

답 25°R, 25°S, 25°U

해설 물이 어는 온도와 끓는 온도는 섭씨 온도로 나타내었을 때 각각 0℃, 100℃로 일정하다. 따라서 이 온도를 다른 단위로 나타내었을 때 그 수치에 따라 각 단위가 나타내는 온도를 비교할 수 있다.
섭씨 온도를 T 라고 하면 각 단위에 대한 섭씨 온도와의 관계는 다음과 같다.
$°R = T - 80$, $25°R = 105℃$, $°S = 1.5T - 50$, $25°S = 50℃$, $°U = 2T + 200$, $25°U = -87.5℃$
따라서 온도가 높은 순서는 25°R, 25°S, 25°U이다.

문제 11 p212

문항 분석 및 평가표

◆ 문항 분석 : 주어진 자료를 해석하고, 변온 동물과 항온 동물의 특징을 알아야 한다. 도마뱀과 토끼의 주위 온도에 따른 체온 그래프를 세밀하게 그릴 수 있는지를 통해 정교성을 평가하는 문항이다.

◆ 평가표

(1) 채점 기준

그래프 개형을 옳게 그린 경우	2점

(2) 채점 기준

그래프 개형을 옳게 그린 경우	3점

정답

(1) 주어진 그래프를 보면 주위의 온도와 도마뱀의 체온이 거의 같은 그래프 개형을 가진다. 따라서 주위의 온도가 올라가면 도마뱀의 체온도 올라간다는 것을 알 수 있고, 주위의 온도에 따른 도마뱀의 체온은 정비례 그래프 개형으로 그릴 수 있다.
(2) 토끼와 같은 항온 동물은 주위의 온도와는 관계없이 일정 체온을 유지하기 때문에 일정한 그래프 개형을 그릴 수 있다.

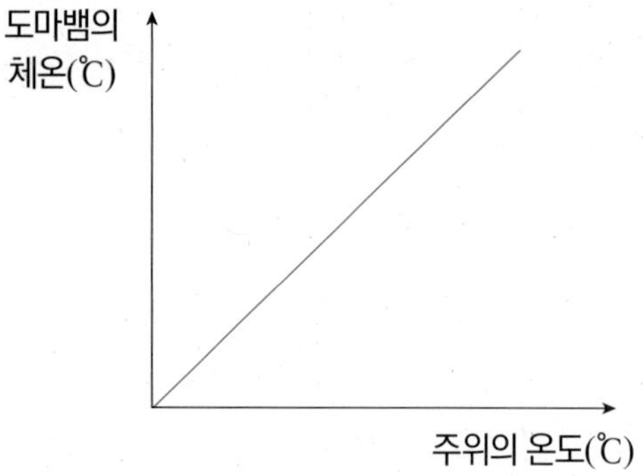

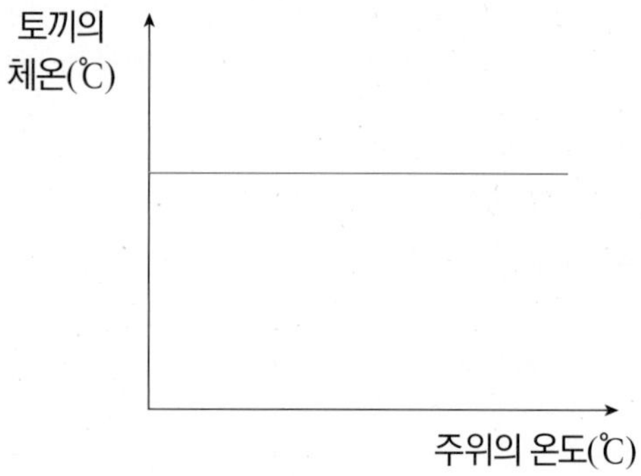

문제 12 p213

◆ 평가표

1 ~ 2 가지가 부족한 경우	3점
각각 3 가지씩 쓴 경우	5점

출제자 예시 답안

화산 활동이 우리에게 주는 피해와 활용 방안은 다음과 같다.

화산 활동이 우리에게 주는 피해	화산 활동을 활용할 수 있는 방안
· 인명 피해 · 가옥 및 농토 파괴 · 산불 발생 · 해일 발생 · 지진 발생 등	· 관광지 이용 · 온천 형성 · 지열 발전 · 건축에 쓰이는 자원을 얻을 수 있음 · 농토를 비옥하게 함 · 지구 내부의 물질을 알 수 있음

문제 13 p214

◆ 평가표

정답만 맞춘 경우	3점
정답과 이유를 모두 맞춘 경우	5점

정답

(나)의 무게는 (가)의 무게 500 g보다 작다.
잘린 면에서 (가)의 무게 중심까지의 거리가 a이고, 잘린 면에서 (나)의 무게 중심까지의 거리가 b일 때, (가)의 무게 × a = (나)의 무게 × b 이다. a < b 이므로 (가)의 무게 > (나)의 무게가 되어야 수평이 유지된다. 따라서 (나)의 무게는 (가)의 무게 500 g보다 작다.

문제 14 p215

◆ 평가표

이유 또는 대책 중 한 가지만 쓴 경우	2점
이유와 대책을 모두 쓴 경우	5점

출제자 예시 답안

외부의 대리석이 손상되는 이유는 산성비 때문이다. 산성비는 산성을 띠고 있어 대리석의 주성분인 탄산칼슘과 쉽게 반응한다. 따라서 대리석이 녹게 된다.
대책 : 1. 인근 공장의 화석 연료 사용을 제한한다. 2. 건축물의 표면에 실리콘을 도포한다.
이 건출물 외에 일반 대리석을 보호하기 위해서는 페인트를 칠하거나 산성비와 반응하지 않는 물질로 코팅하여 대리석이 녹는 것을 방지할 수 있다.

문제 15 p216

◆ 평가표

정답을 맞춘 경우	5점

정답 및 해설

답 ㄱ

해설 고구마는 뿌리에 영양분을 가득 담기 위해 덩이 뿌리를 만들고, 감자는 땅속에서 줄기의 일부가 변형된 덩이 줄기를 만든다. 따라서 고구마 덩이는 뿌리이고, 감자 덩이는 뿌리가 아닌 줄기이다. 고구마와 감자는 쌍떡잎식물로 두 식물 모두 꽃이 핀다.

문제 16 p217

◆ 평가표

틀린 부분을 모두 맞춘 경우	5점

정답

해안가에서 밤에 부는 바람의 방향은 육지에서 바다 쪽으로 부는 육풍이므로 바다에서 육지 쪽으로 흩날리고 있는 부분은 모두 틀린 부분이다.

문제 17 p218

◆ 평가표

(1) 채점 기준

거울의 길이를 옳게 표시한 경우	2점

(2) 채점 기준

정답을 맞춘 경우	3점

정답

(1) 무한이 키의 절반 정도 되는 크기의 거울이 필요하다. 발끝에서 오는 광선이 거울에서 반사되어 눈에 들어오면 그 연장선상에 있는 지면에 발끝이 있는 것으로 보인다. 따라서 눈에서 발끝까지의 절반 정도 되는 거울이 필요하다.

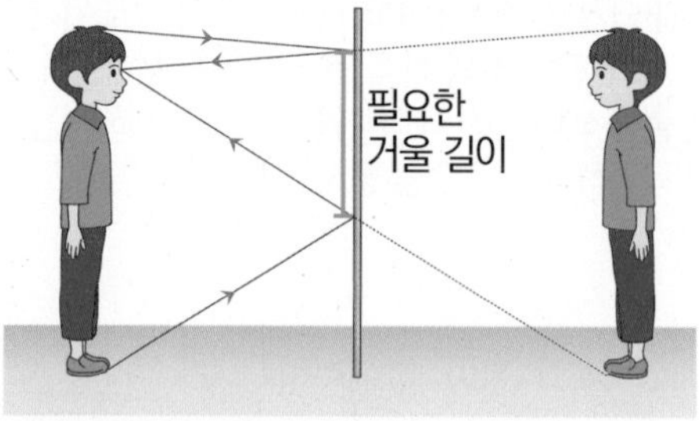

실제 무한이의 모습　거울에 비친 무한이의 모습

(2) 줄어들지 않는다. 발끝에서 오는 광선이 거울에서 반사되어 눈에 들어오면 그 연장선상에 있는 지면에 발끝이 있는 것으로거울과 사람의 거리에 관계없이 성립된다.

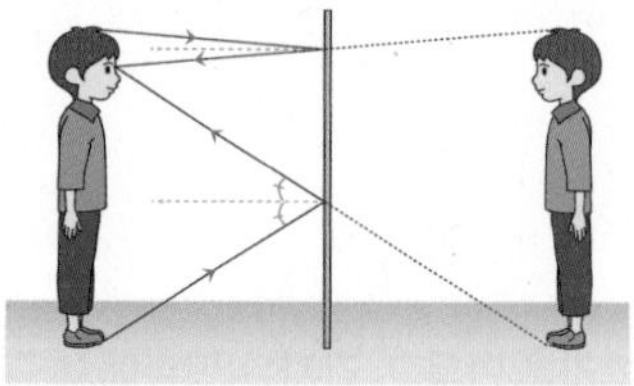

거울과 거리가 가까울 때

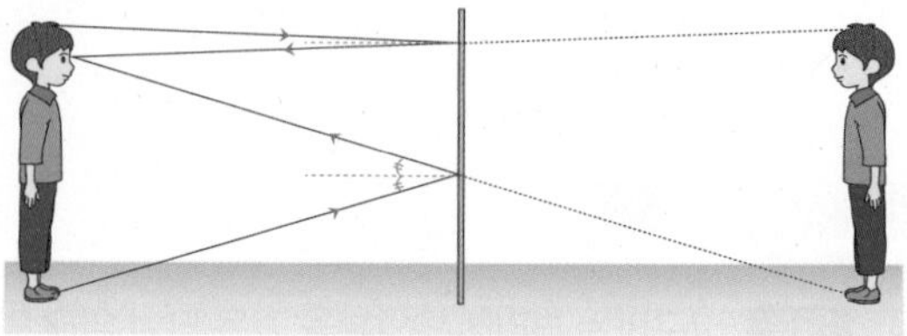

거울과 거리가 멀 때

문제 18 p219

◆ 평가표

(1) 채점 기준

용질과 용질을 모두 맞춘 경우	2점

(2) 채점 기준

부피와 빈 공간에 관해 설명한 경우	3점

정답

(1) 용매는 에탄올, 용질은 물이다. 용액에서 양이 많은 것을 용매, 양이 적은 것을 용질이라고 한다.
(2) 물과 에탄올이 섞이면서 전체 부피가 작아기지 때문이다. 우리 눈에는 보이지 않지만 물과 에탄올은 작은 입자로 구성되어 있는데 이 입자들이 섞이면서 빈 공간이 채워지므로 전체 부피가 작아진다.

문제 19 p220

◆ 평가표

정답을 맞춘 경우	5점

정답 및 해설

답 조건 반사 : ㄴ, ㄷ, ㅂ, 무조건 반사 : ㄱ, ㄹ, ㅁ

해설 조건 반사는 과거의 경험으로 대뇌가 기억하여 나타나는 무의식적인 반응을 말한다. 무조건 반사는 자극에 의해 무의식적으로 빠르게 나타나는 반응으로 자극이 대뇌에 전달되기 전에 나타나는 반응이다. 무조건 반사로는 우리 몸을 보호할 수 있다.

문제 20 p221

◆ 평가표

(1) 채점 기준

지역과 이유를 모두 맞춘 경우	2점

(2) 채점 기준

자전 또는 마찰력만 설명한 경우	2점
자전과 마찰력을 모두 설명한 경우	3점

정답

(1) E, 등압선의 간격이 좁을수록 바람이 강하게 분다.
(2) 지구의 자전과 지면의 마찰력 때문에 바람은 고기압에서 저기압 쪽으로 분다. 지구의 자전과 지면의 마찰력 때문에 등압선에서 수직으로 불지 못하고 비스듬한 방향으로 분다.

문제 21 p222

◆ 평가표

정답을 맞춘 경우	5점

정답 및 해설

답 바퀴 지름이 30cm인 유모차를 끌고가는 어린이

해설 T(회전력) = r(지름) × F(힘)이다. 바퀴의 지름이 커질수록 회전력이 커지므로 바퀴가 클수록 회전력이 커진다. 또한, 지름 30cm 바퀴가 지름 60cm 바퀴보다 2배의 횟수로 회전하기 때문에 마찰에 대한 저항이 더 커지게 된다. 따라서 바퀴 지름이 30cm인 유모차를 끌고 가는 어린이가 더 많은 에너지로 유모차를 끌어야 한다.

문제 22 p223

문항 분석 및 평가표

◆ 문항 분석 : 페트병 안의 압력의 영향을 이해하고, 손을 쉽게 뺄 수 있는 방법을 얼마나 다양하게 쓸 수 있는지를 통해 융통성을 평가하는 문항이다.

◆ 평가표

패트병 안의 압력을 높히는 방법을 제시한 경우	5점

출제자 예시 답안

손을 넣은 고무장갑이 잘 빠지지 않는 이유는 페트병 밖의 공기가 고무장갑을 페트병 안으로 밀어 넣으려는 힘(압력)이 페트병 안에서 고무장갑을 밀어내는 힘(압력)보다 크기 때문이다. 따라서 페트병 안에서 고무장갑을 밀어내는 힘(압력)을 크게 해주면 손을 넣은 고무장갑을 뺄 수 있다.
① 페트병 뚜껑을 열어 공기가 페트병 안으로 들어가게 한다.
② 페트병에 구멍을 내서 공기가 통할 수 있도록 한다.
③ 페트병을 눌러서 페트병 안의 공기가 고무장갑을 밀어내도록 한다.

문제 23 p224

◆ 평가표

(1) 채점 기준

정답을 맞춘 경우	3점

(2) 채점 기준

정답을 맞춘 경우	2점

정답

(1) 잎의 모양이 넓으면 물과 양분을 넓게 공급하는 것이 효율적이므로 잎맥이 그물망처럼 분포하고 있고, 잎의 모양이 좁으면 물과 양분을 나란하게 공급하는 것이 효율적이므로 잎맥이 나란히 분포하고 있다. 식물의 잎에 따라 효율적으로 물와 양분을 공급하기 위해 잎맥의 모양이 다른 것이다.
(2) 혈관
혈관은 우리 몸에 넓게 퍼져 있어 각 세포에 산소와 양분 등을 공급해주는 역할을 한다.

문제 24 p225

◆ 평가표

(1) 채점 기준

2 가지 이상 쓴 경우	2점

(2) 채점 기준

마그마, 굳기의 속도를 쓴 경우	3점

출제자 예시 답안

(1) 현무암은 어둡고, 화강암은 밝은색을 띤다.
현무암은 표면에 구멍이 있고, 화강암은 검은 반점이 있다.
(2) 현무암은 마그마가 지표면 밖으로 나와 굳어서 생성된 암석이다. 지표 부근에서 빠르게 식어서 형성되기 때문에 알갱이의 크기가 작다. 화강암은 마그마가 땅 속 깊은 곳에서 굳어서 생성된 암석이다. 땅 속 깊은 곳에서 서서히 식어서 형성되기 때문에 알갱이의 크기가 크다.

문제 25 p226

◆ 평가표

정답을 맞춘 경우	5점

정답 및 해설 답 ㄱ, ㄷ

해설 그림자와 조명은 물체를 가운데 두고 서로 반대쪽에 위치한다. 따라서 그림자 A를 만든 조명은 그림자 B의 방향에 있다. 또한 조명의 높이가 같을 때, 조명이 가까이 있을수록 그림자의 길이가 짧아지므로 길이가 가장 짧은 그림자 C를 만든 조명은 가장 가까이에 있다.

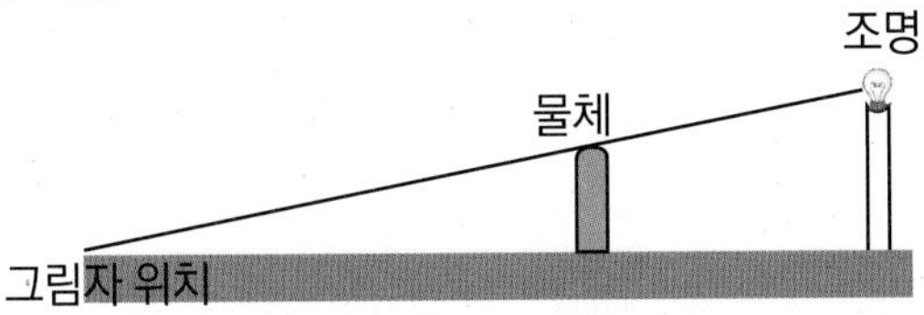

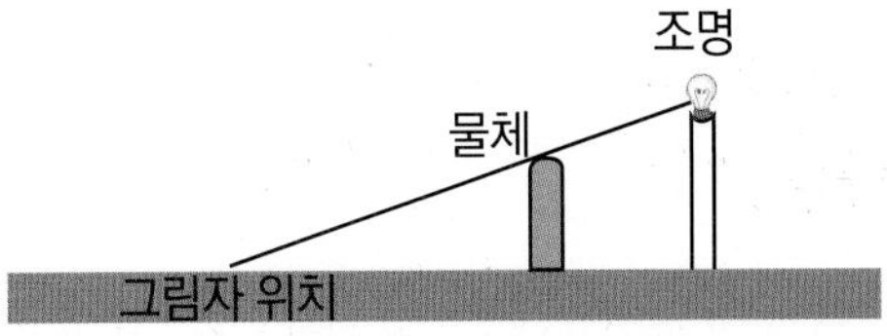

선수가 B 쪽으로 이동하면 물체가 조명으로 부터 멀어지게 되므로 그림자 B는 더 길어지게 된다 .

문제 26 p227

◆ 평가표

정답을 맞춘 경우	5점

정답 및 해설 답 10℃

해설 이슬점은 공기 중의 수증기가 응결하여 물방울이 되는 온도이다. 15℃의 공기 $1m^3$ 속에 수증기가 9.4 g이므로 수증기가 포화되어 응결되기 위해서는 10℃가 되어야 한다. 따라서 이슬점은 10℃이다.

문제 27 p227

문항 분석 및 평가표

◆ 문항 분석 : 생물이 살 수 있는 환경에 대해 이해하고 결과에 따른 원인이 무엇인지, 얼마나 자세하게 쓸 수 있는지를 통해 정교성을 평가하는 문항이다.

◆ 평가표

산소, 호흡, 입구의 넓이 중 한 가지만 포함된 경우	3점
산소, 호흡, 입구의 넓이 내용이 모두 포함된 경우	5점

출제자 예시 답안 물의 양과 온도가 같지만 용기 입구의 크기가 다르기 때문에 물 표면이 공기와 접하는 면적이 다르다. 공기랑 접촉하는 표면적이 넓을수록 물속에 공기가 쉽게 녹아들 수 있어 송사리가 호흡을 잘 할 수 있다. 공기와 접하는 물 표면의 면적이 작은 무한이의 송사리들이 호흡하는 데 필요한 산소가 부족하기 때문에 모두 죽은 것이다.

문제 28 p228

◆ 평가표

(1) 채점 기준

정답을 맞춘 경우	2점

(2) 채점 기준

공기의 온도 차와 관련지어 쓴 경우	3점

출제자 예시 답안

(1) A, C

(2) 대류 현상은 공기의 온도 차에 의해서 일어난다. 아래 공기의 온도가 높고, 위 공기의 온도가 낮아 아래 공기는 위로 올라가고, 위 공기는 아래로 내려오게 된다. 이를 대류 현상이라고 하고, 위로 올라갈수록 온도가 낮아지는 A, C 층에서 대류 현상이 일어난다.

문제 29 p229

문항 분석 및 평가표

◆ 문항 분석 : 합력에 대해 이해하고, 힘의 크기 변화와 그 변화의 이유에 대해 얼마나 자세하게 쓸 수 있는지를 통해 정교성을 평가하는 문항이다.

◆ 평가표

점점 커진다는 답을 쓴 경우	2점
물체에 작용하는 힘이 변하지 않는 것과 물체가 올라갈수록 합력이 작아진다는 내용이 있는 경우	5점

출제자 예시 답안

힘의 크기는 점점 커진다. 물체에 작용하는 힘은 변함이 없으나 물체가 올라갈수록 두 끈의 각도가 커진다. 두 끈의 각도가 커질수록 합력이 작아지므로 더 큰 힘을 주어야 물체를 들어 올릴 수 있다.

무게 / 무게 (물체를 위로 들어 올렸을 때)

문제 30 p230

문항 분석 및 평가표

◆ 문항 분석 : 물과 달걀의 밀도를 이해하고, 달걀을 물 위에 뜨게 하기 위한 방법을 얼마나 많이 쓸 수 있는지를 통해 유창성을, 새롭고 독특한 방법을 생각할 수 있는지를 통해 독창성을 평가하는 문항이다.

◆ 평가표

1 가지만 쓴 경우	3점
2 가지를 쓴 경우	5점

출제자 예시 답안

· 소금을 넣는다.
· 물과 섞이는 밀도가 큰 액체를 넣는다.
· 스티로폼을 달걀 아래에 놓는다.

문제 31 p231

◆ 평가표

(1) 채점 기준

끓는점과 기화되는 내용을 쓴 경우	3점

(2) 채점 기준

정답을 맞춘 경우	2점

출제자 예시 답안

(1) 100℃는 끓는점이다. 100℃ 이후에는 열을 액체에서 기체로 기화되는 상태 변화할 때 사용하기 때문에 물을 계속 끓여도 온도가 100℃ 이상으로 올라가지 않는다.
(2) 액체
물이 기화되어 수증기가 되면 수증기가 주전자의 밖으로 나오게 된다. 밖의 온도가 주전자 안의 온도보다 낮기 때문에 수증기는 다시 응결되어 물이 되므로 하얀 김은 액체이다.

문제 32 p232

◆ 평가표

틀린 것을 1개 골라 바르게 고친 경우	1점
틀린 것을 2개 골라 바르게 고친 경우	3점
틀린 것을 3개 골라 바르게 고친 경우	5점

정답

틀린 것 : ㄱ, ㄴ, ㄹ
ㄱ. 태양계의 중심에는 태양이 있다.
ㄴ. 지구에서 가장 가까운 행성은 금성이다. 달은 위성이다.
ㄹ. 항성은 스스로 빛을 내는 천체를 말하고, 태양계에서 항성은 태양이 유일하다.

문제 33 p233

◆ 평가표

(1) 채점 기준

정답을 맞춘 경우	1점

(2) 채점 기준

정답을 맞춘 경우	2점

(3) 채점 기준

정답을 맞춘 경우	2 점

정답 및 해설

답 (1) 10 m/초 (2) 26초 (3) 25 m/초

해설 (1) O점에서부터 S점까지 갈 때 기름이 9방울 떨어졌으므로 걸린 시간은 18초이다. 속력은 $\frac{거리}{시간}$ 이므로 속력은

$\frac{180\ \text{m}}{18초}$ = 10 m/s이다.

(2) O점에서 T점까지 갈 때 기름이 13개 떨어졌고, 기름은 2초 간격으로 떨어지므로 O점에서 T점까지 갈 때 $13 \times 2 = 26$초가 걸린다.
(3) O점에서 T점까지 총 거리는 $180 + 470 = 650$ m이고, 걸린 시간은 26초이므로 평균 속력은 $\frac{650}{26} = 25$ m/초이다.

문제 34 p234

문항 분석 및 평가표

◆ 문항 분석 : 주어진 자료를 해석해서 지시약에 대해 이해하고, 지시약으로 사용할 수 있는 것을 모두 쓸 수 있는지, 특징을 찾아낼 수 있는지를 통해 유창성과 정교성을 평가하는 문항이다.

◆ 평가표

(1) 채점 기준

3 가지 모두 쓴 경우	2점

(2) 채점 기준

산성, 염기성, 색 변화 내용을 모두 쓴 경우	3점

정답

(1) 자주색 양배추, 가지 껍질, 포도 껍질
(2) 산성 용액이나 염기성 용액을 넣었을 때 모두 색깔이 변한다.

문제 35 p235

문항 분석 및 평가표

◆ 문항 분석 : 주어진 자료를 통해 고래에게 물을 뿌리는 이유를 추측할 수 있어야 한다. 물에 증발할 때 주변의 열을 빼앗으므로 체온을 낮출 수 있다는 것을 알고 있다면 쉽게 이유를 판단할 수 있다. 이를 통해 정교성을 평가하는 문항이다.

◆ 평가표

체온 유지만 쓴 경우	3점
피하 지방층, 체온 유지를 모두 쓴 경우	5점

출제자 예시 답안

고래는 차가운 바다에서 생활하기 때문에 두꺼운 지방층을 형성하여 체온을 유지하고 있다. 갑자기 육지로 올라오게 되면 체온이 급격하게 상승하여 죽게 되므로 고래의 몸에 물을 뿌려 체온이 급격하게 상승하는 것을 방지하는 것이다.

문제 36 p235

◆ 평가표

이름을 정확하게 쓴 경우	2점
이유를 온도와 관련지어 정확하게 쓴 경우	5점

정답

· 이름 : 흑점
· 검은색으로 보이는 이유 : 흑점은 주변보다 온도가 낮아서 검은색으로 보인다.
흑점은 강한 자기장의 영향으로 광구 아래에 있는 대류층의 대류를 억제하기 때문데 주변보다 온도가 낮아 검게 보인다.

문제 37 p236

◆ 평가표

정답을 맞춘 경우	5점

정답 및 해설　답 ②

해설 자석은 N극과 S극으로 나뉘어지고, N극과 S극은 인력에 의해 잘 붙지만 같은 극끼리는 붙지 않는다. <보기>에서 1번을 N극이라고 하면 3, 5, 8, 9, 11번은 N극이 되고, 2, 4, 6, 7, 10, 12번은 S극이 된다. 따라서 이 막대 자석으로 만들 수 있는 모양은 ②이다.

문제 38 p237

문항 분석 및 평가표

◆ 문항 분석 : 작은 비커 안에 공기가 들어 있다는 것을 고려하고 문제를 풀어야 한다. 이를 통해 정교성을 평가하는 문항이다.

◆ 평가표

정답을 맞춘 경우	5점

정답 및 해설　답 ⑤

해설 식용유는 물보다 밀도가 작기 때문에 물 위에 뜬다. 여기에 비커를 수직으로 넣는다면 비커 안에 공기가 공간을 차지하고 있으므로 물이나 식용유가 들어가지 못하기 때문에 ⑤이 옳은 그림이다.

문제 39 p238

◆ 평가표

(1) 채점 기준

연동운동에 대해 쓴 경우	2점

(2) 채점 기준

표면적을 설명한 경우	3점

출제자 예시 답안

(1) 음식물은 중력에 의해 아래로 내려가는 것이 아니라 연동운동에 의해 이동하기 때문에 물구나무를 서도 음식이 몸의 아래로 이동할 수 있어 소화가 된다. (연동운동 : 동물의 위나 장의 수축운동)
(2) 소장(작은 창자)은 가늘고 긴 관으로 안쪽 벽에 주름이 있어 표면적이 넓다. 표면적을 넓혀 영양분을 잘 흡수할 수 있다.

문제 40 p239

문항 분석 및 평가표

◆ 문항 분석 : 그림을 보고, 힘의 작용을 시간 순서대로 쓰는 것을 통해 정교성을 평가하는 문항이다.

◆ 평가표

횡압력, 정단층 중 한 가지 내용만 쓴 경우	3점
횡압력, 정단층 내용을 모두 쓴 경우	5점

출제자 예시 답안

횡압력이 작용하여 습곡이 만들어진 후, 양쪽 옆에서 끌어당기는 힘에 의해 정단층이 만들어졌다.
단층면을 관찰하면 곡선이 연결되므로 습곡이 만들어진 후에 단층이 생겼음을 알 수 있다. 습곡은 옆에서 미는 힘(횡압력)에 의해 생성되고, 상반이 내려간 정단층은 옆에서 끌어당기는 힘(장력)에 의해 생성된다.

문제 41 p240

문항 분석 및 평가표

◆ 문항 분석 : 용수철은 탄성을 가지고 있어 물체의 무게에 따라 늘어나는 길이가 달라진다. 용수철을 이용하여 저울을 만들고, 물건을 측정하는 실험이다.

◆ 평가표

(1) 채점 기준

눈금에 대한 내용을 쓴 경우	2점

(2) 채점 기준

굵고, 탄성이 강한 용수철을 쓴 경우	3점

출제자 예시 답안

(1) 추를 한 개씩 올려놓으면서 용수철 끝의 위치를 표시하면 무게에 따른 눈금이 만들어진다. 눈금이 있으면 무게를 모르는 물체를 저울에 올렸을 때 물체의 무게를 알 수 있다.
(2) 더 굵고 탄성이 강한 용수철을 사용한다.
용수철이 굵고 탄성이 강할수록 잘 늘어나지 않으므로 더 무거운 물체를 재기 위해서는 굵고 탄성이 강한 용수철을 사용해야 한다.

문제 42 p241

문항 분석 및 평가표

◆ 문항 분석 : 우유는 단백질을 포함하고 있는 혼합물이다. 식초를 넣어 응고시키면 단백질을 분리할 수 있고, 거름종이로 분리하여 알갱이 크기 차이를 비교할 수 있다.

◆ 평가표

(1) 채점 기준

정답을 맞춘 경우	2점

(2) 채점 기준

알갱이 크기 차이에 대한 설명을 한 경우	3점

정답 및 해설

답 (1) 단백질
(2) 알갱이 크기의 차이

해설 (1) 우유에 식초를 넣고 끓이면 우유 속의 단백질이 응고하여 흰색의 고체가 되는데 이 고체가 단백질이다.
(2) 거름종이로 거르면 식초와 우유의 단백질 성분이 분리된다. 단백질은 고체 덩어리로 거름종이를 통과하지 못하지만 식초는 알갱이 크기가 작은 액체이므로 거름종이를 통과한다.

문제 43 p242

문항 분석 및 평가표

◆ 문항 분석 : 날숨에는 이산화 탄소가 포함되어 있고, 이산화 탄소는 산성을 띤다. BTB 용액은 산성과 반응하면 노란색을 띠는 성질을 가지고 있어, 액성을 판단할 수 있다.

◆ 평가표

(1) 채점 기준

정답을 맞춘 경우	2점

(2) 채점 기준

각 실험에서 이산화 탄소와의 반응을 쓴 경우	3점

정답 및 해설

답 (1) 빨대로 입김을 넣는 것은 날숨에 해당하고, 스포이트로 공기를 넣는 것은 들숨에 해당한다.
(2) A 비커에는 BTB 용액과 이산화 탄소가 반응하여 노란색으로 변하고, C 비커에는 석회수와 이산화 탄소가 반응하여 흰색 고체가 생성된다.

해설 (2) 날숨에는 이산화 탄소가 포함되어 있다. 이산화 탄소는 산성을 띠기 때문에 BTB 용액과 반응하면 노란색을 띠고, 석회수와 반응하면 흰색 고체(탄산 칼슘)가 생성된다.

문제 44 p243

문항 분석 및 평가표

◆ 문항 분석 : 차가운 공기는 아래쪽으로, 뜨거운 공기는 위쪽으로 이동한다. 이는 두 공기의 밀도 차이 때문에 발생한다. 공기의 이동을 통해 공기의 밀도 차이를 비교할 수 있다.

◆ 평가표

(1) 채점 기준

정답을 맞춘 경우	2점

(2) 채점 기준

얼음쪽이 고기압, 모래쪽이 저기압임을 설명한 경우	3점

정답 및 해설

답 (1) 얼음이 있는 쪽에서 모래 쪽으로 움직인 후, 위로 올라간다. 얼음 위에 있던 공기는 차가워지기 때문에 밀도가 커지고 고기압이므로 아래로 하강한다.
(2) 모래 위에 있던 공기는 따뜻해지기 때문에 밀도가 작아지고 저기압이 되어 위로 상승한다.

해설 (2) 얼음 위에 있던 공기는 차가워지기 때문에 밀도가 커지고 고기압에 되어 아래쪽으로 이동한다. 바람은 고기압에서 저기압으로 이동하므로 얼음 위에 있던 공기가 모래 쪽으로 이동하게 된다.

문제 45 p244

문항 분석 및 평가표

◆ 문항 분석 : Hz는 진동수의 단위로, 1초당 일어난 진동수를 나타낸다. 따라서 일정 시간에 따른 진동수를 알 수 있고, 속도를 비교할 수 있다.

◆ 평가표

(1) 채점 기준

시간의 속도 그래프를 설명한 경우	2점

(2) 채점 기준

60Hz로 이유를 판단한 경우	3점

출제자 예시 답안

(1) 타점 수가 같으므로 구간별 걸린 시간은 같다. 세로로 붙이면 시간에 따른 속도 그래프를 의미한다.
(2) 사용한 시간 기록계는 60Hz로 1초에 60개의 점을 찍는다. 일정한 시간 동안 움직인 거리를 비교하기 쉽도록 0.1초 동안 움직인 거리를 비교하기 위해 6타점 간격으로 종이 테이프를 자른 것이다.

문제 46 p245

문항 분석 및 평가표

◆ 문항 분석 : 산과 염기가 반응하여 물과 염이 생성되는 반응을 중화 반응이라고 하는데, 페놀프탈레인 용액으로 중화 반응의 진행을 판단할 수 있다.

◆ 평가표

(1) 채점 기준

정답을 맞춘 경우	1점

(2) 채점 기준

염기성에 붉은색을 띤다는 설명을 넣은 경우	2점

(3) 채점 기준

정답을 맞춘 경우	2점

정답 및 해설

답 (1) 염기성

(2) 페놀프탈레인 용액은 산성과 중성에서 무색을 띠고, 염기성에서 붉은색을 띤다. 산성 용액에 염기성 용액을 넣으면 중화 반응이 일어나고 일정 용액을 넣으면 중성 용액이 된다. 중성 용액일 때 페놀프탈레인 용액은 무색이므로 색 변화가 있는 염기성 즉, 붉은색이 될 때까지 묽은 수산화 나트륨 용액을 넣는 것이다.

(3) 소금(염화 나트륨)

해설 (3) 묽은 염산과 수산화 나트륨 용액이 반응하면 중화 반응이 일어나서 물과 염화 나트륨이 생성된다. 염화 나트륨은 소금이다.

문제 47 p246

문항 분석 및 평가표

◆ 문항 분석 : 생물에게 필요한 적당한 온도, 물, 공기 외에 다른 조건을 주었을 때, 생물에게 어떠한 변화가 있을지 판단하는 실험으로 생물의 변화를 관찰할 수 있는 실험이다.

◆ 평가표

(1) 채점 기준

3 가지 모두 쓴 경우	2점

(2) 채점 기준

콩나물의 콩이 초록색으로 변하는 내용을 쓴 경우	3점

정답

(1) 적당한 온도, 물, 공기

(2) 콩나물이 초록색으로 변한다. 검은 비닐을 씌우지 않으면 콩나물이 빛을 받게 되고, 뿌리가 길게 자라지 않으며 콩이 초록색으로 변하게 된다.

문제 48 p247

문항 분석 및 평가표

◆ 문항 분석 : 용암을 모형으로 만들어 보면서 생성되는 물질을 실제 용암과 비교해 보고, 차이점을 찾아보는 실험이다.

◆ 평가표

(1) 채점 기준

1 가지만 맞춘 경우	1점
2 가지 모두 맞춘 경우	2점

(2) 채점 기준

1 가지만 쓴 경우	2점
2 가지 이상 쓴 경우	3점

정답 및 해설

답 (1) 붉은 액체 : 용암, 거품 : 화산 가스

(2) · 용암은 뜨겁지만, 실험의 붉은 액체는 차갑다.

· 화산이 폭발할 때는 화산재, 화산탄 등이 많이 발생하지만 실험에서는 가스만 방출된다.

· 용암이 흐를 때는 주변 땅을 변화시키지만 실험에서는 색깔만 조금 변한다.

해설 (1) 화산이 폭발했을 때 가스와 화산재 등과 함께 분출된 액체가 지표를 따라 흐르는 것을 용암이라고 한다. 화산 실험에서 거품(이산화 탄소)은 화산 가스를 의미하고, 붉은 액체는 가스가 빠진 후 지표를 따라 흐르는 용암을 의미한다.

문제 49 p248

문항 분석 및 평가표

◆ 문항 분석 : 윗접시 저울로 물체의 질량을 재는 방법을 알고, 물체의 질량을 비교하는 실험이다. 분동의 질량이 물체의 질량임을 알 수 있는 실험이다.

◆ 평가표

(1) 채점 기준

정답을 맞춘 경우	1점

(2) 채점 기준

정답을 맞춘 경우	2점

정답 및 해설

답 (1) 같다. 윗접시 저울은 받침점에서 양쪽 접시까지의 거리가 같으므로 수평이 되었다는 것은 양쪽 질량이 같다는 것을 의미한다.
(2) 270 g

해설 (2) 컵의 질량은 수평을 이룬 분동의 질량을 모두 더한 값과 같다. $(100\text{ g} \times 2) + (50\text{ g} \times 1) + (10\text{ g} \times 2) = 270\text{ g}$이다.

문제 50 p249

문항 분석 및 평가표

◆ 문항 분석 : 물과 기름이 섞이지 않는 성질을 이용하여 그림을 그리고, 또 다른 물질을 사용했을 때 결과를 추측할 수 있는 실험이다.

◆ 평가표

(1) 채점 기준

물과 기름이 섞이지 않는 성질을 쓴 경우	1점

(2) 채점 기준

다른 결과가 나온다는 내용을 쓴 경우	2점

(2) 채점 기준

수성 물감이 기름 아래 쪽으로 가라앉는다는 내용을 쓴 경우	2점

출제자 예시 답안

(1) 물과 기름이 섞이지 않는 성질을 이용한 것이다. 유성 물감은 기름과 같은 성질을 가지고 있다.
(2) 기름이 아세톤에 녹기 때문에 유성 물감과 아세톤이 섞여서 무늬를 낼 수 없다.
(3) 같은 결과를 얻을 수 없다. 기름과 수성 물감은 섞이지 않지만 수성 물감이 기름의 아래쪽으로 가라 앉기 때문에 무늬를 건져 올릴 수 없다.

점수에 따른 성취도 등급

등급	1등급	2등급	3등급	4등급	5등급
평가	210점 이상	180점 이상 ~ 209점 이하	150점 이상 ~ 179점 이하	100점 이상 ~ 149점 이하	99점 이하

총점 250점

IV
심층 면접

01 인성 면접 유형

문제 01

p252

Tip 자기 소개는 남들과 같은 일반적인 내용을 말하는 것보다 나의 특징이나 나를 표현할 수 있는 물건과 비유하여 설명하는 것이 더 확실하고 인상깊다. 구구절절한 설명보다는 핵심적이고, 간결한 표현으로 본인을 나타내며 또렷하고 자신감 있는 태도로 이야기하는 것이 좋다.

예시 미래 한국의 피타고라스가 될 OOO입니다. 꾸준히 노력하여 답을 찾아내는 수학 과목을 다른 암기 과목보다 좋아합니다. 수학에 대한 흥미로 다양한 수학 관련 문제를 풀다보니 이미 초등학교 수학 과정을 모두 학습하였습니다. 영재교육원에 입학하여 수학에 관심을 가진 친구들과 더 많은 수학적 사고와 지식을 나누고 싶습니다.

문제 02

p252

Tip 단순히 공부를 더 해보고 싶다는 단답형보다는 영재교육원에 대한 지식을 바탕으로 영재교육원에 가고싶은 동기를 설명하면 더 높은 점수를 얻을 수 있다.

예시 수학은 단순히 계산만 하는 것이 아니라 깊은 사고력과 공식을 대입하여 응용할 수 있는 능력이 필요한 과목입니다. 짧은 시간 동안의 벼락치기보다는 꾸준한 노력의 결실이 드러나기 때문에 흥미를 가지게 되었고, 이 과목을 혼자 공부하는데에는 한계가 있다고 생각하였습니다. 더 넓고 깊은 지식을 영재교육원에서 배우고, 더 큰 흥미를 느끼고 싶어 지원하게 되었습니다.

문제 03

p252

Tip 각 과학영재교육원의 홈페이지에서 진행되는 수업과 방식에 대해 찾아본 후, 어느정도 알고 있다면 답변하기 훨씬 수월할 것이다. 기존의 수업 방식에서 내가 원하는 부분을 찾고, 한 단계 더 나아가 더 배우고 싶은 부분과 개선 방안을 추가로 말하면 더 높은 점수를 얻을 수 있다.

예시 학교에서 하는 일반적인 수업 방식이 아닌 선생님과 함께 어려운 문제를 토론해 보고, 해결하는 방식의 수업을 받고 싶습니다. 또한 교과서에 나오는 문제가 아닌 실생활과 관련된 다양한 문제와 창의력이 요구되는 독특한 문제도 많이 풀어보고 싶습니다.

문제 04

p252

Tip 자신의 해당 분야에 왜 응시하였는지 생각해 보아야 한다. 단순히 좋아하는 것을 넘어서 앞으로 공부하는데에 있어 얼마나 도움이 될지, 어떤 공부를 하고 싶은지 등의 내용을 추가로 설명하는 것이 좋다.

문제 05 p252

예시 저는 문제를 빨리 풀고, 친구들이 찾아내기 못한 해결 방법을 찾아내기도 합니다. 영재란, 해답을 친구들과 다른 방법으로 찾아낼 수 있는 학생이라고 생각하기 때문에 저는 영재라고 생각합니다.

문제 06 p252

Tip 자신만의 연산 기억 방법, 노하우 등이 있다면 설명하고, 누군가와 함께 또는 문제를 끝까지 푸는 끈기 등의 남들과 다른 방법을 설명하는 것이 좋다.

예시 언니와 같이 공부합니다. 옆에 누군가 있으면 같이 힘을 낼 수 있고, 모르는 문제를 언니한테 물어봐서 쉽게 해결할 수도 있어 효과적인 방법이라고 생각합니다.

문제 07 p252

예시 친구가 왜 화를 내고 있는지 먼저 물어봅니다. 화가 난 부분에 대해 해결할 수 있는 방법을 같이 찾거나 해결할 수 없는 방법이라면 용기와 위로를 해줄 수 있다고 생각합니다.

문제 08 p253

예시
· 친구들이 잠잠해질 때까지 기다렸다가 친구들에게 찬 바람이 덜 가도록 맨 뒤의 창문을 열어 환기시킵니다.
· 친구들이 밖에 관심을 가지게 하여 창문을 열어 밖을 볼 수 있도록 합니다.

문제 09 p253

Tip 모둠 발표는 협동심과 배려심이 가장 중요하다. 따라서 열심히 참여하고, 맡은 역할에 대해 최선을 다하면 도움이 된다.

예시 모둠 발표에서 내가 맡은 역할은 자료를 모으는 것입니다. 모은 자료를 가지고 친구들의 각 의견을 정리하여 요약하고, 친구들이 한 번에 볼 수 있도록 하여 도움을 줄 것입니다.

문제 10 p253

Tip 무조건 양보하겠다는 것도, 어떻게 해서든 설득하여 상대방이 자신을 따라오게 하겠다는 것도 바람직한 답변은 아닐 수 있다.

예시
· 실험을 잠시 중단하고 친구와 이야기를 합니다. 어느 부분에서 맞지 않는지 생각하고, 친구의 생각은 어떤지 들으며 나의 생각을 친구에게 설명합니다. 실험을 할 때, 실험에 집중하지 못하면 다칠 수도 있기 때문에 의견을 조율한 다음 다시 실험을 시작합니다.
· 친구의 의견에 따라 실험을 해 보고, 그 결과가 옳은지 확인해 봅니다. 결과가 나오지 않으면 내 의견에 따라 실험해 봅니다. 둘 중에 더 나은 결과를 선택해서 실험을 마무리 합니다.

문제 11 p253

Tip 자신이 원하는 직업에 대해 알고 있어야 답할 수 있다. 자신이 원하는 직업을 정하고, 그 직업이 하는 일에 대해 알아보는 것이 도움이 될 것이다.

예시 30년 후 의사가 되었다고 한다면, 봉사 활동으로 가난한 국민을 도와줄 수 있습니다. 내 전공 분야에 대해 깊게 공부하고, 논문을 발표해서 지식을 더 많은 사람들에게 알리겠습니다. 그리고 중요한 것은 아픈 사람들의 병을 치료할 수 있다는 것이므로 많은 사람들의 아픔을 치료하겠습니다.

문제 12 p253

예시 혼자서 할 수 있도록 두고, 준비물이나 도움이 필요한 부분을 같이 해 줄 것입니다. 혼자서는 어려워 하는 일에 도움을 주면 모둠 활동의 장점을 깨닫게 될 것입니다. 내 의견이 무시되는 것이 아니라 모둠 활동에서 주된 역할이 있다면 보조 역할도 필요한 부분이므로 서로 자신의 역할을 충실히 수행하겠습니다.

문제 13 p254

Tip 갑자기 사회적인 문제에 대한 질문을 받았을 때 당황하지 않기 위해서는 평소에 뉴스나 인터넷 기사를 많이 접하고, 한 번쯤 방안을 생각해보는 것이 도움이 된다.

예시 최근에 초등학생이 운전을 인터넷 게임과 같다고 생각하고 직접 운전해서 사고를 일으킨 사건이 이슈화되고 있습니다. 이런 경우, 우리가 인터넷 게임에 빠지지 않고, 부모님과 선생님의 의견과 가르침을 잘 받아들이는 것이 중요하다고 생각합니다.

문제 14 p254

Tip 큰 사건이나 경험이 아니더라도 일상에서 있었던 소소한 일에 자신이 느낀 것을 충분히 표현하는 것이 좋다.

예시 가장 슬펐던 때는 방학 때 시골에 갔는데 할머니가 몸이 안좋으셨을 때입니다. 돌아오는 길에 할머니께 자주 연락해야 겠다고 생각했습니다. 가장 기뻤던 때는 엄마 생신에 엄마께 처음으로 편지를 드렸더니 감동받으시는 모습을 보았을 때입니다. 앞으로도 엄마, 아빠를 기쁘게 해드리는 일을 많이 하고 싶습니다.

문제 15 p254

Tip 가장 많이 듣는 말 중에 부정적인 말보다는 긍정적인 말을 하는 것이 좋고, 영재교육원 면접이므로 영재나 과학, 수학 관련된 내용으로 이야기하면 좋다.

예시 나는 다른 사람에게 똑똑하다는 말을 많이 듣습니다. 학교 시험에서 주로 100점을 많이 받기 때문입니다.

문제 16 p254

Tip 장래 희망을 구체적으로 정해서 그 직업에 대해 자료를 찾아 보고, 해야할 것들을 노트에 적어 보는 것이 도움이 된다.

예시 제 꿈은 셰프가 되는 것입니다. 요리 관련 기사나 자료를 틈틈히 찾아보고 많이 접하기 위해 노력하고, 요리는 과학적인 부분이 많기 때문에 과학 공부를 할 때 요리와 연관지어 생각해 보고 있습니다. 엄마가 차려주신 음식을 먹으면서 맛을 음미하고 한 마디로 표현해 보는 연습도 합니다.

문제 17 p254

Tip 자신의 꿈이나 장래 희망이 있다면 그것을 갖게 해준 사람을 찾거나 취미나 특기를 갖게 해준 사람을 찾아볼 수 있다. 또한, 좌우명이나 문구, 좋아하는 가사가 있다면 그 책을 쓴 글쓴이나 노래를 한 가수가 될 수도 있다.

예시 나에게 영향을 끼친 사람은 아이돌 그룹 방탄소년단입니다. 사회생활을 하기에 어린 나이임에도 불구하고, 자신의 꿈을 향해서 최선을 다하고 그 꿈에 다가가고 있는 모습이 저에게는 큰 귀감이 되었습니다.

문제 18 p255

Tip 무한이가 운다고 해서 무한이를 제외하기 보다는 같이 할 수 있는 방법을 찾는 것이 더 좋은 답변이다.

예시
· 우선 진정할 수 있도록 내버려 두고, 역할 놀이가 재미있다는 것을 보여줍니다. 다른 친구들과 함께 재미있게 하고 있다면 하기 싫어하는 무한이가 관심을 가지게 될 것입니다.
· 역할 놀이 중에 그림을 그리는 역할을 하나 만들어서 무한이가 그 역할을 할 수 있도록 합니다.

문제 19 p255

Tip 유해 동물이긴 하지만 피하거나, 방치하거나, 해친다는 답변은 적절하지 않다.

예시
· 다친 비둘기가 다른 동물이나 차에 의해 또 다치지 않도록 박스나 바구니를 구해 넣은 후 안전한 곳에 둡니다.
· 동물 보호 센터에 연락합니다.

문제 20 p255

Tip 영재교육원 면접이므로 영재교육원 수업에 불참한다는 내용은 적절하지 않다.

예시 저에게 중요한 시험이라면 그 전부터 시험 대비를 철저하게 해두었을 것이라고 생각합니다. 따라서 영재교육원 수업에 참여할 것입니다. 수업을 들으면 주말내내 시험 공부만 할 때보다 기분 전환도 되고, 새로운 자극도 받아 오히려 공부의 효율을 높여줄 것이라 생각합니다.

문제 21 p255

Tip 사람마다 생각이 다르므로 둘 중 한 가지를 선택하여 그에 맞는 자신의 생각을 자유롭게 이야기한다. 다만, 혼자서 프로젝트를 준비하는 경우는 준비 후 다함께 토의, 토론을 거치고 결과를 공유하는 내용을 추가한다면 더 좋다.

예시 프로젝트 주제에 따라 달라지겠지만 마음이 맞는 친구들끼리 조를 이루어 하는 것이 더 효율적인 방법이라고 생각합니다. 각 친구마다 잘하는 부분이 있기 때문에 역할 분배를 잘해서 각자 역할에 최선을 다한다면 혼자 했을 때보다 2 ~ 3배 더 완성도 있는 프로젝트를 완성할 것입니다.

문제 22 p256

예시 내가 자리를 양보합니다. 나는 몸이 가볍고, 손잡이를 잡을 수 있지만 아이를 안은 아주머니는 손잡이를 잡을 수 없으니 내가 양보하는 것이 맞다고 생각합니다. 반대 방향으로 가서까지 앉은 자리이지만 내가 양보하는 것이 두 명(아주머니, 아이)의 편안함을 위한 것이라고 생각하고 기분 좋게 양보할 것입니다.

문제 23 p256

Tip 좋아하는 과목과 싫어하는 과목은 학생마다 다르고 그 이유도 다양하다. 영재교육원 면접을 보는 학생이라면 좋아하는 과목이 대부분 수학, 과학일 것이므로 좋아하는 과목과 싫어하는 과목을 정확히 이야기하고, 구체적인 그 이유를 말할 수 있어야 한다. 단순하고 일반적인 답변은 피하는 것이 좋다.

예시 저는 수학을 좋아합니다. 수학 공부를 하다보면 문제가 안풀리는 경우가 있는데 포기하지 않고 차근차근 풀다보면 답을 찾을 수 있습니다. 답을 찾았을 때 기분이 정말 좋아서 수학을 좋아하게 되었습니다.
가장 싫어하는 과목은 체육입니다. 그 이유는 운동 신경이 다른 친구들보다 낮아 같은 운동을 하더라도 조금 더 디고, 완벽하게 하지 못해 매번 기분이 나빠지기 때문입니다.

문제 24 p256

예시 동생이 항상 나한테 게임에 져서 속상해 하는 것 같아 이번에는 져주었습니다. 동생이 나를 이겼다고 기뻐하는 모습을 보니 나도 웃음이 났습니다.

문제 25 p256

예시 영재교육원에 들어가면 첫째 심화된 내용을 배울 수 있습니다.
둘째 모둠 수업과 같은 다양한 수업 방식이 있고, 탐구 실험을 할 수 있어서 좋습니다.
셋째 같은 관심사를 가진 좋은 친구들을 만날 수 있습니다.

문제 26 p256

예시 핸드폰 사용 방법을 잘 모르시는 할머니께 자세하게 설명해 드렸다. 할머니께서 잘 이해하시는 모습을 보고 뿌듯했다.

문제 27 p256

Tip 영재교육원에 합격해서 수업을 받을 수도 있지만 불합격하여 생각과는 다른 상황이 생길 수 있으므로 합격 여부에 따른 다른 계획을 세워두는 것이 좋다.

예시 (합격) 영재교육원에 합격한다면 정해진 커리큘럼을 잘 따라갈 수 있도록 해당 부분에 대한 공부를 미리하고, 수학(또는 과학)에 관련된 책을 더욱 많이 읽을 것입니다.
(불합격) 영재교육원에 불합격하게 되어도 수학이 가장 좋아하는 과목이라는 것은 변하지 않을 것입니다. 하지만 영재교육원에 합격할 만큼 수학에 대한 공부가 충분하지 않았으므로 더 많은 책을 읽고, 다양한 수학 문제를 풀어 내년에 다시 영재교육원 합격에 도전할 것입니다.

문제 28 p257

예시 나의 가장 친한 친구인 OO는 수학 문제를 잘 풀고, 내가 물어보았을 때 잘 설명해 줍니다. 그리고 반 친구들을 잘 도와주고, 항상 주변 사람들을 기분 좋게 합니다.

문제 29 p257

Tip 공동 생활에서 지켜야 하는 예절에 대해 생각해 본다.

예시 · 공동 휴지는 내 휴지라는 생각이 들지 않기 때문에 아깝다는 생각을 하지 않고 더 많이 쓰게 됩니다. 휴지를 칠판 옆에 달아놓아 휴지를 낭비하게 되면 반 친구들이 모두 볼 수 있게 합니다.
· 한 번에 많이 사놓기 때문에 많이 써도 부족하다는 생각을 하지 않게 됩니다. 따라서 일정 기간 쓸만큼의 휴지만 꺼내놓고, 다쓰면 기간이 지날 때까지 새 것을 꺼낼 수 없다는 규칙을 정해 놓습니다. ·
· 조별로 휴지를 나누어 가장 아껴 쓴 조에게 혜택을 줍니다.

문제 30 p257

예시 · 영재교육원에서는 여러 친구들과 어려운 프로젝트를 해결하는 능력을 키울 수 있고, 좋은 공부 방법을 익힐 수 있을 것이라 생각합니다.
· 아직은 장래희망을 이루기 위해 부족한 부분이 많기 때문에 다양한 경험을 쌓아야 한다고 생각합니다. 폭넓은 공부를 위해, 많은 것을 익히고 배우기 위해서는 영재교육이 필요하다고 생각합니다.

문제 31 p257

Tip 자기 소개서를 보면서 남들과 다르고 특이한 부분을 찾아보고, 미리 정리해 보는 것이 좋다.

예시 저는 매일 자기 전에 스트레칭을 합니다. 그래서 취미도 스트레칭입니다. 자기 전에 스트레칭을 하면서 오늘 하루 어떤 일이 있었고 어떤 공부를 하였는지 생각하면 하루를 정리하는데도 도움이 되고, 내일을 더 즐겁게 보낼 수 있을 것 같다는 생각이 듭니다. 이 부분이 다른 친구들과 다른 저만의 독특한 제 모습인 것 같습니다.

문제 32 p257

Tip 어떤 구체적인 계기를 가지고 설명하면 더 높은 점수를 얻을 수 있고, 처음 공부하기 시작했을 때를 기억하면서 노트에 정리해 보면 도움이 된다.

예시 영화에서 과학 관련 내용을 보고, 그 원리가 너무 궁금하여 관련 서적을 많이 찾아보았습니다. 그러다 보니 더 다양한 과학을 알게 되었고, 그 이후부터 과학이 재미있고 더 알고 싶어졌습니다.

문제 33 p257

Tip 장점은 수학, 과학적인 창의성이나 문제 해결 능력에 관한 점을 설명하는 것이 영재교육원 면접에 더 적합한 답변이 될 수 있다.

예시 장점 : 이해력이 빨라서 문제를 푸는 속도가 빠릅니다. 문제를 푸는 속도가 떨어지지 않도록 연습을 많이 합니다.
단점 : 집중력이 오래가지 못합니다. 그래서 해야 할 양과 시간을 정해서 그 시간 안에 최대한 집중하고, 쉬는 시간을 정해서 공부하고 있습니다.

02 창의성 면접 유형

문제 01 p258

출제자 예시 답안

1. 지우개로 글씨를 지운다.
2. 아세톤으로 메니큐어를 지운다.
3. 시간이 지나면 우리의 추억이나 상처를 잊게 해주므로 시간이 기억을 지울 수 있다.

문제 02 p258

출제자 예시 답안

유기견이 먹을 수 있는 음식을 주거나 목욕을 시켜준다. 유기견 보호소에 데려다 준다.

문제 03 p258

출제자 예시 답안

엑셀 프로그램을 다룰 줄 안다.
엑셀은 평균, 합계 등의 계산이 자동으로 되고, 자료를 가지고 표나 그래프를 그릴 수 있다.

문제 04 p258

출제자 예시 답안

바깥쪽 트랙과 안쪽 트랙의 거리가 같다면 바깥쪽에서 도는 것이 유리하다. 안쪽 트랙은 원심력의 영향을 더 많이 받아 몸이 안쪽으로 기울어지기 때문에 달리는데 어려움이 있다.

문제 05 p258

출제자 예시 답안

· 휴대폰 : 휴대폰은 작은 컴퓨터와 같으므로 게임이나 정보 검색, 기사 등을 걸어가면서 할 수 있고, 언제든 사용 가능하기 때문이다.
· KTX : KTX는 전용 도로에서 시속 300km/h로 달리기도 하므로 먼 거리를 빠르게 갈 수 있다.
· 드론 : 무인 비행기로 드론에 카메라를 달면 멋진 풍경을 위에서 촬영할 수도 있다.

문제 06 p258

출제자 예시 답안

· 바닥재의 한 칸의 크기와 A4 용지의 크기를 비교하고, 바닥재 칸의 개수를 세서 어림한다.
· 책상의 크기와 A4 용지의 크기를 비교하고, 교실에 있는 책상의 개수와 남은 공간의 크기를 생각하여 어림한다.
· A4 용지의 가로 × 세로 크기를 먼저 재고, 교실의 가로 × 세로를 잰다. 교실의 크기에 맞게 곱셈으로 어림하여 계산한다.

문제 07 p259

출제자 예시 답안

오리는 어린 잡초를 뜯어 먹어 제초 역할을 하고, 각종 해충을 잡아 먹어 농약의 역할을 대신 한다. 이외에도 오리의 배설물은 자연 비료 역할을 한다.

문제 08 p259

출제자 예시 답안

선생님이 알려주는 대피 경로를 잘 숙지한다. → 젖은 수건이나 담요 등으로 몸과 얼굴을 감싼다. → 문 손잡이는 뜨거운지 조심스럽게 확인하고 연다. → 소리를 지르거나 당황하지 않고 질서를 지켜 밖으로 나간다. → 엘레베이터는 피하고, 비상 계단을 이용한다. → 아래층으로 대피할 수 없는 경우에는 옥상으로 대피한다. → 구조를 기다린다.

문제 09 p259

출제자 예시 답안

겨울이면 온도가 낮아지고, 증발이 잘 일어나지 않기 때문에 포화 수증기량이 작아 공기가 건조해진다. 따라서 눈이 건조해서 뻑뻑함을 느끼게 되고, 코도 건조해져서 점막이 제 기능을 못해 바이러스가 침투하기 쉽다.

문제 10 p259

Tip

단순히 나의 편리함을 위해 말하는 것 보다는 대통령의 위치에서 할 수 있는 일을 이야기하는 것이 좋다. 어떤 대답을 하느냐에 따라 현재 우리 사회에 얼마나 관심이 있는지 알 수 있는 면접 질문이다. 평상시에 뉴스나 기사를 많이 접하면서 사회, 경제, 정치 등 다양한 방면에 관심을 가지고 있는 것이 좋고, 대통령의 권력자로서의 역할뿐만 아니라 복지 관련과 과학 발전 등에 대한 다양한 방향으로 생각해 볼 수 있다.

문제 11 p259

출제자 예시 답안

1. 철판으로 바닥을 긁어서 껌을 뗄 수 있다.
2. 밀가루 반죽을 자르는 칼로 사용할 수도 있다.
3. 철의 밀도를 측정할 때 사용할 수 있다.
4. 철의 산화 반응을 관찰할 수 있다.
5. 구리와 비교하여 어떤 것이 더 단단한지 확인할 수 있다.

문제 12 p260

출제자 예시 답안

· 숫자가 1 증가할 때마다 5분 또는 한 시간이 증가한다.
· 분침이 12를 지나면 다시 1분으로 돌아온다.
· 60분이 1시간이다.

문제 13 p260

출제자 예시 답안

· 숫자 '0'은 1과 10을 구분할 수 있고, 1과 0.1을 구분할 수 있기 때문이다.
· '곱셈'은 많은 덧셈을 한꺼번에 풀이할 수 있기 때문이다.
· 숫자 '0'은 아무것도 없다는 것을 표현할 수 있기 때문이다.
· '곱셈'은 넓이를 구할 때 필요하다.

문제 14 p260

출제자 예시 답안

'나눗셈'은 음식을 친구들과 나누어 먹거나, 할머니께서 주신 용돈을 동생과 똑같이 나눌 때 필요하다.
'도형의 넓이'는 우리 집의 평수와 친구네 집의 평수를 비교할 때 필요하다.
'반올림'은 마트에서 물건을 사고 19,800원이 나왔을 때, 만원짜리만 가지고 있어 반올림하여 20,000원을 낼 때 필요하다.

문제 15 p260

출제자 예시 답안

빵이 3개씩 들어 있는 봉지가 총 4개 있을 때, 빵의 총 개수는 3 + 3 + 3 + 3 = 12개이다. 3개의 빵이 4개의 묶음으로 되어 있으므로 3 × 4= 12개가 된다.

문제 16 p260

출제자 예시 답안

가로와 세로가 각각 1cm 인 사각형의 넓이를 $1cm^2$이라고 했을 때, $1cm^2$ 인 사각형을 가로로 4개, 세로로 3개 놓으면 총 12개의 사각형이 놓이고, $1cm^2$인 사각형이 12개이므로 넓이는 $12cm^2$이 된다. 가로 4cm 와 세로 3cm의 곱을 하면 4 × 3 = 12가 되므로 직사각형의 넓이는 가로 × 세로로 정의하는 것이다.

문제 17 p261

출제자 예시 답안

· 사각형의 네 내각의 합은 360도인데 사각형을 반으로 나누면 삼각형이 되므로 삼각형의 세 내각의 합은 180도가 된다.
· 삼각형을 그리고 밑변에 평행한 선을 그리면 다음과 같다. 이때 평행한 두 선이 한 직선과 만났을 때 동위각은 동위각 끼리, 엇각은 엇각끼리 같으므로 삼각형 세 내각의 합은 180도이다.

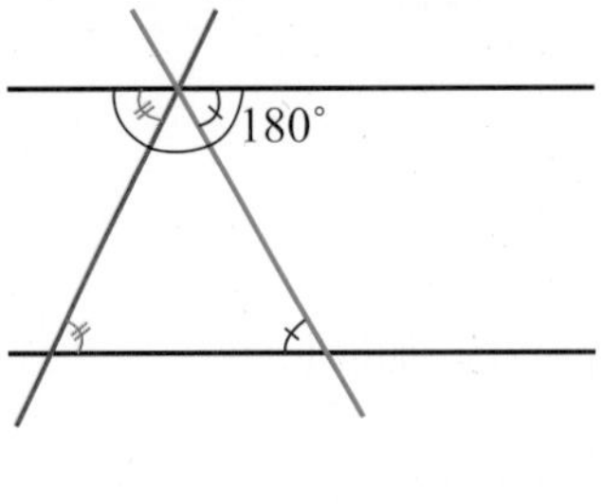

문제 18 p261

Tip 수학은 물건을 헤아리거나 측정하는 것에서 시작되는 수와 양에 관한 학문이다. 이것은 수학을 한 문장으로 정의 내린 것이고, 수학을 접하면서 느낀 것을 바탕으로 사물이나 감정에 비유해서 표현해도 좋다. 수학은 인류 역사상 가장 오래 전부터 발달해 온 학문으로 자연 과학이나 기술 발전에는 물론, 사회, 인문 등 거의 모든 분야 발전에 크게 공헌을 하고 있기 때문에 우리가 배우는 과목에서도 가장 기본이 되고 있다. 본인이 수학을 배우면서 느꼈던 필요성과 가능성을 자유롭게 말해보는 것이 큰 도움이 될 것이다.

문제 19 p261

출제자 예시 답안

· '0'은 자연수에 포함하지 않으므로 짝수와 홀수의 개념을 정하지 않는다. 따라서 '0'은 짝수도 홀수도 아니다.

· '0'은 짝수이다. 홀수인 3보다 작은 2는 짝수이고, 3보다 큰 4도 짝수이다. 따라서 홀수 1보다 작은 0은 짝수이다.

문제 20 p261

출제자 예시 답안 성냥개비 4개를 움직여 모양과 크기가 같은 사각형 3개를 만들면 다음과 같다.

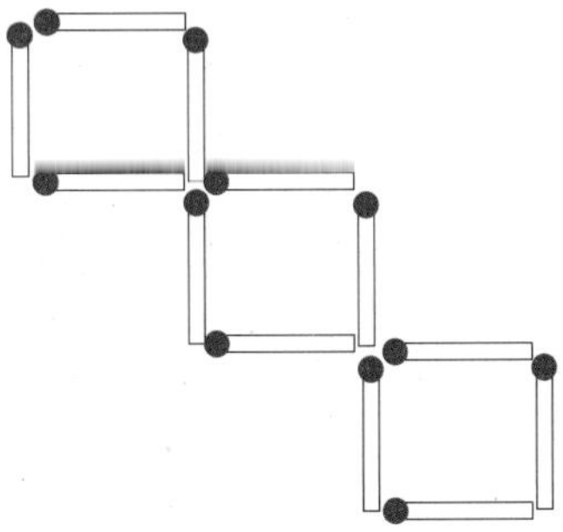

문제 21 p262

출제자 예시 답안 성냥개비 세 개를 옮겨서 정사각형을 다섯 개 만드는 방법은 다음과 같다. 작은 정사각형 4개와 큰 정사각형 1개로 총 5개의 정사각형이 된다.

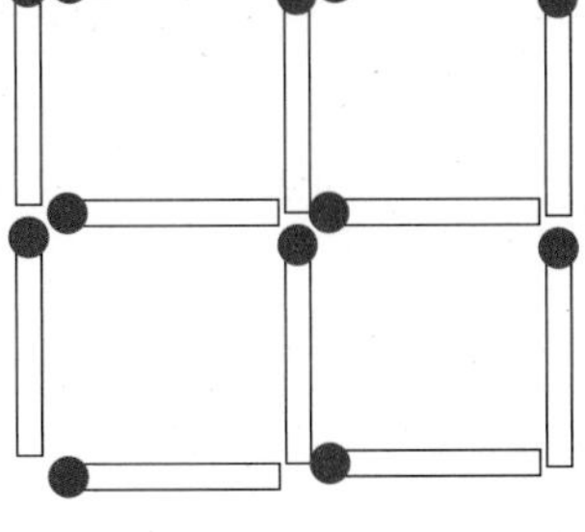

문제 22 p262

출제자 예시 답안

· 2, 4, 6 : 2 + 4 + 6 = 12이고 12는 2, 4, 6으로 모두 나누어 진다.
· 3, 6, 9 : 3 + 6 + 9 = 18이고 18은 3, 6, 9로 모두 나누어 진다.
· 1, 2, 3 : 1 + 2 + 3 = 6이고 6은 1, 2, 3으로 모두 나누어 진다.

문제 23 p262

정답 및 해설

답 12번

해설 리그 방식은 1반이 2~8반까지 한 번씩 경기를 하고, 또 2반은 3~8반까지 한 번씩 경기를 하고, 3반은 4~8반까지 한 번씩 경기를 하는 방식이기 때문에 진행하는 총 경기 수는 7 + 6 + 5 + 4 + 3 + 2 + 1 = 28번이다.
토너먼트 방식은 8개의 반이 2개의 반씩 짝을 지어 경기를 하고, 이긴 반끼리 또 경기를 해서 이긴 한 팀이 나올 때까지 경기를 진행하는 방식이므로

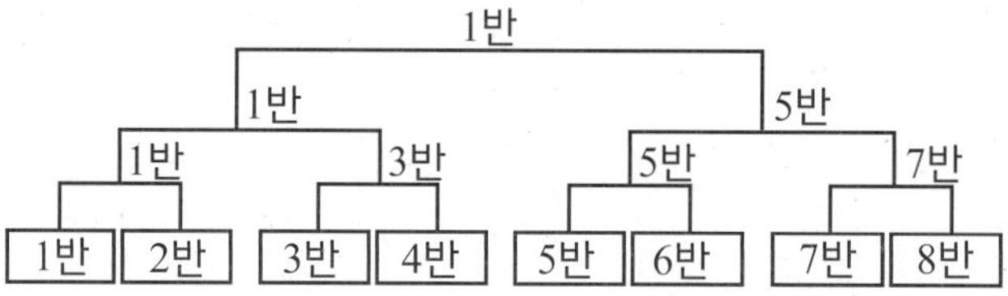

우선 7번 경기를 진행해서 1등을 뽑는다. 순위를 정하기 위해 진 팀도 경기를 해야 하므로 3반과 7반이 3, 4 위전을 한다. 그리고 2반과 4반이 경기를 하고, 6반과 8반이 경기를 해서 이긴 팀이 5, 6 위전, 진 팀이 7, 8 위전을 한다. 따라서 총 경기는 7 + 1 + 2 + 1 + 1 = 12번이다.

문제 24 p263

정답 및 해설

답

거쳐가는 곳	가장 빠르게 가는 방법	걸리는 시간(분)
(1) 신발가게	집 - 신발가게 - 은행 - 학교	16
(2) 식당	집 - 마트 - 식당 - 학교	18
(3) 모든 장소를 거쳐 학교 가기	집 - 마트 - 식당 - 신발가게 - 은행 - 학교	20

해설 (1) 집에서 신발가게를 거쳐 학교에 갈 때 식당보다 은행을 거치는 것이 더 빠르게 가는 방법이다.
(2) 집에서 식당을 거쳐 학교에 갈 때 마트를 먼저 거치고 식당을 거쳐 학교를 가는 것이 다른 곳을 거치는 것보다 빠른 방법이다.
(3) 모든 장소를 거쳐 학교에 가기 위해서는 가장 짧은 시간이 걸리는 마트부터 식당, 신발가게, 은행 순으로 거친 후 학교를 가는 것이 가장 빠른 방법이다.

문제 25 p264

출제자 예시 답안

(1) 2 + 8 = 10 (2) 1 + 2 + 5 = 8 (3) 2 + 5 - 6 = 1 (4) 2 × 8 = 16

문제 26 p265

출제자 예시 답안

답은 한 가지가 아니라 여러 개가 될 수 있으므로 조건에 맞는 답을 다양하게 만들어 보는 것이 숫자를 자유롭게 다루는 연습이 될 것이다.

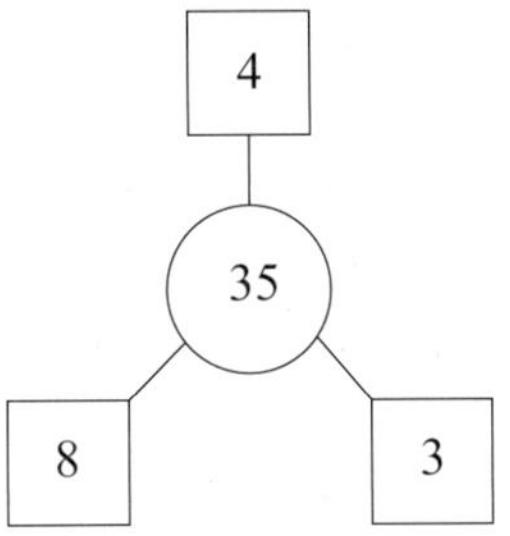

식 : 8 × 4 + 3 = 35

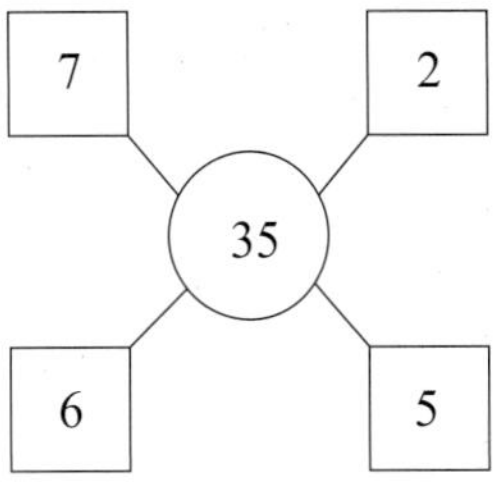

식 : 7×6 - 2 - 5 = 35

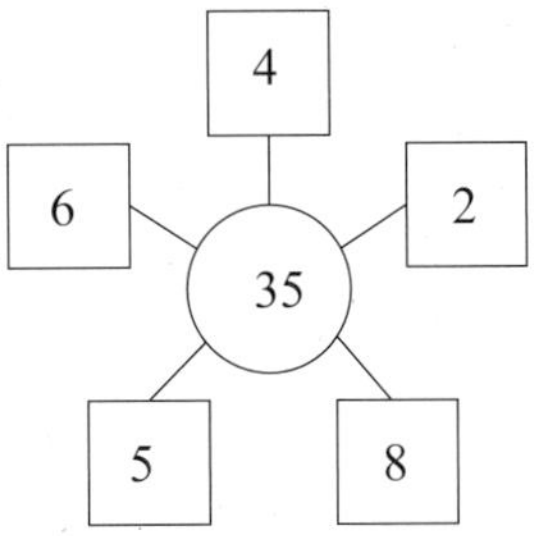

식 : 6×4×2 - 5 - 8 = 35

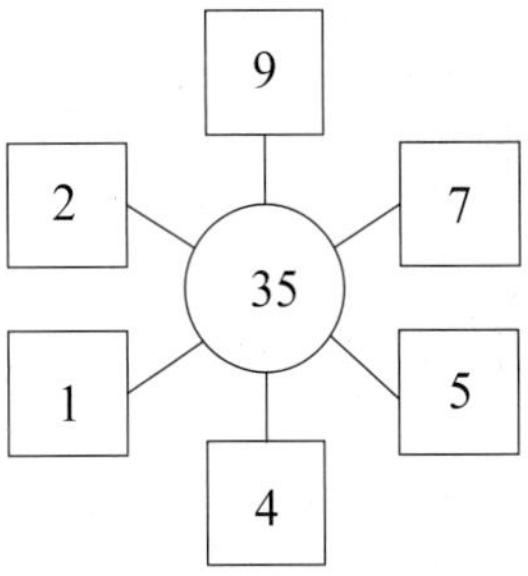

식 : 2×9+7+5+4+1 = 35

문제 27 p266

출제자 예시 답안

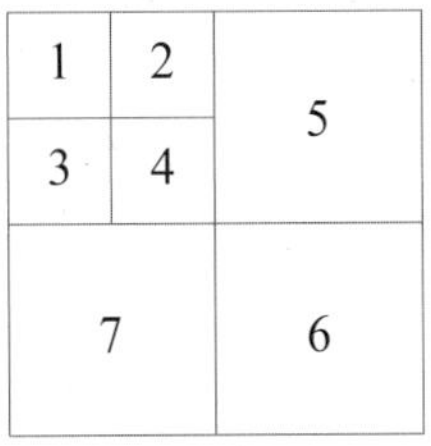

<7조각>

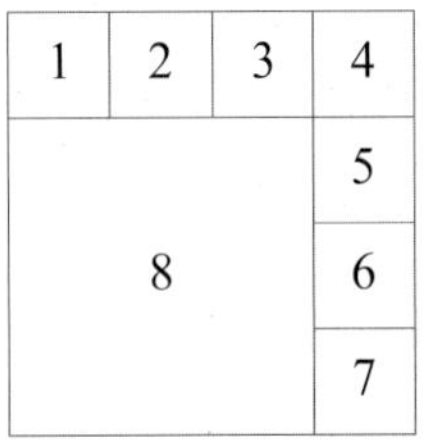

<8조각>

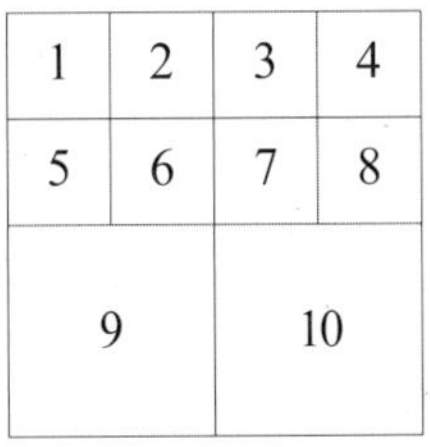

<10조각>

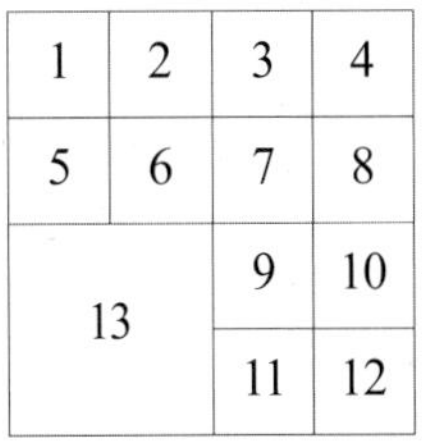

<13조각>

문제 28 p267

출제자 예시 답안

달이 1회 자전하는 동안 달이 지구를 1회 공전하기 때문에 지구에서 달을 보면 같은 면만 보이는 것이다.

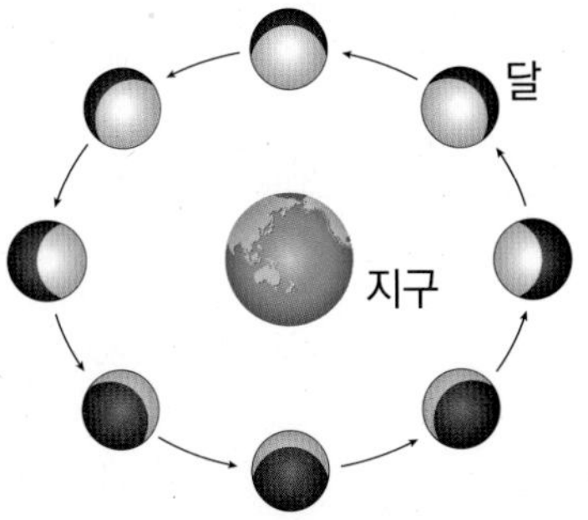

문제 29 p267

출제자 예시 답안

물의 특징 중 표면장력은 액체의 표면을 작게 하려는 힘이다. 표면장력으로 표면에서 잡아당기기 때문에 표면적이 가장 작은 동그란 모양을 유지하는 것이다.

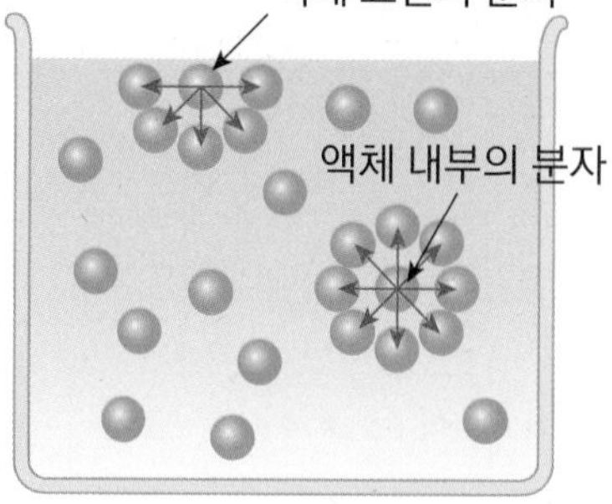

문제 30 p267

출제자 예시 답안

· 사람들이 낮에는 대부분 실내에 있지 않고, 햇빛이 많은 밖으로 나가려고 할 것이다. 차나 창문에 선팅이나 시트지를 붙이지 않을 것이고, 암막 커튼이 사라질 것이다.
· 나무를 많이 심자는 캠페인이 없어지고 굳이 식목일에 나무를 심을 필요가 없을 것이다.
· 식사량이 줄어들 것이고, 꼭 필요한 단백질만 섭취하게 될 것이므로 식당이 점차 줄어든다. 또한, 채소 농사를 지을 필요가 없을 것이다.

문제 31 p267

출제자 예시 답안

· 바닷물을 그냥 먹을 수 없으니 바닷물을 이용하여 마실 수 있는 물을 만든다. 바닷물을 끓여서 증발된 수증기를 모아 온도를 낮추면(냉각시키면) 염분이 없는 순수한 물을 얻을 수 있다.
· 새벽에 다음과 같은 장치를 만들어 순수한 물을 얻는다.

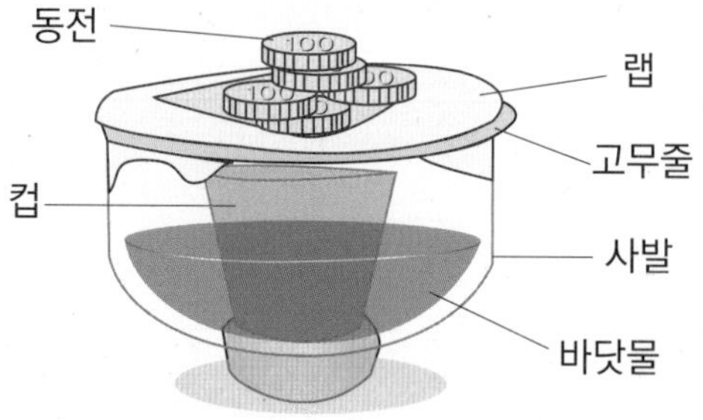

문제 32 p267

Tip 평소에 주변 물건에 대해 관심을 가지고, 어떤 원리로 만들어졌을지 생각해 보는 것이 좋다. 설명서나 인터넷에서 찾아보면 그 원리를 쉽게 찾을 수 있으므로 노트 등에 정리해 놓는 것도 좋은 방법이다.

출제자 예시 답안

· 체지방 체중계 : 근육과 체지방에 전류가 흐르는 정도가 다르기 때문에 체중계에 올라서면 전류가 전체 몸으로 흐르게 한 후, 전류가 잘 통하는 부분을 제외한 나머지를 체지방으로 계산하는 방법이다.
· 무풍 에어컨 : 기존 에어컨에서 나오는 차가운 바람을 미세 구멍으로 막아 바람이 아주 약하게 나오면서 차가운 공기가 통하게 하는 원리이다.
· 전기레인지(하이라이트) : 세라믹 상판 밑에 열선(니크롬선)이 있어 전기를 가하면 열이 발생하는 원리이다.

문제 33 p267

출제자 예시 답안

· 아침에는 실외 기온이 실내보다 낮아진다. 창문을 사이에 두고 온도 차이가 생기기 때문에 창문 표면에 있는 수증기의 온도가 낮아져 응결된다. 이렇게 생긴 물방울 알갱이가 창문에 붙어서 김이 되는 것이다.
· 아침에 학생들이 등교하면 교실에 수분이 생기고, 이 수분이 차가운 창문에 닿아 응결되는 것이다.

문제 34 p268

Tip 과학을 배울 때 신기하거나 흥미로웠던 단원, 수업 방식, 현상 등을 정리해 두고, 그 부분에 대해 조금 더 자세히 공부해 두면 이유를 말하는데 수월할 것이다.

출제자 예시 답안

우리 주변에서 쉽게 볼 수 있는 자연 현상이 과학적인 원리로 설명된다는 것이 신기하고 놀라워서 과학이 재미있다.

문제 35 p268

출제자 예시 답안

동물은 사는 환경에 따라 몸이 진화하고 적응되어 있다. 각 동물에 따라 그 기후, 환경 등이 다르고 다양하기 때문에 시대, 환경이 다른 동물이 환경이 같은 한 곳에서 함께 생활할 수 없다.

문제 36 p268

출제자 예시 답안

겨울잠을 자는 동물은 겨울잠을 자는 동안 축적해 놓은 지방으로 에너지를 소비하고, 체온을 유지하기 위해서 겨울이 오기 전에 지방을 최대한으로 축적하는 것이다. 겨울잠을 자지 않는 동물이라도 겨울에는 먹이가 충분하지 않으므로 미리 준비해 둔다.

문제 37 p268

출제자 예시 답안

옷(방한복, 해녀복), 단열재, 이중창

문제 38 p268

출제자 예시 답안

1. 상대방과 통신이 가능해야 한다.
2. 호흡할 수 있도록 산소가 주입되어야 한다.
3. 소변이 배수되어야 한다.
4. 옷 내부의 압력을 유지시켜 주어야 한다.
5. 구멍이 잘 뚫리지 않아야 한다.
6. 체온 유지가 되어야 한다.
7. 우주먼지, 자외선, 태양복사열 등에서 우주인을 보호해야 한다.
8. 음식을 먹을 수 있어야 한다.
9. 방사능을 막아주어야 한다. 등이 있다.

문제 39 p269

출제자 예시 답안

변하지 않는다. 물이 얼었다가 녹는 것은 온도에 따라 상태가 변화하는 것이다. 물의 성질이나 분자 자체가 달라지거나 없어지는 것이 아니기 때문에 무게는 변하지 않는다.

문제 40 p269

출제자 예시 답안

1. 알코올램프 안에는 알코올이 들어 있으므로 불을 붙일 때 조심해야 한다.
2. 알코올램프를 다 사용한 후에는 뚜껑으로 불을 끄고, 불이 꺼졌는지 꼭 다시 한 번 확인해야 한다.
3. 비커를 가열하면 비커가 뜨거워지므로 장갑이나 집게로 잡아서 옮긴다.
4. 아이오딘 - 아이오딘화 칼륨 용액이 눈에 들어가지 않도록 조심하고, 눈에 들어갔다면 흐르는 물에 씻고, 안과에 간다.
5. 실험을 할 때에는 실험에 집중하고, 다른 장난을 치지 않는다.

문제 41 p270

출제자 예시 답안

무리지은 이유	무리 1	무리 2
과일과 과일이 아닌 것	사과, 배, 감	대추, 땅콩, 도토리, 밤, 은행
뿌리에 생기는 것과 가지에 생기는 것	땅콩	사과, 배, 감, 대추, 도토리, 밤, 은행
이름이 한 글자인 것과 두 글자 이상인 것	배, 감, 밤	사과, 대추, 땅콩, 도토리, 은행

문제 42 p271

출제자 예시 답안

1) 연잎
생김새, 특징 : 넓고 납작하며, 물을 흡수하지 않는다.
· 연잎옷감 : 케첩이 묻어도 스며들지 않는 옷감이다.
· 자동차 코팅 유리 : 비가 와도 물이 스며들지 않고, 그대로 떨어진다.
· 요플레 뚜껑 : 요플레가 묻지 않는다.

2) 도깨비바늘
생김새, 특징 : 길쭉하고 끝이 바늘처럼 뾰족하다.
· 벨크로테이프(찍찍이) : 도깨비바늘의 털과 바늘이 잘 붙는 것과 같이 찍찍이는 다른 두 개의 테이프가 서로 잘 붙는다.

3) 단풍나무 씨앗
생김새, 특징 : 납작하며 공기 중에 날리면 빙글빙글 돌면서 천천히 아래로 떨어진다.
· 헬리콥터 프로펠러 : 단풍나무 씨앗과 같은 모양의 프로펠러로 공기의 저항을 높여 공기 중에 오래 떠있을 수 있다.

4) 부레옥잠
생김새, 특징 : 공기 주머니가 있어 물 위에 뜬다.
· 구명조끼 : 조끼 안에 공기가 들어 있어 사람이 입으면 물에 뜰 수 있게 해준다.
· 튜브 : 튜브 안에 공기가 들어 있어 물에 뜰 수 있다.

03 토론 면접 유형

문제 01 p272

출제자 예시 답안

· 말씀드린다. 아무 말 없이 그냥 넘어간다면 무한이가 앞으로도 같은 행동으로 모둠 활동에 피해를 줄 수 있으므로 스티커를 반납하더라도 선생님께 알린다.
· 말씀드리지 않는다. 말씀드리면 무한이가 혼날 수 있으므로 선생님께는 말씀드리지 않고, 무한이에게 모둠 활동에 대해 이야기하고, 다음에는 이런 일이 없도록 설득시킨다.

문제 02 p272

Tip

환경보존과 경제개발에 관심을 가지고 두 분야의 관계에 대해서 우리나라는 어떠한 방향으로 나아가고 있는지 확인하고, 노트에 정리해 보는 것이 도움이 된다.

출제자 예시 답안

이산화 탄소 등으로 지구 온난화가 지속되고, 해수면 상승, 지구의 평균 기온 상승의 문제가 발생하고 있다. 환경을 보존하기 위해 우리는 환경이 견뎌낼 수 있는 개발을 지속적으로 해 나가야 하며, 이산화 탄소를 많이 발생시키는 화석 연료 사용을 줄이고, 대체 에너지를 개발하면 장기적으로 경제개발에 큰 도움이 될 것이다.

문제 03 p272

Tip

요즘 핸드폰으로 보는 디지털 책이 많이 보편화되고 있다. 디지털 책과 종이책을 모두 사용해 보고, 장점과 단점으로 생각해 보는 것이 좋다. 자신의 의견이 다른 사람들을 설득시킬 수 있도록 논리적으로 표현을 해보는 것이 도움이 될 것이다.

출제자 예시 답안

· 찬성 : 책을 많이 보는 사람들은 부피가 크고, 무겁기 때문에 불편함을 가지고 있는데 디지털 책을 사용하면 빠르게 파일을 찾을 수도 있고, 가지고 다니기에도 편리하다.
· 반대 : 디지털 책은 복사, 복제가 쉽기 때문에 저작권을 지키기가 어렵다. 아직은 저작권 문제에 대한 통제 장치가 없어 이에 대한 방안이 필요하다.

문제 04 p273

Tip

우리 주변에 있는 사물의 모양이 왜 그렇게 디자인 되었는지 한 번 생각해 보고, 다른 모양이였다면 어떨지 상상해 보는 것이 좋다. 자신이 원하는 모양과 스타일로 만들었을 때, 장, 단점도 같이 생각해 보면 도움이 될 것이다.

출제자 예시 답안

· 원의 나라 : 책이나 문, 책상 등은 원 모양으로 디자인되기도 한다. 하지만 바퀴나 롤러 같은 경우 원 모양이 아닌 사각형이 된다면 굴러가는 기능을 잃게 되므로 불편해질 것이다. 따라서 원의 나라를 선택하였다.
· 사각형의 나라 : 사각형 모양의 책, 문, 책상, 방 등이 모두 원 모양이 되면 공간 활용의 효율성이 떨어진다. 아파트, 창문, 방, 문 등이 모두 사각형인 이유는 공간 활용의 효율을 높이기 위함이므로 사각형의 나라를 선택하였다.

문제 05 p273

Tip 인공지능(AI)이 우리 생활 가까이에 있을 때 긍정적인 부분과 부정적인 부분을 생각해 보고, 부정적인 부분이라면 어떻게 개선해 나갈 것인지 생각해 보는 것이 도움이 된다.

출제자 예시 답안

· 입장 1 : 인공지능(AI)이 적용된 미래는 긍정적이라 생각한다.
시대가 변하면서 직업은 다양해지고 없어지는 직업도 많아진다. 인공지능(AI)을 생산하기 위한 새로운 직업이 생기기 때문에 일자리가 점점 없어지지는 않을 것이다. 그리고 인간이 더 편리하게 생활할 수 있고, 조금 더 창조적인 활동을 할 수 있게 되므로 긍정적이라 생각한다.

· 입장 2 : 인공지능(AI)이 적용된 미래는 부정적이라 생각한다.
인공지능(AI)은 컴퓨터이기 때문에 해킹에 대한 위험이 있고, 조작이 가능하기 때문에 범죄에 노출될 수 있다. 또한 오류가 발생할 수 있기 때문에 그에 맞는 대책을 철저하게 해놓지 않으면 사회가 어지러워질 수 있다.

펴낸이	윤찬섭
개발 및 편집	김소현, 김성은, 차경화, 윤성미(무한상상 과학교육연구소)
검토위원	윤찬섭(연구소장)
디자인	오채원
삽화/일러스트	고병욱, 김상우, 황지후
펴낸곳	무한상상 출판 cafe.naver.com/creativeini
주소	서울시 서초구 명달로 4길 4 405호
인쇄	대명문화사
	파본은 교환해 드립니다.

i&i 아이앤아이 꾸러미

영재교육원 완벽 대비서

Ⅰ 영재교육원 소개	영재교육원은 어떤 곳이며, 영재교육원에 입학하기 위해 필요한 선발 과정을 수록하였습니다.
Ⅱ 영재성 검사	일반 창의성, 언어 / 추리 / 논리, 수리논리, 공간 / 도형 / 퍼즐, 과학 창의성 총 5단계를 기출문제 위주로 구성하고, 모의고사 2회 분을 실었습니다.
Ⅲ 창의적 문제해결력	지식, 개념 및 창의적 문제해결력을 측정할 수 있도록 해당 학년 범위 내에서 기출문제 위주로 구성하였습니다.
Ⅳ 심층면접	최종 면접을 100% 준비할 수 있도록 기출문제 위주로 구성하였습니다.
Ⅴ 정답 및 해설 / 예시 답안	각 문제에 대한 예시 답안과 스스로 평가할 수 있는 평가표를 제시하였습니다.